Pflanzensammler und -entdecker

Toby Musgrave, Chris Gardner
und Will Musgrave

Pflanzensammler und -entdecker

*Zweihundert Jahre
abenteuerliche Expeditionen
Mit 66 Pflanzenporträts*

CHRISTIAN VERLAG

Aus dem Englischen übersetzt von Susanne Reichert
Übersetzung der Pflanzenporträts: Dr. Jens-Uwe Voss
Redaktion: Dr. Jens-Uwe Voss
Korrektur: Dr. Michael Schenkel
Umschlaggestaltung: Horst Bätz
Herstellung: Dieter Lidl
Satz: DTP Josef Fink, Gräfelfing

Die Originalausgabe mit dem Titel *The Plant Hunters* wurde erstmals 1998 im Verlag Ward Lock, einem Imprint von Cassell, London, veröffentlicht.

Design: Yvonne Dedman
Landkarten: ML Design

Lithographie: Reed Digital, Ipswich, England
Druck und Bindung: Wing King Tong Co., Hongkong
Printed in Hong Kong

ISBN 3-88472-377-4

Inhalt

Danksagung der Autoren

Folgenden Personen möchten wir unseren Dank aussprechen, denn ohne sie wäre dieses Buch ein Sammelsurium verworrener Ideen geblieben: Jan Clamp, der uns auf den richtigen Pfad geführt und immer weise beraten hat; Wanda, Chris, Elena und Jonathan Millis für ihre wunderbare Gastfreundschaft, die wir oft genießen durften, und ihre immer währende gute Laune; unserer Agentin Fiona Lindsay, die sehr hart gearbeitet hat und stets geduldig mit uns war.

Wir möchten auch all jenen danken, die uns geholfen haben, aus dem Manuskript ein Buch entstehen zu lassen; besonders der Lektorin Annie Lee und Barry Homes, Jane Birch und Clare Churly beim Cassell-Verlag.

Ohne Zweifel muss unser herzlichstes Dankeschön unseren Familien und Freunden gelten, die viel erduldet, sich aber äußerst tolerant und unterstützend gezeigt haben, und natürlich auch der Katze Terry.

Guter Gott. Wenn ich das traurige Schicksal so vieler botanischer Jünger bedenke, bin ich versucht zu fragen, ob Männer, die für ihre Liebe zum Pflanzensammeln ihr Leben und alles andere so verzweifelt aufs Spiel setzen, noch bei Trost sind.

CARL VON LINNÉ, *Critica Botanica* (1737)

EINFÜHRUNG

Hunderttausende von uns haben Spaß am Gärtnern und besuchen gern berühmte Parks und Gärten. Doch nur wenige fragen sich, wenn sie die so reiche Pflanzenvielfalt bestaunen, woher diese Pflanzen kommen, und noch viel weniger denken darüber nach, auf welche Weise diese überhaupt hierher kamen.

Wie viele von uns wissen, dass der Forschungsreisende, der mehr als 300 Rhododendronarten fand, einer der beiden Überlebenden einer Gruppe war, die bei einem Rebellenaufstand angegriffen wurde und dem eine Flucht gelang, wie sie eines Mitglieds einer militärischen Spezialeinheit würdig wäre? Dass der Mann, der für den Aufbau der Teeindustrie in Indien verantwortlich war, allein auf sich gestellt eine Schießerei mit Piraten ausfocht, während er an hohem Fieber litt? Dass der Pflanzensammler, der Europa um so viele Koniferen bereichert hat, von einem Stier aufgespießt und getötet wurde? Oder dass die Entdeckung der Rhododendren im Himalaja dazu führte, dass das britische Empire ein Königreich annektierte?

Pflanzen werden seit Urzeiten gesammelt. 1495 v. Chr. wurde erstmals schriftlich darüber berichtet: Die Königin Hatschepsut ließ eine ägyptische Expedition in Somalia Myrrhesträucher *(Commiphora myrrha)* sammeln. Im Zuge der Ausdehnung ihres Reiches nahmen die Römer viele Pflanzen mit, später im Mittelalter waren es dann die Klöster, die Pflanzen quer durch Europa austauschten.

Ab Mitte des 16. Jahrhunderts wurde erst der Nahe Osten maßgeblich, was gärtnerische Neuheiten betraf. Seit 1620 kam dann aber mit der zunehmenden Erforschung und Besiedlung Nordamerikas eine Fülle neuer Arten von dort nach Europa. Die bekanntesten Pflanzensammler des 17. Jahrhunderts waren John Tradescant der Ältere (ca. 1570–1638) und sein Sohn, John Tradescant der Jüngere (1608–1682). John der Ältere führte viele nordamerikanische Arten erstmals ein, darunter den Hirschkolbensumach oder Essigbaum *(Rhus typhina)* und die Dreimasterblume *(Tradescantia virginiana)*. John der Jüngere brachte von drei Reisen nach Virginia (1637, 1642 und 1654) die Sumpfzypresse *(Taxodium distichum)*, den Tulpenbaum *(Liriodendron tulipifera)* und die Götterblume *(Dodecatheon meadia)* mit. Die Arbeit der beiden Tradescants und anderer etablierte die Rolle der Pflanzensammler und regte die Gärtner dazu an, Sammlungen anzulegen – eine Leidenschaft, die bis in die heutige Zeit anhält. Doch hin und wieder verlor man jedes Maß: 1635 wechselte ein Haus in Hoorn in den Niederlanden für drei Tulpenzwiebeln den Besitzer, und Ende des 19. Jahrhunderts waren fanatische Orchideenzüchter sogar bereit, über 1000 Guineen für eine neue Pflanze zu bezahlen.

In den letzten 200 Jahren hat sich das Gartendesign grundlegend verändert. Nichts hat das Aussehen des Gartens so sehr verwandelt wie Pflanzen aus fremden Ländern. Die Tausende von Pflanzen wie etwa Nadelbäume, Rhododendren und Azaleen, Magnolien, Kamelien, Jasmine, Waldreben und Lilien, die überall auf der Welt ganz selbstverständlich in den Gärten wachsen, legen Zeugnis über den Mut und die Entschlossenheit einer auserwählten Gruppe von Botanikern, Forschungsreisenden und Sammlern ab. Ihr Werk wäre jedoch mit wenigen Ausnahmen ohne die Unterstützung verschiedener Sponsoren nicht möglich gewesen. Die Royal Horticultural Society, die 1804 ausdrücklich zu dem Zweck gegründet wurde, »die Gartenbaukunst zu verbessern«, eine Philosophie, die auch heute noch mit demselben Elan verfolgt wird, förderte die Reisen vieler bedeutender Sammler und Botaniker, zu denen unter anderem David Douglas, Robert Fortune, George Forrest und Frank Kingdon-Ward gehörten. Auch der deutsche Carl Theodor Hartweg zählte zu diesem Personenkreis.

Bereits Mitte des 19. Jahrhunderts hatten kommerzielle Gartenbaubetriebe, allen voran die Baumschule Veitch, erkannt, welchen Profit sie aus der Pflanzenjagd ziehen konnten. Die vielen neuen Arten, die ihre direkt finanzierten Agenten von ihren Reisen mitbrachten, brachten nicht nur enorme finanzielle Gewinne, sondern bereicherten auch die Pflanzenvielfalt des Gartens. Das ist auch heute noch so, nachdem es jene vom Pioniergeist beseelten Gärtnereien längst nicht mehr gibt.

Der wissenschaftliche und wirtschaftliche Wert der professionellen Suche nach Pflanzen blieb in den letzten Jahren oft unbeachtet. Die Royal Botanic Gardens in Kew (bei London) schickten zahlreiche Reisebotaniker in alle Teile der Welt und investierten beträchtlich in die Erforschung neu eingeführter Pflanzen. Kew führte auch die Gepflogenheit ein, wirtschaftlich bedeutende Pflanzen zwischen den Ländern auszutauschen. Das führte dazu, dass in vielen britischen Kolonien Pflanzungen eingerichtet wurden, und der Reichtum, den der Handel mit Gummi, Chinarinde (Chinin), Tee und anderen wirtschaftlich wichtigen Pflanzen gebracht hatte, spielte eine wesentliche Rolle bei der Expansion des Empire.

Dieses Buch berichtet von den Geschichten der Reisebotaniker und Pflanzensammler und darüber, wie ihre Abenteuer und Entdeckungen die Gartenwelt ein für alle Mal veränderten. Neben denen, deren Erlebnisse und deren Bedeutung in den folgenden Kapiteln näher beschrieben werden, gab es zahlreiche andere Personen, die ebenfalls nicht geringen Anteil an dieser Entwicklung hatten. Zwar kamen viele von ihnen aus Großbritannien, doch gab es natürlich auch in anderen Ländern Europas bedeutende Reisebotaniker und Pflanzensammler. Zu ihnen zählen so berühmte Wissenschaftler wie Alexander v. Humboldt, der zusammen mit dem französischen Botaniker Aimé Bonpland in den Tropen Südamerikas mehr als 5000 Pflanzen sammelte und 3600 neue Arten beschrieb. Dem deutsch-holländischen Botaniker Philipp Franz von Siebold etwa verdanken wir die Einführung und Verbreitung vieler Arten aus Japan, Johann August Preiss sammelte Pflanzen in Westaustralien, und die Gebrüder Purpus brachten von mehreren Reisen nach Mexiko und in den Westen Nordamerikas zahlreiche neue Arten mit.

Bevor wir beginnen, müssen wir noch auf den Unterschied zwischen Entdeckung und Einführung einer Pflanze hinweisen. In diesem Buch ist unter Entdeckung der Zeitpunkt zu verstehen, zu dem eine neue Pflanze zum ersten Mal wissenschaftlich erfasst wurde. Das geschah häufig in Form getrockneter und gepresster Pflanzenteile (ein Herbarbeleg), die man an eine botanische Einrichtung schickte. Dort wurden sie untersucht, klassifiziert, benannt und in das Register der neu entdeckten Pflanzen aufgenommen. Einführung hingegen bedeutet, dass lebendes Material – Samen, Stecklinge oder ganze Pflanzen – zum ersten Mal nach Europa (sehr oft nach Großbritannien) gebracht wurde. So wurde etwa *Davidia involucrata*, der Taubenbaum, 1869 von Père David entdeckt, doch erst 1897 von Paul Farges eingeführt. Oft geschah beides gleichzeitig – so fand Sir Joseph Hooker seine Rhododendren zwischen 1849 und 1851 und führte sie auch in diesem Zeitraum ein.

Die Pflanzensammler waren außergewöhnliche Menschen, die aus den unterschiedlichsten Gründen ihr Leben der Aufgabe widmeten, das Verständnis für Botanik und Gartenbau zu vertiefen. Gemeinsam sammelten sie Zehntausende neuer Arten, und ihre Bemühungen während der letzten 200 Jahre hatten auf die Geschichte der Gartengestaltung genauso großen Einfluss wie die Vorstellungen der Gartenarchitekten. Gartenanlagen sind immer wieder Modeströmungen unterworfen, aber sie hinterlassen ihre Spuren und erinnern uns stets aufs Neue an das Werk dieser Männer.

Heute gibt es keine reichen Mäzene mehr, die mehrjährige Reisen finanzieren, doch die Suche geht weiter. Die Abenteurer von heute verfügen über modernste Mittel, wodurch ihre Entdeckungen eine viel größere Überlebenschance haben. Heutige Forschungsreisende, die unwirtliches Gelände bereisen und langwierige politische Verhandlungen in Kauf nehmen, sind genauso unerschrocken wie ihre Vorgänger; und solange es auf dieser Welt noch unerforschte Gebiete gibt, wird es Abenteurer geben, die sich dieser Herausforderung stellen.

1

Südseeträume

Sir Joseph Banks

(1743–1820)

In der Geschichte der Pflanzensammler überragt ein Mann alle anderen als der Vater der modernen Reisebotanik – Sir Joseph Banks. Selbst in einem so eklektischen wie dem 18. Jahrhundert, in dem es von Exzentrikern und Genies nur so wimmelte, konnte niemand Sir Joseph so richtig das Wasser reichen. Auf den ersten Blick scheint seine Geschichte die eines reichen jungen Mannes zu sein, der über genügend private Mittel verfügte, um einen unkonventionellen Lebensstil zu pflegen, aber damit wird man seinem komplexen Charakter nicht gerecht. Banks war zwar kein bedeutender Gelehrter, doch vermutlich der einflussreichste Wissenschaftler seiner Zeit, dessen Entdeckungen weit reichende Konsequenzen hatten, die er nicht hatte vorausahnen können und die immer noch spürbar sind.

Links: Tropische Vegetation, warmes, klares Wasser und freundliche Menschen hießen die Mannschaft der *Endeavour* im April 1769 auf Tahiti willkommen.

Oben: Joseph Banks, der selbstbewusste, ehrgeizige Wissenschaftler, kurz nach seiner Weltumsegelung mit Kapitän Cook.

Die Familie Banks gehörte zum Landadel aus Lincolnshire, und dort befand sich auch das Anwesen ihrer Vorfahren, Revesby Abbey. Joseph kam am 2. Februar 1743 in der Argyll Street in London zur Welt, zu einer Zeit, da die Aristokratie das politische, gesellschaftliche und wirtschaftliche Leben Großbritanniens beherrschte. Er wurde in eine Familie hineingeboren, die Geld und Privilegien besaß – beides sollte er sein ganzes Leben lang umsichtig einsetzen, selbst wenn er gelegentlich durchaus die Arroganz an den Tag legte, die man so oft bei Männern seiner Herkunft beobachtet. Offenbar verlebte er eine glückliche Kindheit und schlug den Weg ein, der traditionell dem ältesten Sohn vorbehalten war – Besuch der Privatschule und dann Oxford. Mit dreizehn Jahren, als er in Eton weilte, entdeckte Joseph seine Lebensberufung. Als er an einem Sommerabend nach einem Bad in der Themse allein nach Hause ging, ergriff ihn plötzlich die natürliche Schönheit und Vielfalt einer wilden Hecke, die sanft im Licht der Abendsonne schimmerte. Hingerissen von den schlichten Blüten, beschloss er, alles darüber in Erfahrung bringen zu wollen. Mit der für ihn typischen Entschlossenheit und seinem Charme überredete er die Dorfbewohnerinnen, die Kräuter für die Apotheker sammelten, ihm ihr ganzes Wissen weiterzugeben. Mit Hilfe einer arg mitgenommenen Ausgabe von Gerards *Herball* (dem botanischen Standardtext der damaligen Zeit) wusste er bald viel mehr als seine Lehrerinnen.

Obwohl er in der Schule nicht sonderlich begabt war (möglicherweise litt er an Dyslexie), nahm Banks seinen Durst nach botanischem Wissen mit an die Universität in Oxford, als er 1760 in Christ Church eintrat. Hier musste er Initiative und den Reichtum seiner Familie aufbringen, um seine Studien fortsetzen zu können, denn das Universitätsleben war erstarrt, und es kam öfter vor, dass sein Botanikprofessor, Humphrey Sibthorp, keine Vorlesungen hielt. Auf Ersuchen und auf Anraten des Botanikprofessors von Cambridge, John Martyn, »importierte« Banks Israel Lyons, der ihn und seine Kommilitonen unterrichten sollte. Er verließ Oxford im Dezember 1763 mit einem akademischen Grad in einem Spezialfach und zog zu seiner Mutter, die nach dem Tod ihres Mannes (1761) nach Chelsea umgesiedelt war. Als Banks 1764 sein Erbe antrat, wurde er mit einem Schlag einer der reichsten jungen Männer in Großbritannien: Das fast 38 km^2 (3800 Hektar) große Anwesen in Revesby brachte jährlich über 5000 Pfund ein, und zudem bezog er noch Einkünfte aus Beteiligungen an Minen in anderen Teilen des Landes.

Mitte des 18. Jahrhunderts wurde von einem jungen Mann erwartet, dass er eine große Bildungsreise nach Italien unternahm, um sich die Werke der Schriftsteller, Maler, Bildhauer, Architekten und Gärtner der Renaissance anzusehen. Man sammelte eifrig Kunstwerke und brachte sie nach England, wo sie dazu beitrugen, die künstlerische Tätigkeit anzuregen, darunter auch die der englischen Landschaftsschule für Gartenarchitektur, deren Höhepunkt ihrer Schaffensphase die Werke von Lancelot »Capability« Brown darstellten. Banks aber meinte etwas arrogant, doch prophetisch: »Das macht doch jeder Dummkopf. Meine große Reise wird eine Reise um die Welt sein.« Zum Schrecken seiner Familie und Freunde sicherte er sich den Posten des Naturforschers an Bord des Schiffes *HMS Niger* der Fisheries Protection auf ihrer siebenmonatigen Erkundungsfahrt zu den entlegenen Küsten von Labrador und Neufundland im Jahr 1766. Seine Sammlung von Pflanzen, die er von seiner Reise mitbrachte, bildete den Grundstock seines Herbars, das noch zu seinen Lebzeiten internationale Bedeutung erlangte. Die Sammlung befindet sich heute im British Museum of Natural History, und wenn man die getrockneten Pflanzen in ihren Originalschaukästen aus Mahagoni betrachtet, fühlt man sich um gut 200 Jahre zurückversetzt. Man kann sich leicht vorstellen, wie ein wissbegieriger junger Mann in einer schlecht beleuchteten Kabine an Bord eines schlingernden und ächzenden Segelschiffs auf engstem Raum sorgfältig seine neuesten Schätze untersucht, verzeichnet und konserviert.

Zwei Jahre nach seiner Rückkehr hörte Banks von einer Expedition, die ihn in große Aufregung versetzte. Die Admiralität und die Royal Society wollten ein Schiff unter Kapitän Cook in die Südsee zur Beobachtung eines Vorübergangs der Venus vor der Sonne entsenden, eines extrem seltenen Ereignisses von großer astronomischer Bedeutung. Man war überzeugt, dass man damit die Navigationstechniken zur See verbessern könne – ein für die Regierung ganz wichtiger Aspekt, da sie ihre Kolonien ausdehnte und mit dem Aufbau des Weltreichs anfing. Durch den Friedensvertrag mit Frankreich, der 1763 zum Ende des Siebenjährigen Kriegs unterzeichnet wurde, waren Großbritannien Territorien in Kanada und Westindien zugefallen, und die British East India Company beherrschte nun den Handel in Indien. Die Navy musste sich rasch und präzise auf den Weltmeeren bewegen können, um Großbritanniens Territorien und Handelsstraßen zu schützen, besonders vor den habgierigen Aktivitäten anderer Kolonialmächte wie Holland, Portugal und Spanien. Diese Reise sollte Großbritannien auch als Vorwand dafür dienen, seine Konkurrenten bei ihrer Suche nach Kolonien zu überwachen, und war eine perfekte Gelegenheit, auch ein wenig fremde Gebiete zu erforschen. Alle waren fest davon überzeugt, dass ein südlich gelegener Kontinent nur darauf wartete, entdeckt zu werden. Daher gab König Georg III. persönlich Kapitän Cook Geheimbefehle, nach diesem sagenumwobenen Land »Terra Australis« Ausschau zu halten.

Banks war von der Aussicht, auf der Reise Flora und Fauna verschiedenster Gebiete sammeln zu können, völlig begeistert und zahlte die gewaltige Summe von

10 000 Pfund, damit er und sein neunköpfiges Team sich der Mannschaft anschließen durften. Führender Kopf dieser Gruppe war Dr. Daniel Carl Solander, ein hoch geachteter schwedischer Naturforscher und Schüler des berühmten Carl von Linné. Ihm zur Seite standen Herman Didrich Sporing als eine Art Sekretär, der wissenschaftliche Zeichner Sydney Parkinson, Alexander Buchan und John Reynolds, die Landschaften und Gestalten zeichnerisch festhalten sollten, sowie vier weitere Männer, darunter zwei Laufburschen des Anwesens in Revesby, als Diener.

Die Wahl Kapitän Cooks zum Expeditionsleiter und die Wahl des Schiffs an sich, einem Kohlenschiff aus Whitby, das man in *Endeavour* umbenannt hatte, schien anfangs ungewöhnlich zu sein, aber später stellte sich heraus, dass es eine weise Entscheidung war. Cook stammte aus niederen Verhältnissen und hatte sich durch die Ränge der Handelsmarine hochgearbeitet, bevor er in die unteren Ränge der Royal Navy eintrat. Seine seefahrerische Kompetenz sicherte ihm seine Beförderung – er hatte die Admiralität insbesondere mit seiner Erforschung Neufundlands beeindruckt. Cook besaß die angeborenen Instinkte eines Geografen und eine praktische Veranlagung, die ihm ermöglichen sollte, mit kritischen Situationen zurechtzukommen. Trotz ihrer sehr unterschiedlichen Erziehung besaßen sowohl Cook als auch Banks ein natürliches Gespür für Autorität, verfügten über gesunden Menschenverstand und hatten sich zumindest teilweise ihre Bildung selbst angeeignet. Ihr gutes Einvernehmen zeigt sich auch daran, dass der ziemlich eigensinnige Banks und der vorsichtigere Cook, der fünfzehn Jahre älter war, während der ganzen dreijährigen Reise offensichtlich nur ein oder zwei unbedeutende Meinungsverschiedenheiten hatten.

Cook hatte sich aus zwei einfachen Gründen für das Kohlenschiff entschieden: Er kannte sich mit diesem Schiffstyp gut aus, und es lief aufgrund seines flachen Bodens vermutlich nicht so leicht auf Korallenriffe und andere Hindernisse auf wie Schiffe mit tiefer liegendem Rumpf. Leider wurden die Vorzüge der *Endeavour*, ihre Verlässlichkeit und Sicherheit, ein wenig durch ihre geringe Größe beeinträchtigt. Die vierundneunzig Besatzungsmitglieder, darunter eine Truppe Marineinfanteristen, mussten sich mit allen Vorräten auf ein Schiff zwängen, das nur 368 Tonnen wog, gerade 32 m lang war und an seiner breitesten Stelle lediglich 9 m maß.

Am Nachmittag des 25. August 1768 lief die *Endeavour* mit der Tide aus und nahm südwestlichen Kurs auf den Golf von Biskaya. Banks' Jubel darüber, endlich unterwegs zu sein, wurde zwei Tage später getrübt, als das Wetter umschlug und ihn zu seinem Leidwesen wieder die Seekrankheit ergriff, die ihm bereits auf seiner Neufundlandreise zu schaffen gemacht hatte. Trotzdem konnten er und Solander während der Überfahrt nach Madeira Tiere beobachten und einige erlegen, dar-

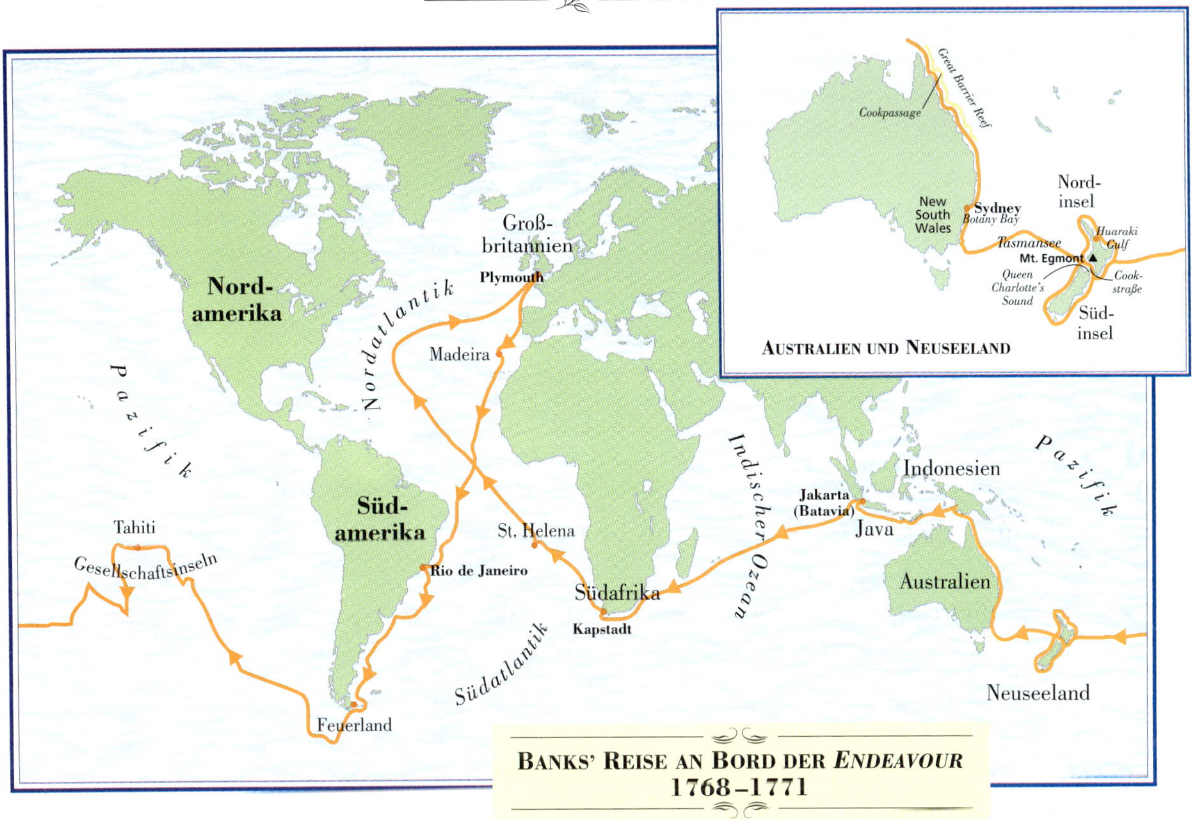

BANKS' REISE AN BORD DER *ENDEAVOUR*
1768–1771

unter Tümmler und Sturmschwalben. Der sechstägige Aufenthalt in Madeira vom 12.–16. September war eine Enttäuschung: Es war die falsche Jahreszeit für ernsthaftes Pflanzensammeln, und zudem wurde Banks vom Gouverneur behindert, der auf einem Besuch bestand, wodurch ihnen die Arbeit eines kostbaren Tages verloren ging. Sobald sie wieder unterwegs waren, setzten Banks und Solander ihre wissenschaftlichen Beobachtungen fort, und am 29. September ließ sich Banks das erste von vielen fremdartigen Gerichten munden, als ein junger Hai gefangen wurde, den man ausnahm und zum Abendessen schmorte. (Zu den anderen exotischen Speisen, die er in den folgenden drei Jahren kosten würde, zählten Albatrosse, Hunde, Ratten und Kängurus.)

Die eintönige Reise nach Süden wurde am 25. Oktober etwas aufgelockert, als die *Endeavour* den Äquator überquerte. Das Wetter wurde zunehmend feuchter und ungemütlicher, und alle waren recht erleichtert, als sie am 13. November 1768 Rio de Janeiro erreichten. Cook hatte vermutet, dass ihnen aufgrund des freundschaftlichen Verhältnisses zwischen Großbritannien und Portugal ein herzlicher Empfang gewiss war, aber der Vizekönig, Don Antonio de Moura, erwies sich als äußerst unfreundlich. Er teilte ihnen klipp und klar mit, dass die *Endeavour* unerwünscht sei, und verbot Banks und Solander, das Schiff zu verlassen und auf Pflanzenjagd zu gehen. Der wütende Banks musste sich damit zufrieden geben, in den Pflanzen herumzustöbern, die als Futter für das Vieh an Bord gebracht wurden, seine Diener auf Expeditionen zu schicken und Einheimische zu bestechen, unter dem Vorwand, »Gemüse und Salat für die Mahlzeiten« zu bringen, Pflanzen an Bord zu schmuggeln. Hartnäckig wie er war, unternahm er mit Solander auch eine heimliche Exkursion an Land. Sie stahlen sich vor Tagesanbruch von der *Endeavour* und verbrachten einen erfolgreichen Tag mit dem Entdecken und Sammeln von Pflanzen, bevor sie im Schutz der Nacht wieder zurückkehrten.

Immerhin konnte Banks insgesamt 316 Pflanzenarten sammeln, darunter mehrere Arten Passionsblumen. Nach einigen weiteren Begegnungen mit dem Vizekönig und nach zweimaligem Kanonenbeschuss setzte die *Endeavour* Anfang Dezember ihren Weg an der Küste Südamerikas fort. Während sie sich dem berüchtigten Kap Hoorn näherten, kam am 11. Januar 1769 Feuerland in Sicht, und vier Tage später fanden sie in der »Bay of Good Success« einen geeigneten Platz zum Ankern. Nach dem Abendessen begaben sich einige Mannschaftsmitglieder an Land und machten ihre ersten Erfahrungen mit den Eingeborenen. Eine große Gruppe Indianer erschien am Strand, aber als sich die Landgänger auf sie zu bewegten, wichen sie zurück:

> *Dr. Solander und ich marschierten daraufhin 90 m weiter, bevor der Rest und zwei Indianer ebenfalls auf uns zukamen und sich etwa 45 m von ihren Gefährten entfernt hinsetzten. Sobald wir uns näherten, erhoben sie sich, und jeder von ihnen warf einen Stock, den er in der Hand hielt, weit von sich und uns weg, zweifellos ein Friedenszeichen, dann marschierten sie forsch auf die andere Gruppe zu und winkten uns, ihnen zu folgen. Das taten wir auch und wurden mit vielen wunderlichen Zeichen der Freundschaft empfangen. Wir verteilten einige Perlen und Bänder an sie, die wir zu diesem Zweck mit an Land genommen hatten, und sie schienen großen Gefallen daran zu finden.*

Eine von Banks' nützlichsten Fähigkeiten auf der *Endeavour* und in der Tat einer seiner liebenswertesten Charakterzüge war die Art, wie er es verstand, potenziell gefährliche Situationen zu entschärfen und das Vertrauen Fremder zu gewinnen. Trotz seines gesellschaftlichen Status bevormundete er niemals die einheimische Bevölkerung, der er begegnete. Nach dieser ersten Kontaktaufnahme in Feuerland wurden drei Eingeborene auf die *Endeavour* gebracht und zum Abendessen mit Brot und Rindfleisch verköstigt. Banks war überrascht, wie ungezwungen sie sich in der ihnen fremden Umgebung bewegten und wie gleichgültig sich die übrigen Stammesmitglieder zeigten, als die drei wieder zurück an Land gebracht wurden.

Am nächsten Tag war es sonnig und warm, und so wurde eine Expedition ins Landesinnere organisiert, von der man sich eine lohnende Pflanzenausbeute erhoffte. Anfangs war alles ganz leicht, aber bald darauf erreichte die Gruppe ein Gebiet, in dem das Gestrüpp hüfthoch stand. Den ganzen Nachmittag kämpften sich die Männer durch die Büsche, aber genau in dem Moment, als alles wieder ins Lot zu kommen schien, erlitt Buchan, einer der Künstler, einen epileptischen Anfall. Schnell zündete man für ihn ein Feuer an, und Banks beschloss, weiterzugehen und ihn in der Obhut der Gruppenteilnehmer zu lassen, die zu erschöpft zum Weitergehen waren. Bald schlug das Wetter um, und beißend kaltes Schneegestöber überraschte sie. Als Banks klar wurde, dass sie jetzt nicht auf das sichere Schiff zurückkehren konnten, vereinbarte er in den nahe gelegenen Wäldern einen Treffpunkt, wo die ganze Gruppe, so hoffte er, Schutz während der Nacht finden würde. Inzwischen kehrte er zu Buchan zurück und fand ihn zu seiner Erleichterung wieder wohlauf. Auf dem Marsch durch die Wälder brachen zuerst Solander und dann Richmond, einer der Diener, aufgrund der strengen Kälte zusammen. Banks schickte vier Männer voraus, die eine Feuerstelle errichten sollten, während er versuchte, die Männer zum Weitergehen zu bewegen, aber beide weigerten sich hartnäckig. Als einer der Gruppe, die vorausgegangen war, zurückkam und berichtete, man habe nur eine Viertelmeile von hier entfernt ein Feuer entfacht, gelang es Solander, sich aufzuraffen und weiterzugehen. Obwohl man Richmond sagte, er werde sterben, wenn er einfach so liegen blieb, konnte er sich nicht bewegen, und Banks musste ihn mit einem zweiten Diener, Dorlton, und einem Matrosen zurücklassen, während er Solander zum Lager begleitete.

Glänzende, dunkelrosa Früchte zieren im Herbst die Torfmyrte *(Gaultheria* syn. *Pernettya mucronata)* mit ihren stachligen Blättern. Diese auffällige immergrüne Pflanze fand und sammelte Banks an der schroffen Küste Feuerlands.

Die ganze Nacht lang blies ein heftiger Sturm, und bei Tagesanbruch sah es nicht viel besser aus. Schließlich fand die versprengte Gruppe wieder zusammen, aber Richmond und Dorlton waren inzwischen an Unterkühlung gestorben. Da die Gruppe keinen Proviant bei sich hatte, sah sie sich gezwungen, einen rohen Geier zu verspeisen, den sie am Vortag erlegt hatten, und kurz nach zehn Uhr machte sich ein Trupp düster dreinblickender Männer in Richtung *Endeavour* auf, wo sie drei Stunden später tropfnass und entmutigt, aber ohne weitere Verluste eintrafen.

Banks gelang es schließlich, eine beeindruckende Sammlung von 125 neuen Pflanzen zusammenzustellen, zu der auch die Torfmyrte *(Gaultheria* syn. *Pernettya mucronata)* gehörte, bevor die *Endeavour* wieder in See stach. Nach den Widrigkeiten, denen sie auf Feuerland ausgesetzt waren, muss es eine große Erleichterung für sie gewesen sein, Kap Hoorn in aller Ruhe zu umsegeln und auf den Pazifik hinauszufahren. Die *Endeavour* kam rasch vorwärts und lief am 13. April 1769 in die Mataviabucht auf Tahiti ein. Die Szenerie – üppig grüne Hügel, wogende Kokospalmen und Palmenhaine, gleißend weiße Sandstrände und ruhige, azurblaue See – war ein Paradies im Vergleich zu dem unwirtlichen Land, das sie nur wenige Monate zuvor besucht hatten. Im Gegensatz zu den Portugiesen in Rio wurden sie von den Tahitianern herzlich empfangen, die zur Begrüßung mit einer kleinen Flotte Kanus hinauspaddelten und voller Freude Kokosnüsse, Brotfrüchte, kleine Fische und Äpfel gegen Perlen tauschten. Als die Mannschaft der *Endeavour* an Land ging, boten ihnen die Einheimischen grüne Äste als weiteres Zeichen der Freundschaft an und begleiteten sie »vier oder fünf Meilen unter Kokosnusshainen und Brotfruchtbäumen, die verschwenderisch mit Früchten beladen waren und den köstlichsten Schatten spendeten, den ich je erlebt habe. Unter diesen standen die Behausungen der Menschen, von denen die meisten keine Wände hatten: Kurz gesagt, die Szene, die sich uns bot, war das wahrhaftigste Bild eines Arkadien, das man sich nur vorstellen kann und dessen Könige wir bald sein würden«.

Am nächsten Tag kamen die Würdenträger des Stammes, die sich bisher im Hintergrund gehalten hatten, mit Kanus zu Banks und seinen Gefährten und hießen ihnen, sie zu begleiten. Man brachte sie zu einem traditionellen Langhaus, wo ein alter Häuptling ihnen einen Hahn, eine Henne und lange Rindenstreifen als Geschenk überreichte. Banks seinerseits gab dem Häuptling ein breites Stück Spitze und ein kleines Taschentuch, mit dem sich dieser sogleich voller Stolz schmückte. Nach dieser Zeremonie durfte sich die Gruppe zusammen mit aufmerksamen weiblichen Begleiterinnen ungehindert zwischen den umliegenden Häusern bewegen. Ihre Zuvorkommenheit verschlug Banks fast die Sprache: »Aber da es keinen Ort gab, an den man sich hätte zurückziehen können – die Häuser hatten nämlich durchwegs keine Wände –, hatten wir nicht ein einziges Mal die Gelegenheit, ihre Höflichkeit in jeder Hinsicht auf die Probe zu stellen. Einige von uns hätten das bestimmt getan, wären die Umstände ihnen gewogener gewesen.«

Mit der Zeit wurde deutlich, dass Banks aufgrund seiner Beziehungen zu den Tahitianern und seines diplomatischen Geschicks für die Rolle des Vermittlers zwischen den beiden Kulturen wie geschaffen war. Dadurch blieb ihm bedauerlicherweise nur wenig Zeit zum Pflanzensammeln (obwohl er durchaus Gardenien und einen Jasmin fand), weil er häufig Streitigkeiten zwischen den Tahitianern und der Mannschaft schlichten und versuchen musste, Güter zurückzubringen, die Letztere den Einheimischen gestohlen hatten. Doch einmal bot sich ihm tatsächlich eine hervorragende Gelegenheit zu ethnologischen Studien der Tahitianer, die er mit seiner üblichen Begeisterung gleich beim Schopf packte: Eines Tages kam Banks ein bestimmtes Subjekt seiner Forschung ein bisschen zu nahe. Als er Königin Purea kennen lernte, eine massige Frau in den Vierzigern, die für ihre Nymphomanie bekannt war, wurde er unter ihr Kanu geleitet, das als Vordach zu ihrem Schlafbereich diente. Hier fand er sie zu seiner großen Überraschung in den Armen ihres jungen Gefährten Obadee. Purea entließ Obadee sofort und ließ keinen Zweifel daran, dass sie auch Banks so fest umschlungen halten wollte. Es gibt zwar keinen Beweis dafür, dass ihr dies gelang, aber Banks musste nach seiner Rückkehr nach Großbritannien den beißenden Spott seiner Kritiker über sich ergehen lassen.

Am 16. April erlitt Buchan erneut einen epileptischen Anfall. Diesmal sah die Sache ernster aus, und tags darauf starb er. Sein Tod war für Banks ein schwerer Schlag, denn er hatte nicht nur einen »einfallsreichen, guten jungen Mann« verloren, sondern auch keine Möglichkeit mehr, die Alltagsszenen festzuhalten. Parkinson und Reynolds waren mit ihrer eigenen Arbeit beschäftigt, und Banks' künstlerische Fähigkeiten konnte man bestenfalls als die eines Kindes bezeichnen.

Cook beobachtete erfolgreich den Venusvorübergang, und als diese Hauptaufgabe erledigt war, blieb immer noch Zeit, die Insel zu umsegeln und die Ureinwohner weiter zu studieren. Dabei wurde Banks Zeuge der Kunst des Tätowierens (auf dem Gesäß eines jungen Mädchens), kam in den Genuss gastronomischer Leckerbissen, darunter eines mit Gemüse ernährten Hunds und rohem Fisch, und ihm wurde die Ehre zuteil, an einem Begräbnis teilzunehmen. Doch dann wurde es für Cook allmählich Zeit, den Geheimbefehlen des Königs nachzukommen, und am 13. Juli

Folgende Doppelseite: Milford Sound, Neuseeland. Banks war von der üppig grünen Landschaft Neuseelands beeindruckt und diskutierte nach seiner Rückkehr nach Großbritannien häufig die Besiedlung der Inseln.

lichteten er und seine widerstrebende Mannschaft die Anker, begleitet vom Weinen und Klagen »unserer Freunde«. Bevor sie jedoch absegeln konnten, verlangte das religiöse Oberhaupt der Insel, Tupaia, sie sollten ihn mitnehmen. Cook weigerte sich, aber Banks hatte das Gefühl, dass dies unterhaltsam werden und Tupaia sich als Navigator und Übersetzer nützlich machen könnte. Cook erlaubte daraufhin Tupaia und seinem kleinen Sohn Tayeto, an Bord zu kommen, unter der Bedingung, dass Banks für ihre Reise bezahlte. Es war eine kluge Entscheidung, denn Tupaia erwies sich in den darauf folgenden Monaten als unschätzbar wertvoller Trumpf.

Nach einem Besuch auf den Gesellschaftsinseln, wo die Gruppe überall nach dem Austausch von Geschenken willkommen geheißen wurde, nahm die *Endeavour* Kurs auf das Unbekannte. Die Bedingungen an Bord waren schlecht: Das Essen war verseucht, viele litten an Skorbut (Banks nahm dagegen vorbeugend Zitronensaft und Brandy ein), und eine Geschlechtskrankheit brach aus. Sicher waren alle sehr erleichtert, wenn auch voll banger Erwartung, dass nach fast drei Monaten, am 6. Oktober 1769, in der Ferne Land in Sicht kam. Beim Näherkommen stellte sich heraus, dass es sich um eine ausgedehnte Landmasse handelte. Banks dachte, dies könnte der sagenhafte südliche Kontinent sein, aber in Wirklichkeit war es die Nordinsel Neuseelands. Während einer sechsmonatigen Umsegelung sollte Cook beweisen, dass die Landmasse aus zwei voneinander getrennten Inseln bestand.

Anders als die freundlichen Tahitianer zeigten sich die Maoris kriegerisch. Bei einer der ersten Landungen auf der Suche nach frischem Wasser schreckten Banks Gewehrschüsse auf, die aus der Richtung des landenden Bootes kamen. Vier Eingeborene hatten die Jungs, die das Boot beaufsichtigten, angegriffen, waren aber von der Mannschaft vertrieben worden. Der Anführer der kriegerischen Gruppe war erschossen worden, und so konnte Banks seinen ersten Maori studieren:

> *Es war ein Mann von mittlerer Größe. Auf einer Wange war er mit sehr regelmäßigen spiralförmigen Mustern tätowiert; am Körper trug er einen sehr feinen Stoff, dessen Herstellungsweise uns völlig unbekannt war ... auch war sein Haar oben auf dem Kopf zu einem Knoten geschlungen, aber es steckte keine Feder darin; sein Teint war braun, aber nicht sehr dunkel.*

Bei einer anderen Gelegenheit wurden mehrere Maoris getötet, als sie versuchten, Musketen zu stehlen. Banks war zwar davon überzeugt, dass die Mannschaft in Notwehr gehandelt hatte, doch er bedauerte das Gemetzel zutiefst und fühlte sich dafür verantwortlich. In sein Tagebuch schrieb er: »So endete der unangenehmste Tag meines Lebens. Ich habe Grund zur Trauer, und der Himmel möge verhüten, dass so etwas noch einmal geschieht und künftige Gedanken trübt.«

Neuseeländer Flachs *(Phormium tenax)*: Aus dieser von Banks entdeckten Pflanze stellten die Maoris eine Art Stoff her. Heutzutage findet man sie in Westeuropa oft in Gärten (in Irland verwildert sie sogar) und bei uns als Kübelpflanze.

Auf ihrer Weiterreise entdeckte Tupaia, dass die Sprache der Maori seiner eigenen ähnelte, und begann, um Proviant und Wasser zu verhandeln. Eine Gruppe Maoris bot ihm einige Federn im Tausch gegen die Nägel und Perlen an, die ihnen offeriert worden waren – wohl das erste gerechte Tauschgeschäft auf der Reise. Während sie ihre Reise an der Küste fortsetzten, begann Banks die Maoris schätzen zu lernen. Er bemerkte die Schlichtheit der Kleidung, die die Frauen trugen, fügte aber ironisch hinzu, dass »sie genauso kokett waren wie irgendwelche Europäerinnen, und die jungen Frauen so neckisch wie ungezähmte Fohlen«. Überrascht war er von den Hygienebedingungen der Dörfer: Jede Häusergruppe hatte eine Art Toilette, und der Abfall wurde auf einem Misthaufen gesammelt.

Die Reaktionen der Maoris blieben unvorhersehbar. Mehrmals mussten Kriegskanus mit Kanonenschüssen gewarnt werden, und Banks wurde durch die Feindseligkeiten zu seiner großen Enttäuschung daran gehindert, Pflanzen zu sammeln. Dennoch unternahmen Solander und er einige Exkursionen ins Landesinnere, auf denen Vielfalt und Reichtum der Flora sie immer wieder verblüfften. Alle Pflanzen waren ihnen unbekannt, und vor allem Farnbäume, die größte Butterblume der Welt und ein 12 m hoher Strauchehrenpreis versetzten Banks in Erstaunen. Er sammelte 40 neue Arten, darunter den Neuseeländer Flachs *(Phormium tenax)*. In der Purangibucht nahmen sie eine große Auswahl an Pflanzen mit, sammelten Schraubenvallisnerien und Austern und erlegten zahlreiche Krähenscharben. Diese mundeten der Mannschaft besonders, obwohl Banks zugeben musste, »Hunger sei gewiss der beste Koch«. Am Golf von Hauraki untersuchte er die dort heimischen Steineiben *(Podocarpus spec.)*, die »das feinste Holz hatten, das meine Augen je erblickten. Jeder Baum so kerzengerade wie eine Kiefer und riesig groß«.

Auf ihrer Reise an der Küste der Nordinsel entlang ließ sich die Besatzung zu Weihnachten frisch erlegte Gänse zum Abendessen munden und segelte am 12. Januar 1770 am Gipfel des Mt. Egmont vorüber. Einige Tage später gingen sie im Queen Charlotte's Sound vor Anker, wo Banks seinen Verdacht bestätigt sah, dass die Maoris wohl Kannibalen waren. Während er ein kleines Familienlager in Augenschein nahm, entdeckte er in einem Proviantkorb zwei menschliche Knochen – man sah ihnen an, dass sie auf einem Feuer gebraten worden waren und »das Fleisch nicht vollständig entfernt worden war. An den grässlichen Enden, die abgenagt waren, sah man deutlich Spuren von Zähnen«. Die Familie bestätigte, dass dies die Überreste eines Stammesfeindes seien, der vor kurzem im Kampf getötet worden war. Sie betonten aber, dass sie nicht ihre eigenen Leute essen würden.

Während ihres Aufenthaltes im Queen Charlotte's Sound kletterte Cook auf einen

Diese etwas idealisierte Szene von Cooks Ankunft in Australien ist ein Holzschnitt von Samuel Calvert (1828–1913) aus einem Ergänzungsband der *Illustrated Sydney News* von 1865.

nahen Hügel, um sich die geografischen Verhältnisse anzusehen. Beim Anblick des Pazifiks zog er den richtigen Schluss, dass es eine Passage hindurch geben müsse (heute als Cookstraße bekannt), und entkräftete damit Banks' Bemerkung, sie befänden sich auf einem einzigen ausgedehnten Kontinent. Daraufhin umschiffte die *Endeavour* die Südinsel, doch Banks hielt an seiner Überzeugung fest, bis sie am 10. März die Südspitze umrundet hatten und wieder gen Norden fuhren.

Als die *Endeavour* am 1. April 1770 nach Westen auf den offenen Ozean hinaussegelte, blickte die Besatzung auf sechs äußerst erfolgreiche Monate zurück. Cook hatte 2400 Meilen Küste kartiert und Banks 360 Pflanzen gesammelt. Am 17. April 1770 – einem historischen Tag – sichteten sie Terra Australis. Anfangs wirkte der neue Kontinent (der später eine Zeit lang Banksia hieß) enttäuschend karg, aber vor der Küste von New South Wales tauchten in der Ferne fruchtbare Hügel auf. Wie schon in Neuseeland war auch hier an Rauchsäulen im Hinterland zu erkennen, dass die Gegend bewohnt war. Am 28. April ankerte die *Endeavour* vor einem Dorf, aber die Einwohner beachteten sie nicht. Banks sah durch sein Teleskop: »Ich erkannte ganz genau, sofern ich mich nicht sehr täuschte, dass sich die Frau von unserer Mutter Eva nicht einmal das Feigenblatt abgeschaut hatte«.

Eine Gruppe Männer schickte sich an, nachmittags an Land zu gehen, doch wurden sie von zwei grimmigen Männern lauthals daran gehindert. Sie gaben ein paar Musketenschüsse zur Warnung ab, und die beiden Männer flohen ins Gebüsch, wobei sie ihre Kinder zurückließen, die sich unter einem Schild und einem Stück Rinde versteckten. Banks und sein Team ließen die Kinder, wo sie waren, und warfen Perlen, Bänder und Stoffstücke als Geschenke in die Unterkünfte. Vorsichtshalber entfernten sie alle Fischspeere aus dem Dorf, bevor sie aufs Schiff zurückkehrten. Am nächsten Tag fand Banks das Dorf verlassen vor, und seine Geschenke lagen immer noch da, wo er sie hingeworfen hatte. Er und Solander machten sich ein paar Tage lang erfolgreich und ungehindert auf Pflanzenjagd und stellten eine gewaltige Sammlung neuer Arten zusammen, darunter Eukalyptus, Akazien, Silbereichen *(Grevillea spec.)*, Mimosen, Flammenbaum *(Brachychiton acerifolius)* und Waratah *(Telopea speciosissima)* sowie die Vertreter der Gattung, die zu Ehren von Banks später den Namen *Banksia* erhielt. Banks war von der Fülle der Pflanzen so beeindruckt, dass er die Gegend Botany Bay nannte.

Die *Endeavour* kreuzte nordwärts an der Küste entlang, die sich bald unfruchtbar und trostlos, bald »bewaldet und lieblich« zeigte. Durch Aufenthalte in der Bustard Bay, im Thirsty Sound und auf Green Island wuchs Banks' Pflanzensammlung rasch an. Bei der Fahrt durch die tückischen Korallenriffe und Inseln des Great Barrier Reef musste oft eines der kleinen Boote vorausfahren, um die Wassertiefe auszuloten, doch trotz dieser Vorsichtsmaßnahmen lief die *Endeavour* in der Nacht des 10. Juni 1770 auf ein Riff. Ohne Erfolg wurden die kleinen Boote und der Anker über Bord geworfen, das Schiff saß fest. Sie waren bei Flut auf das Riff aufgelaufen, und mit einsetzender Ebbe saß das Schiff umso fester. Beim ersten Tageslicht konnte die Besatzung sehen, dass sie etwa 25 Meilen von der Küste entfernt waren und es in der Nähe keine Inseln gab. Um die *Endeavour* leichter zu machen, warfen sie die Wasservorräte, den Ballast und die sechs Kanonen über Bord. Als die Flut wieder kam und Wasser ins Schiff strömte, wurden die drei Saugpumpen bemannt. Banks hielt die *Endeavour* für verloren und seine Überlebenschancen für gering:

> *Jetzt gab ich das Schiff völlig auf, packte ein, was ich glaubte retten zu können, und war auf das Schlimmste gefasst. Der kritischste Teil unseres Elends stand noch bevor: Das Schiff war*

Diese Abbildung aus Banks' *Florilegium* zeigt eine Art der Gattung, die seinen Namen trägt – *Banksia integrifolia*. An der Zeichnung erkennt man das Talent des botanischen Künstlers.

fast wieder flott und alles war bereit, um es wieder ins tiefe Wasser zu befördern, aber es leckte so schnell, dass wir es mit all unseren Pumpen gerade eben wasserfrei halten konnten: Falls (wie zu erwarten stand) noch mehr Wasser hineinströmte, sobald wir es vom Riff herunterzogen, musste es untergehen, und wir wussten nur zu gut, dass unsere Boote nicht in der Lage waren, uns alle an Land zu bringen, sodass einige von uns – vermutlich die meisten – ertrinken würden. Vielleicht wäre ihnen ein besseres Los beschert als denjenigen, die ohne Waffen an Land gehen, sich den Indianern stellen und Nahrung suchen müssten in einem Land, in dem wir nie die geringste Hoffnung auf Beistand hatten haben können, ganz einfach deshalb, weil es uns dort immer trostlos und leer erschienen war; selbst wenn die Eingeborenen sie gut behandelt und ernährt hätten, so hätten sie nie hoffen können, ihr Heimatland wiederzusehen oder mit Menschen zu sprechen, die zivilisierter waren als die vielleicht am wenigsten zivilisierten Wilden auf der ganzen Welt …

Zu jedermanns großer Erleichterung trieb das Schiff schließlich vom Riff herunter und leckte nicht schneller als vorher. Trotzdem aber musste die gesamte Mannschaft, auch Banks, den ganzen Tag ununterbrochen an den Pumpen stehen – eine sehr ermüdende Aufgabe. Das Leck im Schiff wurde vorübergehend mit Segeltuch zugestopft, das mit Wolle und Werg gefüllt war, und alle richteten ihre Gedanken nun darauf, einen geeigneten Hafen zu finden, in dem man das Schiff reparieren konnte. Sechs Tage später – die Mannschaft war bereits völlig erschöpft – erreichte die *Endeavour* mit Müh und Not die Mündung des Endeavour. Beim Inspizieren des beschädigten Schiffs stellte sich heraus, dass das Leck »ein Schiff mit doppelt so viel Pumpen wie das unsere versenkt« hätte, doch glücklicherweise war ein großer Korallenzweig abgebrochen und hatte sich im Loch verkeilt.

Während der eineinhalb Monate, die die Reparatur des Schiffes in Anspruch nahm, kundschaftete Banks die Gegend aus und stockte seine wachsende Pflanzensammlung mit neuen Arten auf, darunter *Araucaria cunninghamii* und andere Nadelhölzer, Gelbhölzer, Tulpenbäume, *Hibiscus tiliaceus* und Kängurugras *(Themada australis)*. Außerdem legte er seine Pflanzenexemplare zum Trocknen aus, da sie durch das Leckwasser beschädigt worden waren, das ins Schiffsheck geströmt war, als die *Endeavour* auf Strand setzte – »viele konnte ich retten, aber einige gingen völlig verloren und waren unbrauchbar geworden«. In dieser Zeit ernährten sie sich von einem Känguru, Riesenmuscheln und Schildkröten, die sie gefangen hatten. Allmählich entstand eine Beziehung zu den argwöhnischen Aborigines, sodass es Banks schließlich gelang, sie aus der Nähe zu beobachten. Wie er feststellte, waren sie kleiner und dunkelhäutiger als die Maoris, und ihre einzige »Bekleidung« war ein Vogelknochen, den sie in der Nase trugen. Ihre Sprache klang schroff, und Banks fand, dass sie dem Englischen mehr ähnelte als irgendeine andere Sprache, die er bis dahin kennen gelernt hatte. Leider hielt die neu geschlossene Freundschaft nicht lange an. Als einer Gruppe von Aborigines eine Schildkröte verweigert wurde, die man an Deck hatte, kehrte sie zum Strand zurück und setzte das Gras rundherum in Brand. Banks eilte blitzschnell an Land und rettete die wenigen Habseligkeiten, die sich dort befanden – das Schießpulver, das an Land gelagert worden war, war einige Tage zuvor bereits zufällig wieder an Bord gebracht worden.

Anfang August war die *Endeavour* endlich wieder flott, aber es dauerte etwa neun Tage, bis sie schließlich eine geeignete Passage durch das heimtückische Riff hinaus aufs offene Meer fanden – die Cook's Passage. Am 14. August war seit nahezu vier nervenaufreibenden Monaten vom Schiff aus endlich kein Land mehr in Sicht, und Banks konnte voller Stolz auf die 331 australischen Pflanzen blicken, die er gesammelt hatte.

Mittlerweile war die *Endeavour* schon seit zwei Jahren auf See, und die Besatzungsmitglieder, die bereits nach der Neuseelandetappe nach Hause zurückkehren wollten, plagte inzwischen noch größeres Heimweh und Rastlosigkeit. Cook wollte unbedingt auch bis nach Batavia (heute Jakarta) auf der indonesischen Insel Java kommen, und nach einer neuerlichen Tuchfühlung mit dem Great Barrier Reef und dem Erscheinen eines südlichen Polarlichtes (einem ungewöhnlichen Ereignis so weit oben im Norden) trafen sie am 9. Oktober dort ein. Die Freude der Besatzung, wieder in der Zivilisation zu sein, wurde schon bald getrübt – in der Stadt grassierte aufgrund mangelnder hygienischer Verhältnisse das Fieber, und in den stagnierenden Kanälen vermehrten sich die Moskitos, die Überträger der Malaria, rasend schnell. Bald erkrankten viele Besatzungsmitglieder, darunter auch Cook, Banks und Solander. Monkhouse, der Schiffschirurg, starb als einer der Ersten, es folgten Tupaia und der kleine Tayeto. Die anfängliche Erleichterung darüber, die Stadt am 26. Dezember zu verlassen, wurde dadurch gedämpft, dass immer wieder Besatzungsmitglieder vom Fieber ergriffen wurden. Vom 23. Januar 1771 an notierte Banks in den folgenden sieben Tagen täglich den Tod eines Besatzungsmitglieds. Am Ende der Reise hatte die *Endeavour* zweiundvierzig ihrer vierundneunzig Mitglieder verloren, aus Banks' Gruppe hatten nur er und zwei andere überlebt. Die meisten Todesopfer hatte der zweieinhalbmonatige Aufenthalt auf Java gefordert.

Etwas mehr als zwei Monate später traf die *Endeavour* vor der Küste Südafrikas ein. Obwohl Banks die Schönheit des Heidekrauts auffiel, hat er während des einmonatigen Aufenthalts seiner Gruppe in Kapstadt anscheinend überhaupt keine Pflanzen gesammelt. Das Schiff verließ Südafrika am 14. April, und nach einem kurzen Zwischenhalt auf St. Helena, wo Banks seinem Abscheu über die schlechte

Joseph Banks im Alter von dreißig Jahren, gemalt 1772–1773 von Joshua Reynolds.

Behandlung der Sklaven Ausdruck verlieh, segelten sie am 10. Juli 1771 in heimische Gewässer. Wenn wir uns die Reise der *Endeavour* heute vorstellen, erinnern wir uns an den Namen Kapitän Cook, nicht aber an Banks. Doch 1771 war er es, der bei seiner Rückkehr als Held begrüßt und in Gesellschaftskreisen gepriesen wurde. Cooks Beitrag zum Gelingen der Reise fand im Allgemeinen keine Beachtung. (Er befehligte in der Folgezeit noch zwei Umsegelungen, aber auf der zweiten wurde er in Hawaii von Eingeborenen erschlagen.)

Banks ging nun daran, sich eingehend mit seiner umfangreichen Sammlung zu beschäftigen. Als er alle Herbarexemplare beschrieben, katalogisiert und mit Namen versehen hatte, kam er auf die atemberaubende Zahl von 1300 neuen Arten und 110 neuen Gattungen. Zwar wurden einige davon später zu beliebten Garten- oder Kübelpflanzen, zum Beispiel die Torfmyrte *(Gaultheria* syn. *Pernettya mucronata)*, die Gartenstrohblume *(Helichrysum bracteatum)*, *Grevillea glauca* und ein Strauchehrenpreis *(Hebe elliptica)*, doch seine Entdeckungen hatten auf den Garten im ausgehenden 18. Jahrhundert keinen sonderlich großen Einfluss. Das lag daran, dass er einerseits keine brauchbaren Samen oder lebenden Pflanzen mitbrachte, andererseits aber im Grunde seines Herzens ein Wissenschaftler war, der mit dem Sammeln von Pflanzen lediglich das Naturverständnis fördern wollte. Dennoch hat er eine indirekte Rolle bei der Entwicklung von Gartentrends gespielt, da er Kew und seine Politik der organisierten Pflanzenjagd ins Leben rief.

Banks hatte hoch gesteckte Pläne für Botanik und Wissenschaft im Allgemeinen und brauchte ein großes, doch zentral gelegenes Haus in London, das ihm als Zentrale dienen sollte. Im März 1777 erwarb er das Anwesen am Soho Square Nr. 32, wo er mit seiner unverheirateten Schwester Sophia und seiner Frau Dorothea Hugessen lebte, die er am 23. März 1779 heiratete. In dem Haus am Soho Square waren Banks' riesiges Herbar und seine umfangreiche Bibliothek untergebracht, und es blieb während der ganzen Kriegswirren in Europa eine Zufluchtsstätte, in der sich Wissenschaftler aller Nationalitäten frei und ungezwungen treffen konnten, um zu diskutieren und in den Genuss eines von Banks' berühmten Arbeitsfrühstücken zu kommen. Seine Überzeugung, Wissenschaft solle unpolitisch sein, und sein Gerechtigkeitssinn waren so ausgeprägt, dass er mehrmals darauf bestand, wissenschaftliche Sammlungen von gekaperten französischen Schiffen in ihre Heimat zurückbringen zu lassen, statt sie als Beute für sich zu behalten.

Als Refugium vor der Stadt pachtete Banks 1779 Spring Grove in Heston (5 km von Kew und 16 km vom Soho Square entfernt), das er 1808 kaufte. Er errichtete Treibhäuser, ein Trauben-, ein Pfirsich- und ein Eishaus und legte weitläufige Beerenobst- und Küchengärten an. Die 20 Hektar große Fläche verwandelte er in eine Experimentierstation für Pflanzen- (besonders Obst-) und Tierzucht. (Er führte später aus Spanien geschmuggelte Merinoschafe in Australien ein.)

Banks beschäftigte sich mit der Wissenschaft nicht nur aus Eigennutz. Man nannte ihn »Vater Australiens«, weil er die Besiedelung dieses Landes gefördert hatte, und er hatte schwer dafür gearbeitet, dass Kew zum führenden botanischen Garten der Welt wurde. Heute verbinden Gartenfreunde den Namen Kew mit der wunderschönen Landschaft und den Gewächshäusern, eine Pflanzenoase, die nur einen Katzensprung vom Londoner Stadtzentrum entfernt liegt. Die Geschichte der Kew Gardens geht ins Jahr 1660 zurück, als Sir Henry Capel seltene und exotische Pflanzen in Kew House sammelte. 1730 übernahm Frederick, Prince of Wales, die Pacht und beauftragte den berühmten Landschaftsarchitekten William Kent mit einer neuen Gartenanlage. Nach Fredericks Tod im Jahr 1751 tat sich seine Witwe Augusta, die Dowager Princess of Wales, selbst eine kundige Gärtnerin, mit dem Earl of Bute zusammen und erwarb mit seiner Hilfe das angrenzende Grundstück Richmond Lodge (Richmond Palace). Die beiden waren auch für die Einführung der wissenschaftlichen Botanikstudien in Kew verantwortlich, als sie 1759 William Aiton damit beauftragten, einen 3,6 Hektar großen Heilpflanzengarten anzulegen. Als Augustas Sohn Georg III. im Jahr darauf im Alter von zweiundzwanzig Jahren König wurde, förderte er die Gartenleidenschaft seiner Mutter und ließ ihr in den darauf folgenden zwei Jahren eines der größten Treibhäuser des Landes errichten und steuerte eine umfangreiche Baumsammlung bei. Nach ihrem Tod 1772 kaufte der König Kew House, das während seiner periodisch auftretenden Anfälle geistiger Verwirrung (er litt an einer erblichen Form von Porphyrie, einer Stoffwechselstörung) eine seiner königlichen Lieblingsresidenzen und ein Refugium blieb.

Der König hörte von Banks' Ausbeute seiner Schiffsreise und lud ihn 1771 nach Kew ein. Als leidenschaftlicher Pflanzenliebhaber war der König Banks bald gewogen. Im Jahr 1772 fiel der Earl of Bute beim König in Ungnade, und an seiner Stelle wurde Banks zum »Wissenschaftlichen Berater für das Pflanzenleben in den Kolonien der Krone« ernannt – sozusagen inoffizieller Direktor von Kew. Im Jahr darauf beauftragte der König den modernsten Gartengestalter der damaligen Zeit, Lancelot »Capability« Brown, einen neuen Garten anzulegen, und oft sah man den König mit Banks dort wandeln. Banks wollte die wissenschaftliche Beschäftigung mit der Flora aller britischen Kolonien organisieren, aber dazu brauchte er zwei Dinge: einen Ort, an dem er diese Pflanzen anbauen, studieren und aufbewahren konnte, und Pflanzenmaterial für seine Studien. Banks überzeugte den König davon, er müsse die Pflanzensammlung mit der größten Vielfalt der Welt haben, und der logische Standort für diese Sammlung sei der Royal Garden in Kew.

So wandelte sich Kew allmählich von einem königlichen Vergnügungspark zu einem auf Forschung ausgerichteten botanischen Garten. Banks setzte sein weit verzweigtes Netz sozialer Kontakte, seinen Ruf unter den Wissenschaftlern und seine Freunde ein, um aus der ganzen Welt neue Pflanzen zu bekommen. Außerdem schickte er ausgebildete Botaniker in unerforschte Teile der britischen Kronkolonien mit der Anweisung, neues Material zu suchen und zurückzubringen. Dieser Vorgehensweise haben wir es zu verdanken, dass so viele wunderschöne Gartenpflanzen nach Großbritannien und von dort aus nach ganz Europa gelangten, und sie ist zugleich der Grund dafür, dass die Meinungen über Banks so auseinander gingen. Denn die Pflanzensammler schickten nicht nur Zier-, sondern auch wirtschaftlich bedeutende Pflanzen zurück, und Banks erkannte sofort die finanziellen Vorteile, die sich durch den Austausch solcher Pflanzen in den Kolonien ergeben würden. Dass er ohne fremde Hilfe den Transfer wirtschaftlich bedeutender Pflanzen aufbaute, hat sehr zum Aufstieg Großbritanniens zur Weltmacht beigetragen. Dies führte auch unmittelbar zur Ausbeutung menschlicher und natürlicher Ressourcen in den Kolonien.

Banks schwebte unter anderem vor, Brotfruchtpflanzen aus Tahiti als billige Nahrung für die Sklaven nach Westindien zu bringen. Leider stach der Pflanzensammler David Nelson, der mit dieser Aufgabe betreut wurde, auf der *Bounty* unter dem Befehl von Kapitän William Bligh in See ...

In späteren Jahren, als sich seine Gichtanfälle häuften, verlegte Banks seinen Wohnsitz endgültig nach Revesby. Ab 1810 war er ein entmutigter, an den Rollstuhl gefesselter Invalide, setzte seine Arbeit und seinen regen Briefwechsel aber beharrlich fort und gab den Vorsitz der Royal Society erst nach zweiundzwanzig Jahren am 1. Juni 1820 auf, achtzehn Tage vor seinem Tod.

Durch seine Reisen und Studien sowie die Förderung von Wissenschaftlern bewies Banks, dass er mehr als Reichtum und einflussreiche Kontakte vorzuweisen hatte. Seine gesellschaftliche Stellung, zu der auch die Freundschaft des Königs zählte, setzte er weise und zum Wohl der Wissenschaft, nicht zu seinem persönlichen Ruhm ein. Er rief Kew ins Leben, ein bis heute weltberühmtes Zentrum der botanischen Wissenschaften, und er initiierte ein systematisches, die ganze Welt umfassendes Programm zum Pflanzensammeln, durch das in den folgenden zwei Jahrhunderten Tausende neuer Arten in der ganzen Welt erhältlich sein sollten. Dank Banks' Arbeit in Kew konnten mehr als 7000 neue Arten eingeführt werden.

In den nächsten Kapiteln werden wir sehen, zu welch außerordentlichen Ergebnissen diese Vorgehensweise, professionelle Reisebotaniker und Pflanzensammler in alle Welt zu entsenden, führen sollte.

Von Joseph Banks' eingeführte Pflanzen

Hinter jedem Pflanzennamen ist das Jahr angegeben, in dem die Art nach Europa eingeführt wurde.

Leptospermum scoparium (1771)
Leptospermum (griech.) – *leptos:* dünn; *sperma:* Same
scoparium (lat.) – *scopa:* Besen

Der Teebaum ist ein immergrüner Strauch oder kleiner Baum mit grünen bis purpurfarbenen, aromatisch duftenden Blättern. An den aufrechten Zweigen erscheinen vom Früh- bis zum Hochsommer zahlreiche weiße bis rosafarbene, knopfartige Blüten, die sehr lange halten. Es gibt viele Sorten, zum Beispiel 'Red Damask' (1944, blüht tiefrot), 'Nicholsii' (1926, karminrote Blüten, bronzefarbenes Laub) und 'Keatleyi' (blassrosa Blüten).

Die Art ist in Neuseeland, Australien und Tasmanien in ganz unterschiedlichen Lagen häufig, wird an der Küste bis 8 m hoch und wächst im Gebirge niederliegend.

Sophora tetraptera (1771)
Sophora – aus dem arabischen Pflanzennamen *sofera* abgeleitet
tetraptera (griech.) – *tetra:* vier; *pteron:* Flügel, wegen der Form der Hülsenfrüchte

Die hellgelben, röhrenförmigen Schmetterlingsblüten des Kowhai oder Vierflügeligen Schnurbaums erscheinen in langen, hängenden Trauben von Juli bis September. Der große Strauch oder kleine Baum trägt an ausladenden Ästen schöne, 20–40 cm lange, gefiederte Blätter und im Herbst vierflügelige Hülsenfrüchte.

S. tetraptera ist die Nationalblume Neuseelands. Sie wächst dort an Waldrändern sowie in feuchten Wäldern und felsigen Gebieten der Nordinsel und wird bis 8 m hoch. Eine sehr ähnliche, ebenfalls von Banks entdeckte Art mit kleineren Blättern und Blüten ist *S. microphylla*, zu der die winterhärtere Sorte 'Sun King' gehört. Diese Art kommt im Unterschied zu *S. tetraptera* auch auf der Südinsel vor.

Banksia integrifolia (1788)
Banksia – nach Sir Joseph Banks (1743–1820)
integrifolia (lat.) – *integer:* ganz; *folium:* Blatt (mit ungeteilten Blättern)

Wunderschöne, zapfenartige Ähren mit dicht stehenden, gelben Blüten schmücken im Herbst diesen kompakt wachsenden, immergrünen Busch. Die ansehnlichen, ledrigen Blätter sind oberseits olivgrün und unterseits weiß.

Die Gattung *Banksia* umfasst etwa 70 Arten Sträucher und Bäume, die alle in Australien beheimatet sind. *B. integrifolia* stammt aus Ostaustralien und wird 2–3 m hoch. *B. serrata* blüht silbergrau, *B. occidentalis* orange und *B. speciosa* gelbgrün. Alle Arten lassen sich nur äußerst schwierig kultivieren.

Callistemon citrinus (1788)
Callistemon (griech.) – *kallos:* Schönheit; *stemon:* Staubblatt
citrinus (lat.) – zitronengelb

Die ungewöhnlichen, an Flaschenbürsten erinnernden Ähren mit leuchtend tiefroten Blüten erscheinen im Sommer an überhängenden Zweigen. Der Flaschen- oder Zylinderputzer ist ein Strauch mit ausladendem Wuchs und immergrünen, schmalen, steifen Blättern, die zerrieben nach Zitronen duften. Die Art stammt aus Ostaustralien, wächst dort in feuchteren Gebieten und wird 1–3 m hoch. *C. c.* 'Splendens' ist eine nur 1,5–2 m hohe, weniger kälteempfindliche Sorte, die den ganzen Sommer über leuchtend scharlachrot blüht. 1788 wurden von Banks außerdem noch *C. linearis*, eine Art mit langen, scharlachroten Blütenähren, und die blassgelb blühende, härtere *C. salignus* eingeführt.

Phormium tenax (etwa 1789)
Phormium (griech.) – *phormion:* Matte (Blätter liefern Faserstoff)
tenax (lat.) – stark, zäh

Der Neuseeländer Flachs ist eine auffallende Pflanze von architektonischem Wuchs. Die schwertförmigen, ledrigen, graugrünen Blätter werden bis 3 m lang und bilden stattliche Horste. Ungewöhnlich ist auch der bis 4 m hohe Blütenschaft mit den Rispen bronzeroter Blüten im Juli und August. Sorten mit andersfarbigen Blättern sind 'Sundowner' (purpur mit cremefarbenen und rosa Streifen, weniger frosthart), 'Veitchii' (grün mit cremefarbenen und gelben Streifen) und 'Purpureum' (lange, bronze- und purpurfarbene Blätter; 2 m). Die Art stammt aus Neuseeland und von der Norfolkinsel, in einigen Gebieten wie etwa Westirland und auf den Azoren ist sie eingebürgert.

Rechts: Callistemon citrinus ist einer der bekanntesten Vertreter dieser australischen Gattung, die wegen der Form ihrer Blütenähren auch Flaschen- oder Zylinderputzer genannt werden. Die tiefroten Blüten von *C. citrinus* erscheinen den ganzen Sommer über.

2

Bis nach Kapstadt

Francis Masson

(1741–1805)

Während Joseph Banks sich mit König Georg III. traf und ihn dazu überredete, in Kew eine Pflanzensammlung aufzubauen, traf Kapitän Cook bereits Vorbereitungen für seine zweite Weltumsegelung. Ursprünglich hatte Banks vorgehabt, Cook zu begleiten, aber nach Meinungsverschiedenheiten mit der Admiralität (unter anderem wegen deren Weigerung, Banks die Mitnahme einer Meute Windhunde und seines Privatorchesters zu gestatten), richtete es Banks so ein, dass an seiner Stelle Francis Masson mitfuhr, der erste offizielle Pflanzensammler von Kew.

Nach dreieinhalb Monaten zur See steuerte Cook die *HMS Resolution* in die Tafelbucht bei Kapstadt, Südafrika. Man schrieb den 30. Oktober 1772, und für

Links: Morgen in der Karroo. Die raue Landschaft erschwerte das Reisen, aber die faszinierende und weitgehend unbekannte Pflanzenwelt entschädigte Masson für alle Unbilden.

Oben: Francis Masson, der erste offizielle Pflanzensammler, den Joseph Banks von Kew aus entsandte. 1772 reiste er nach Südafrika und sammelte in den folgenden 34 Jahren Pflanzen auf drei Kontinenten.

Masson, der aus seinem gesicherten, ruhigen Job als »Untergärtner« in Kew herausgerissen und in diese im Entstehen begriffene Kolonie verpflanzt wurde (die damals unter der Herrschaft der Dutch East India Company stand), sollte es in diesem Jahr einen zweiten Frühling geben. Die Umkehrung der Jahreszeiten in den beiden Hemisphären war nur eines von vielen Dingen, an die sich der weltfremde Einunddreißigjährige aus Aberdeen in den folgenden strapaziösen Jahren gewöhnen musste. Zwar schreckten ihn Südafrikas subtropisches Klima, die wilde, schroffe Landschaft, die erlesenen Pflanzen und wilden Tiere ab, doch er sollte sich später in allen Unbilden und Schwierigkeiten, die ihm widerfuhren, bewähren.

Die ersten paar Wochen benutzte Masson dazu, sich zu akklimatisieren und sich mit den Einheimischen, den eingeborenen Hottentotten und den holländischen Siedlern, anzufreunden, aber es sollte nicht lange dauern, bis er die Gefahren erlebte, die im Binnenland lauerten. Auf einer seiner ersten Exkursionen, bei der er den bedrohlich aufragenden Tafelberg erkunden sollte, geriet Masson beim Pflanzensammeln so in Verzückung, dass er die Orientierung und jegliches Zeitgefühl verlor. Man hatte ihn vor einer Bande entflohener Strafgefangener gewarnt, die sich in der Gegend herumtrieb, und bei Einbruch der Dämmerung schreckten männliche Stimmen und das Klirren von Ketten den friedlichen Sammler auf. Masson wurde jäh aus seinen Träumen gerissen, und da er wusste, dass es den sicheren Tod bedeutete, wenn er den verzweifelten Flüchtlingen in die Hände fiel, verbrachte er einen schrecklichen Abend im Unterholz versteckt. Schließlich fand er Unterschlupf in einer alten Schäferhütte, musste aber feststellen, dass sich die Tür nicht richtig schließen ließ. Er hatte nur ein Taschenmesser zu seiner Verteidigung dabei und wusste sich immer noch in höchster Gefahr. Er verbrachte eine nervenaufreibende Nacht auf dem Boden zusammengerollt, und als es endlich Tag wurde, gelang es ihm, sich davonzumachen, sobald das erste Morgenlicht auf die Berge schien.

Masson war offenbar aus hartem Holz, denn er verkraftete diesen Schrecken schnell und war begierig, seine eigentliche Mission weiterzuverfolgen – nämlich das Binnenland zu erkunden. Am 10. Dezember 1772 machte er sich mit einem gemieteten Planwagen, der von acht Ochsen gezogen wurde, seinem eingeborenen Fahrer und einem skandinavischen Söldner namens Franz Per Oldenburg, der als Führer und Dolmetscher fungierte, Richtung Osten auf. Die 640 km lange Rundreise quer durch die Cape Flats, auf der sie in Paarl, Stellenbosch, an den Hottentots Holland Mountains und den heißen Quellen in Swartberge und Swellendam vorbeikamen, war zwar recht kurz, lieferte jedoch einen ausgezeichneten Vorgeschmack auf künftige Expeditionen. Masson erlebte zum ersten Mal die Schwierigkeiten, die eine Reise mit einem Karren mit sich brachte, zum Beispiel beim Durchqueren tückischer Flüsse und Beschreiten unwegsamer Pfade, aber er wurde mit einer wunderschönen Buschflora belohnt, die sich von ihrer schönsten Seite zeigte. Auf eben dieser Reise schrieb er: »Ich sammelte Samen von so vielen wunderschönen Arten von Erika, die im Royal Garden in Kew so wunderbar gedeihen«. Auf den Hottentots Holland Mountains fand Masson eine Reihe von Heidearten und notierte am 5. Januar 1773 in seinem Tagebuch: »In diesen Bergen gibt es eine Fülle von merkwürdigen Pflanzen, und es sind meiner Meinung nach für einen Botaniker die ergiebigsten Berge in Afrika.« Den Eintrag dieses Tages schloss er mit der eher praktischen Beobachtung ab, dass er »in einer armseligen Hütte hauste und die Holländer und Hottentotten fast promisk miteinander leben, ihre Betten bestehen nur aus Schafhäuten«.

Masson kehrte Ende Januar nach Kapstadt zurück und wusste nunmehr, dass Banks mit seiner Behauptung, die Provinz werde für eine ergiebige botanische Ausbeute sorgen, Recht gehabt hatte. Er verbrachte einige Monate lang damit, von den holländischen Bauern mehr über die Natur des Landes in Erfahrung zu bringen und eine größere Expedition vorzubereiten. Von dieser geplanten Expedition hörte der schwedische Botaniker Carl Per Thunberg, ein Schüler der linnéschen Schule in Uppsala, Schweden, und er überredete Masson, die Reise gemeinsam anzutreten. Die beiden Männer verband eine außergewöhnliche Freundschaft. Sie waren von ihrem Wesen her völlig gegensätzlich: Thunberg ein unbelehrbarer Angeber und Aufschneider, Masson hingegen ruhig und von bescheidenem Wesen. Trotzdem erwiesen sie sich als Team außerordentlich effizient und erfolgreich, wie die Früchte von Massons zweiter Exkursion ins Hinterland beweisen.

Am 11. September 1773 machten sie sich auf der Küstenroute in nordwestlicher Richtung zu den Blaauwbergen auf, mit einem Ochsenkarren voller Proviant und Sammelausrüstung, einem europäischen Diener und drei Hottentotten als Fahrer und Gehilfen. Masson und Thunberg hatten sich in weiser Voraussicht dafür entschieden, zu reiten, statt zu Fuß zu gehen. Damit sparten sie nicht nur ihre Energien, sondern konnten auch Exkursionen in einiger Entfernung vom Proviantfahrzeug machen. In der ersten Woche war das Wetter feucht und bedeckt, aber die Botaniker kümmerten sich wenig darum, da sie sich ausgiebig mit der Flora beschäftigten. Masson berichtet, dass er »erfreut über die üppigen Wiesen war, auf denen das Gras bis an die Bäuche der Pferde reichte und die eine große Vielfalt an Klebschwerteln *(Ixia)*, Gladiolen und Iris boten, von denen die meisten am Kap im August in Blüte standen«. Am nächsten Tag erreichten sie die Saldanha Bay, wo Masson *Amaryllis disticha* fand, »die die Holländer ›vergift-boll‹, Giftknolle, nennen; es heißt, dass die Hottentotten den Saft der Giftmischung für ihre Pfeile

Massons Expeditionen in Südafrika

beimengen«. Masson wurde immer wieder von der Vielfalt und Pracht der Blumen überrascht, wie ein Eintrag in sein Tagebuch am 27. September zeigt: »Das ganze Land bietet ein prächtiges Feld für Botanik, denn es ist mit der größten Zahl Blumen überzogen, die ich je zu Gesicht bekommen habe. Sie sind von erlesener Schönheit und duften köstlich.« Am darauf folgenden Tag konnte er in seine Liste *Ixia viridis*, eine schöne, grün blühende Zwiebelpflanze, eintragen.

Das Team wandte sich nach Osten, durchquerte erfolgreich den über die Ufer getretenen Groot Berg und schlug den Weg auf das Karroo Plateau jenseits des Flusses ein. Der heikle Aufstieg »über eine Kartouw genannte Passage, die schwierigste in der Kapprovinz«, die zu beiden Seiten steil abfiel, wurde durch das schlechte Wetter noch gefährlicher. Drei lange, bange, verregnete Stunden mussten Masson und Thunberg ihre erschrockenen, stolpernden Pferde sanft führen, während der Karren gefährlich am Rand der Abgründe hinter ihnen schwankte. Trotz ihrer Erschöpfung gelang es ihnen, die Passage zu durchqueren, und völlig durchnässt stiegen sie zur Hütte eines holländischen Siedlers hinunter. Dieser war zwar freundlich, doch seine Hütte war nicht der bequemste Platz zum Übernachten – es gab nur einen Raum, der durch Schilfmatten unterteilt war –, aber, wie Masson bemerkte, »kalt und durchnässt wie wir waren, waren wir für alles dankbar«.

Am 10. Oktober durchquerte die Gruppe den Olifants, dessen Verlauf sie bis Citrusdal folgte. Hier ließen Masson und Thunberg »nach ein paar hitzigen Debatten« den Karren zur Reparatur zurück und ritten auf die unfruchtbare und sehr zerklüftete Bergkette im Nordosten zu. Nach den schweren unangenehmen Regenfällen waren die beiden Botaniker nun der sengenden südafrikanischen Sonne ausgesetzt, die erbarmungslos auf sie herunterbrannte, aber ihr Durchhaltevermögen wurde belohnt, denn auf dem ausgedörrten Boden entdeckten sie hier und da *Protea grandiflora*, zahlreiche großartige Sukkulenten wie Aasblumen *(Stapelia spec.)*, und *Massonia* (eine Verwandte der Hyazinthen). Wieder beim Proviantwagen angekommen, folgte das Team zunächst den grasbewachsenen Ufern des Breede, durchquerte dann die Langeberge in der Nähe von Montagu und erreichte schließlich die Ebenen bei Swellendam. Sie hatten sich zwar 480 km quer durch das Land gequält, befanden sich aber nur 320 km Luftlinie vom Kap entfernt.

Nach einer wohlverdienten Ruhepause machten sich Masson und Thunberg Richtung Osten auf, weil sie die Kleine Karroo erkunden wollten. Am 10. November ereilte sie aber beinahe ein Unglück bei dem Versuch, den angeschwollenen Duvvenhoek zu überqueren. Die unterschiedlichen Angaben über die nun folgenden Ereignisse geben interessante Aufschlüsse über den Charakter der beiden Männer. Thunberg berichtet, dass er »als der Mutigste der Gesellschaft, der auf der ganzen Reise dauernd vorangehen und die anderen führen musste, nun ebenfalls, ohne eine Sekunde zu zögern, mit einem Satz in den Fluss hineinritt«. Sein Pferd fiel in eine tiefe Flusspferdgrube am Ufer und strampelte sich einige Minuten lang ab, bevor es das andere Ufer erreichte. Masson erwähnt in seinem Bericht weder das Erstaunen noch den Schrecken, sondern schrieb knapp: »Der Doktor überquerte den Fluss unvorsichtig, ohne sich noch einmal zu vergewissern«, und ließ durchblicken, dass den aufgeblasenen Schweden die Stärke seines Pferdes rettete, nicht aber seine Reitkünste. Flusspferdgruben stellten eine häufige Gefahr bei Flussdurchquerungen dar, obwohl es im Umkreis von 1300 km um Kapstadt nur noch wenige Tiere gab. Die Burenbauern hatten so viele wegen ihres schweinefleischähnlichen Fleisches und ihrer Haut getötet, dass ein Jagdverbot erlassen worden war. Unbehelligt von diesem Missgeschick stieß die Gruppe weiter vor, durchquerte den Gouritz, dessen Wasser ihnen bis zu den Sätteln reichte, und erreichte am 16. November schließlich das Meer bei Mosselbaai. In nördlicher Richtung überquerten sie sodann den Attaquas-Pass (600 m) und betraten die sehr unwirtliche Kleine Karroo, eine Gegend, die Masson wie folgt beschrieb:

Kein Land konnte trostloser sein, da die Ebenen nur aus verwitterten Felsen bestanden, zwischen denen ein bisschen roter Lehm Sträuchern und immergrünen Pflanzen Halt bot, die aber aufgrund der sengenden Sonnenhitze fast all ihre Blätter abgeworfen hatten. Aber wir fanden neue Sukkulenten, die wir niemals zuvor gesehen hatten und die uns wie eine neue Schöpfung erschienen.

Jenseits dieses Ödlands verbrachten Masson und Thunberg mehr als einen Monat mit der Erforschung des sich ständig wandelnden Geländes mit seiner großen botanischen Vielfalt. Beim Durchqueren grünender Ebenen kamen sie durch hügeliges Waldland und passierten enge Täler. Ab und zu stießen sie auf eine entlegene Siedlung und stellten überrascht fest, dass einige Bauernhöfe sehr wohlhabend waren. Masson war aber darüber entsetzt, wie die holländischen Farmer die Schwarzen behandelten, »die sie mit Perlen und Tabak entlohnen, der mit Hanf vermischt ist; diesen mögen sie ganz besonders gern, da er sie berauscht«.

Am 14. Dezember waren sie bereits an der Algoabucht in der Nähe von Port Elizabeth, ungefähr 800 km vom Kap entfernt, und erreichten am 17. den Sondags. Dort weigerten sich Massons einheimische Führer, sie weiter in die Sneeuberge zu begleiten – nicht aus einem geheiligten Grund, sondern deshalb, weil die Berge das Territorium eines besonders wilden Hottentottenstamms waren, der sie, so warnten sie, alle miteinander wegen der Metallgegenstände auf ihrem Wagen töten würde. Auf dieser Reiseetappe, während der sie in entlegenere Gebiete vordrangen, hatte die Gruppe ihren ersten ernsthaften Zusammenstoß mit heimischen Wildtieren. Eine Meute Hyänen griff den Wagen an, verletzte dabei einen der Ochsen und konnte nur in letzter Sekunde abgewehrt werden. Es tauchten immer mehr Löwen und Büffel auf, und oft mussten sie Ausweichmanöver machen.

Die Ochsen waren mittlerweile gesundheitlich arg mitgenommen, und Masson trat, dem Küstenverlauf folgend, widerwillig die Rückreise Richtung Kapstadt an. Diese Straße führte sie über den hohen Grat des Lange Kloor, wo Masson am 30. Dezember auf einem Bergvorsprung *Erica tomentosa* fand. Er entdeckte auch die Sukkulente *Stapelia euphorbioides* und *Geranium spinosum* in der Nähe des Great Thorny River. Ihre Abenteuer waren noch nicht ganz vorbei, denn auf der Rückreise entfernten sich Masson und Thunberg zweimal zu Erkundungsstreifzügen vom Ochsenkarren und verirrten sich total. Beide Male mussten sie eine äußerst unangenehme Nacht in der Kälte verbringen, und da der Brennstoff nur für ein dürftiges Feuer ausreichte, gingen sie die ganze Nacht auf und ab, damit ihnen nicht kalt wurde. Nach viereinhalb erschöpfenden Monaten, in denen sie 1600 km zurückgelegt hatte, traf die Gruppe am 29. Januar 1774 wieder in Kapstadt ein.

Unter den neuen Pflanzenarten, die im Ochsenkarren gut aufgehoben waren, befand sich die bemerkenswerte Paradiesvogelblume *(Strelitzia reginae)*. Die Expedition war ein solcher Erfolg, dass Masson in den folgenden Monaten emsig damit beschäftigt war, seine Sammlung zu sortieren und zurück nach Kew zu schicken. Zur Abwechslung unternahmen Masson und Thunberg in der näheren Umgebung ein paar kurze Sammelausflüge und begleiteten eine Zeit lang Lady Ann Monson, eine aristokratische, sehr bemerkenswerte Botanikerin, rund ums Kap.

Voller Zuversicht begann Masson im Frühling mit den Vorbereitungen für eine zweite Expedition in unbekannte Gefilde. Am 25. September 1774 brach er mit zwei Hottentottendienern, die seinen Ochsenkarren fahren und sich um sein Pferd kümmern sollten, auf. Nachdem er bei feuchter Witterung mehrere Tage lang die Küstenebene durchquert hatte, holte Masson den unverwüstlichen Thunberg in Paarl ein. Sie sammelten ein paar Pflanzen an den dortigen Gipfeln, bevor sie sich dann nach Norden durch Buschland wandten, das mit großartigen Frühlingsblumen übersät war. Nach der schwierigen Durchquerung des über die Ufer getretenen Groot Berg erreichte die Expedition am 13. Oktober den Fuß des Piquetbergs, wo sie unter vielen botanischen Juwelen auch *Stapelia incarnata* fanden.

Bei der Weiterreise Richtung Norden, auf die Quelle des Olifants zu, kamen sie in einen dürren, wüstenähnlichen Landstrich. Aufgrund der Gluthitze konnten sie nur am frühen Morgen und abends reisen, und selbst dann kamen sie nur langsam voran. Der Sandboden war voller Bauten von Blindmäusen, sodass die Pferde alle paar Minuten gefährlich strauchelten, und überall wimmelte es von Giftschlangen, die, wie sich Masson erinnerte, sich zwischen den Hufen der Packtiere schlängelten und um die Männer ringelten, sobald

Die exotische Paradiesvogelblume *(Strelitzia reginae)* gehört vielleicht zu den schönsten Pflanzen, die Masson eingeführt hat. Sie ist auch heute noch eine beliebte Wintergartenpflanze und Schnittblume.

diese eine Pause einlegten. Die durch die Hitze drohende Erschöpfungsgefahr und der Wassermangel stellten ein immer währendes Problem dar, und einmal trockneten die Ochsen so aus, dass Thunberg befürchtete, sie würden umkippen und sterben. Trotz der offensichtlichen Unfruchtbarkeit der Umgebung gelang es Masson, zahlreiche Sukkulenten zu finden, darunter Mittagsblumen, Wolfsmilch und Stapelien. Zu ihrer großen Erleichterung erreichte die Gruppe am 25. Oktober wieder ein abgeschiedenes Gehöft von Holländern und konnte sich ein wenig ausruhen.

Ende Oktober überquerte die Gruppe den Olifants mit einem Boot und gelangte einige Tage später nach Vanrhynsdorp, wo sie ihren dreitägigen Marsch zu dem Bokkeveldberg begann. Sie wurde von einem burischen Bauern eingeholt, der sie warnte, dass vom Weg aus keine Wasserquelle zu sehen sei. Er wolle aber einen Stofffetzen an einen Baum binden als Hinweis, wo sie ein wenig abseits vom Weg Wasser finden konnten. Während sie immer weiter in die mit Felsbrocken übersäte

Die Königsprotea *(Protea cynaroides)* ist die Nationalblume Südafrikas. Ihre bizarren Blüten öffnen sich im Frühsommer.

Wüste hineinstapften, wurde ihnen immer klarer, dass der Bauer sein Versprechen vergessen hatte. Wieder wurden die armen Ochsen unter der erbarmungslosen Sonne immer schwächer, und Masson notierte mit Bedauern, dass er nur die Sukkulenten sammeln konnte, die am Wegrand wuchsen. Trotzdem gelang es ihm aber, 100 Arten zu finden, darunter auch die wegen ihres Aussehens so genannten Lebenden Steine *(Lithops spec.)*. Wie erleichtert waren sie, als der Burenbauer, der inzwischen zu Hause angekommen war, zwei Paar unverbrauchte Ochsen zurückschickte, um den sich abmühenden Europäern über die die Karroo umgebenden Berge zu helfen. Diese freundliche Geste war von unschätzbarem Wert, weil der 600 m hohe Berg nur über einen sehr zerklüfteten, steilen Pfad zu besteigen war und fünf Hottentotten den Karren an Seilen ziehen mussten, damit er nicht umkippte. Auf dem Gipfel umwehten sie die erfrischenden kühlen Bergwinde, und sie feierten die Entdeckung der 4 m hohen *Aloe dichotoma*. Die Gruppe bewegte sich weiter nordwärts am Plateau entlang, bevor sie dann in die trockene, staubige Ebene in der Nähe von Nieuwoudtville abstieg und in nordöstlicher Richtung über »verwitterten Fels« nach Hantamsberg zog. Diese holländische Siedlung lag ungefähr 560 km nördlich von Kapstadt und war damit am weitesten entfernt.

Masson wandte sich nach Südosten und durchquerte noch weitere Abschnitte Trockenland, bevor er an den Rhenoster gelangte, dem er eine Weile folgte und Mitte November dann bei den Roggeveldbergen ankam. Am 16. musste die Gruppe wieder einen tückisch schwierigen Pfad hinaufsteigen, bevor sie in 1200 m Höhe das Grasland erreichte. Dieses erstreckte sich mehrere hundert Kilometer an der Bergkette entlang, und im starken Gegensatz zu der ständigen Hitze der Karroo war die Gruppe nun eisigen Stürmen ausgesetzt. Nachdem sie zwei Tage in einem Unterschlupf darauf gewartet hatten, dass ein besonders ungestümer Sturm über sie hinwegzog, fanden Masson und Thunberg, dass es ihnen jetzt reichte. Sie gaben ihre Pläne, nach Nordosten zu reisen, auf und stiegen in die Ebene hinab. Diese Änderung hatte aber auch ihre Tücken, wie Masson in seinem Tagebuch beschrieb:

> *Wir wurden mit ausgeruhten Ochsen und mehreren Hottentotten versorgt, die lange Lederriemen hielten, die am oberen Teil unserer Karren angebracht waren und verhinderten, dass diese umkippten. Wir hingegen sahen uns gezwungen, beide Hinterräder mit einer Eisenkette zu befestigen, damit sie sich nicht zu schnell drehten. Nach zweieinhalb Stunden mühsamer Arbeit, während der wir mal an einer, mal auf der anderen Seite zogen und manchmal uns alle mit unserer ganzen Kraft an den Wagen hängen mussten, damit er nicht die Ochsen überrollte, trafen wir am Fuß des Berges ein, wo wir die Hitze lästiger empfanden als die Kälte auf dem Gipfel.*

Masson und Thunberg waren vom Frost in einen Glutofen geraten und hielten nun dreißig durstige Tage die Durchquerung der Tanqua Karroo durch. Sie reisten oft nachts, um wenigstens zu versuchen, die Unbequemlichkeiten etwas abzumildern. Mitte Dezember erreichten sie einen Fluss mit kühlem Wasser, wo sie hocherfreut »die Nacht und einen Teil des folgenden Tages im Luxus verbrachten«. Der Gedanke an die Annehmlichkeiten in Kapstadt muss die ermüdeten Reisenden wohl wieder etwas aufgeheitert haben, und die kleine Gruppe traf dort am 29. Dezember ein – gerade rechtzeitig zu einigen redlich verdienten Silvesterfeierlichkeiten.

Doch Masson hatte keine Zeit für lange Ferien. In den folgenden Monaten schrieb er sein Tagebuch, arbeitete seine botanischen Beobachtungen aus und versandte seine letzte Sammlung neuer Arten. Diesmal waren es über 500, darunter *Amaryllis belladonna* und *Protea cynaroides*. Daheim war Banks völlig hingerissen, da er nun dem König unzweifelhaft beweisen konnte, dass Kew sich zur weltweit besten botanischen Sammlung entwickelte, und er weitere Pflanzensammler auf Reisen schicken konnte. Inzwischen wurde Masson nach Großbritannien zurückberufen, wo er Ende 1775 eintraf. Der Erfolg seiner Sammeltätigkeit lässt sich teilweise anhand eines Briefs beurteilen, den der Reverend M. Tyson am 5. Mai 1776 schrieb: »Mr. Masson zeigte mir die Neue Welt in seinem erstaunlichen Kap-Treibhaus, 140 Arten *Erica*, viele *Protea* und mehr als 50 Geranien und *Cliffortia*-Sträucher.« Ende 1775 teilte Masson Carl von Linné in einem Brief bescheiden mit, er habe mehr als 400 neue Arten gefunden, und in einem Artikel in der Zeitschrift *Philosophical Transactions of the Royal Society* benutzte er als Erster den inzwischen bekannten Titel »The Royal Botanic Gardens at Kew«. Da er ein Mensch war, der nicht gern im Rampenlicht stand oder sich auf seinen Lorbeeren ausruhte, fiel es ihm schwer, sich nach einer so lebhaften Zeit in Südafrika erneut in den Alltag in Kew einzugewöhnen. Immer wieder bat er Banks, er solle ihn doch wieder auf eine Expedition schicken, und am 9. Mai 1778 stach er von Madeira aus zu einer Transatlantikfahrt in See, die ihn über Teneriffa und die Azoren nach Westindien führen sollte.

Wenn man bedenkt, wie viel Pech Masson bevorstand, ist es nicht verwunderlich, dass von dieser Expedition kein Tagebuch existiert; fest steht aber, dass er während der ersten Reiseetappe erfolgreich viele Pflanzen sammelte. Die erste Lieferung von sechzig Pflanzen aus Madeira erreichte Banks im Juli 1778, und im Mai 1779 erhielt er weitere 123 Arten. Zu Massons Funden von den Kanarischen Inseln gehörten Aufsehen erregende Natternköpfe *(Echium)* mit ihren raketenähnlichen blauen

Rechts: Ein Brief vom 26. Dezember 1775, den Masson an den großen Carl von Linné schrieb und in dem er bemerkt, dass ihm seine zwei südafrikanischen Abenteuerreisen »über 400 neue Arten beschert haben«.

Printed in Linn. Corresp.
v. 2. 559.

Honourable Sir

I Hope your goodness will excuse the Liberty I have taken in Addressing myself to you, as it proceeds from, a knowledge of your Superior Merit, and your exalted character in Natural History. I have been employed some years past, by the King of great Brittain in collecting of Plants for the Royal Gardens at Kew, my researches have been chiefly at the Cape of good Hope, where I had the fortune to meet with the ingenious Docter Thunberg; with whom I made two success-full journies into the interior parts of the country; My labours have been crowned with success, having added upwards of 400 new ~~plants~~ species to his Majesties collection of living plants, and I believe many new Genera.

I expect soon to go out on another expedition, to another part of the glob, to collect plants, for his Majesty, and if I should be so fortunat to discover any thing New in any branch of Natural history I should be happy in having the honour of communicating it to you. I had the pleasure of seeing Mr Sparrmann at the Cape, and received from him a parcel of seed which he collected in the Southeren Islands which I now send you; I could not presume to send you any cape Plants as I presume Dr Thunberg has sent you every kind that he hath collected which are much the same with mine

Blütenähren, die 3 m und höher werden, und *Senecio cineraria*, die spätere Stammpflanze der farbenprächtigen und heute so beliebten Cinerarien. Bedauerlicherweise erwarteten Masson in der Karibik Schwierigkeiten. Am 2. Juli 1779 fielen französische Truppen in Grenada ein, und er wurde am falschen Ort zum falschen Zeitpunkt rekrutiert. Gewaltsam wurde er in die einheimische Bürgerwehr eingezogen und dazu verdonnert, die Hauptstadt und den Hafen zu verteidigen. Er wurde von den Franzosen gefangen genommen und ins Gefängnis gesperrt, ging seiner Pflanzensammlung verlustig und wurde erst nach Verhandlungen, die Banks auf höchster Ebene führte, freigelassen. Das Unglück verfolgte ihn auch auf seiner Weiterfahrt nach St. Lucia: Ein Hurrikan verwüstete im Oktober 1780 einen Großteil der Insel, und Massons neue Pflanzensammlung, seine Ausrüstung und sein Tagebuch versanken in den Fluten. Völlig niedergeschlagen machte er sich auf den Heimweg und traf Anfang 1781 wieder in Großbritannien ein.

1783 brach Masson zu einer zwei Jahre dauernden Erkundung Lissabons (wo er sein Glück mit Gartengestaltung versuchte), Portugals und Algeriens auf. Nach einem kurzen Aufenthalt in Kew verließ er London Ende 1785 an Bord des Ostindienfahrers *Earl of Talbot* und machte sich zu seinem Lieblingsort zum Pflanzensammeln auf. Am 10. Januar 1786 traf er in Kapstadt ein und musste feststellen, dass Argwohn und Misstrauen die Kolonie beherrschten. Da zwischen Großbritannien und Holland mittlerweile Krieg herrschte, hatten die holländischen Behörden verfügt, dass sich ausländische Besucher nicht weiter als drei Stunden Fußmarsch von Kapstadt entfernen durften. Auf die britischen Bürger hatte man ein besonderes Auge, da sie als potenzielle Spione galten. Masson setzte sich, getrieben von seiner Leidenschaft für die Entdeckung von Pflanzen, seiner Loyalität gegenüber seinem Auftraggeber und seiner Abenteuerlust, dreist über das holländische Edikt hinweg. Im März sandte er Banks Samen von 176 Arten, darunter der Zimmerkalla *(Zantedeschia aethiopica)* und weitere Heidearten *(Erica spec.)*. In den folgenden acht Jahren unternahm der nicht mehr ganz junge Masson zahlreiche Märsche ins Binnenland (Banks musste ihn tatsächlich wegen seiner Wanderleidenschaft ermahnen und drängte ihn, sich auf bestimmte Gebiete zu konzentrieren). Er sammelte noch mehr botanische Kostbarkeiten für Kew, die er sorgfältig in einem kleinen Garten in Kapstadt züchtete, bevor er sie nach Hause verschiffte. Schließlich wurde der Druck durch die politischen Unruhen so unerträglich, dass er im März 1795 nach England zurückkehrte.

Rechts: Die eleganten weißen Blüten der Zimmerkalla *(Zantedeschia aethiopica)* waren in Gärten der viktorianischen Zeit in Mode und erfreuen sich auch heute noch großer Beliebtheit.

Masson hatte mehr als zwanzig Jahre seines Lebens mit der Erforschung exotischen und gefährlichen Terrains zugebracht und war nun überhaupt nicht mehr in der Lage, sich wieder an ein geruhsames Leben zwischen den Gewächshäusern von Kew zu gewöhnen. Wieder ertönte der Ruf der Wildnis, und so stach er im September 1797 Richtung Nordamerika in See. Die Überfahrt war unangenehm. Zweimal enterten französische Piraten das Schiff, und beim zweiten Mal wurden die Passagiere auf ein aus Bremen kommendes Schiff mit Kurs auf Baltimore gezwungen. Die Verhältnisse an Bord waren entsetzlich. Sie mussten pro Tag von einem halben Pfund unappetitlichem Brot leben, schmutziges Wasser trinken und zwischen den Tauen schlafen. Damit nicht genug, war auch das Wetter auf dem gesamten letzten Teil der Reise miserabel. Nach einem erholsamen Aufenthalt in New York reiste Masson nach Norden bis über die Grenze nach Kanada. Er schickte Samensendungen zurück nach Kew, darunter auch die wunderschöne Waldlilie *(Trillium grandiflorum)*, aber er war kein junger Mann mehr und empfand das raue Klima um Montreal als lähmend. Der Gesundheitszustand von Masson, der an die drückende Hitze Südafrikas gewohnt war, verschlechterte sich während des strengen Winters des Jahres 1805 zusehends, und er starb am 23. Dezember, Tausende von Kilometern von seiner Heimat und seinen Freunden entfernt.

Masson verdanken wir die Einführung einer Vielzahl von Zierpflanzen mit schönen Blüten, an denen wir uns auch heute noch erfreuen: Gladiolen, Amaryllis, Kreuzkraut, Drehfrucht *(Streptocarpus)*, die Paradiesvogelblume und *Protea* sind als Schnittblumen oder Zimmerpflanzen sehr beliebt. Das Angebot an Garten- und Kübelpflanzen wäre um einiges ärmer, gäbe es nicht Massons Fackellilien *(Kniphofia*, neun Arten), Schmucklilien *(Agapanthus)* und die farbenprächtige Zimmerkalla *(Zantedeschia aethiopica)*. In Beeten und hängenden Körben setzen seine Geranien (*Pelargonium*, 47 Arten) und Lobelien Farbakzente. Südafrikas artenreiche Flora an farbenfrohen, sommer- und herbstblühenden Knollen- und Zwiebelpflanzen lieferte Masson reiche Ausbeute, und immer noch haben wir unsere Freude an Fransenschwerteln *(Sparaxis)*, Klebschwerteln *(Ixia)*, *Watsonia*, Blutblumen *(Haemanthus)*, *Tulbaghia* und Sauerklee *(Oxalis)*, die er einführte. Masson brachte zwar nicht alle Arten vom Kap mit, die sich als gärtnerisch wichtig erweisen sollten, aber seine Pionierarbeit weckte das – bis heute anhaltende – große Interesse an der dortigen Flora, das andere dazu anregte, in seine Fußstapfen zu treten. Die vielleicht bemerkenswerteste und zählebigste Pflanze, die von ihm stammt, ist ein Brotpalmfarn *(Encephalartos altensteinii)*: Seit seiner Einführung im Jahr 1775 gedeiht er im Palmenhaus in Kew immer noch prächtig, und so darf man ihn getrost als älteste Topfpflanze Europas bezeichnen!

Von Francis Masson eingeführte Pflanzen

Hinter jedem Pflanzennamen ist das Jahr angegeben, in dem die Art nach Europa eingeführt wurde.

Strelitzia reginae (1773)
Strelitzia – nach Charlotte Sophia von Mecklenburg-Strelitz (1744–1818), der späteren Frau des britischen Königs Georg III.
reginae (lat.) – der Königin gehörend

Zu Recht Paradiesvogelblume genannt, wohl der Inbegriff einer tropischen Blume: Blüten auf 1 m langen Stielen, leuchtend orange und indigoblau, Blütenscheide bootförmig, grün und rot. Blätter graugrün, speerförmig, etwa 50 cm lang, fächerförmig angeordnet.

Stammt aus den Küstenwäldern der östlichen Kapprovinz Südafrikas und wird bis 1,5 m hoch.

Protea cynaroides (1774)
Protea – nach dem vielgestaltigen griechischen Meeresgott Proteus
cynaroides (griech.) – artischockenähnlich

Auffällige Blütenstände von 20–30 cm Durchmesser, an Artischocken erinnernd, mit harten, fleischfarbenen Hochblättern und seidenhaarigen, blassrosa Staubgefäßen. Die Königsprotea ist ein bis 2 m hoher, immergrüner Strauch, Blätter 12–15 cm lang, ledrig, am Rand gewellt, Triebe rot. Wohl die schönste Art der Gattung.

Heimat: südwestliche bis östliche Kapprovinz, von küstennahen Gebüschen bis in 1500 m Höhe.

Amaryllis belladonna (etwa 1774)
Amaryllis – nach einer griechischen Nymphe
belladonna (ital.) – schöne Frau, der Saft der Pflanze wurde benutzt, damit die Augen strahlen (er erweitert die Pupillen)

Auf einem 50–80 cm langen Schaft erscheinen im Herbst sehr schöne trichterförmige, tiefrosa Blüten mit angenehmem Duft. Nach der Blüte treibt die Zwiebelpflanze zahlreiche, 30–45 cm lange, riemenförmige Blätter.

Stammt aus Südafrika und wächst in der Kapprovinz in Buschland, an steinigen Hängen und in der Nähe von Flüssen.

Zantedeschia aethiopica (etwa 1796)
Zantedeschia – nach dem italienischen Botaniker Francesco Zantedeschi (ca. 1773–1846)
aethiopica (lat.) – äthiopisch

Zur Blütezeit (März bis Juni) trägt ein 1,5 m hoher Schaft eine rein weiße, 10–20 cm breite, wachsartige Spatha (Blütenscheide), die trichterförmig den goldgelben Spadix (Blütenkolben) umgibt. Die etwa 30 cm großen, dunkelgrünen Blätter der Zimmerkalla sind pfeilförmig und erscheinen am Ende eines knolligen Rhizoms. 'Crowborough' ist eine weniger frostempfindliche Sorte.

Stammt nicht aus Äthiopien, sondern aus Südafrika, wo sie an feuchten Stellen von der Kapprovinz bis zu den Drakensbergen wächst.

Oben: Die Belladonnalilie *(Amaryllis belladonna)* ist eine Bereicherung für den herbstlichen Garten.

3

Entdeckungen im Wilden Westen

David Douglas

(1799–1834)

Mit dem 1783 unterzeichneten Vertrag von Versailles endete der amerikanische Unabhängigkeitskrieg, und es entstand eine neue Nation. Ende des 18. Jahrhunderts reichte »Amerika« allerdings von der Ostküste in westlicher Richtung nur bis zum Mississippi und in nördlicher Richtung bis zu den Großen Seen. Riesige unerforschte Gebiete wurden abwechselnd von den Briten, den Amerikanern und den Spaniern beansprucht. Die neue Englisch sprechende Nation nahm rasch politische und Handelsverbindungen mit Europa auf, und mit dem weiteren Vorstoß der Pioniere nach Westen gelangten auch neue Pflanzen nach Europa.

Links: Die von Douglas eingeführte Riesentanne *(Abies grandis)* – hier ein noch junger Baum – ist heute in Mittel- und Westeuropa ein bedeutender Forstbaum. Die höchste aller Tannenarten wird in ihrer Heimat, dem Nordwesten Nordamerikas, über 75 m hoch.

Oben: David Douglas auf einer Bleistiftzeichnung, die Sir Daniel McNee zugeschrieben wird. Hier sieht er etwas gepflegter aus als zu der Zeit, da er im Nordwesten Amerikas unter oftmals größten Entbehrungen Pflanzen sammelte.

Schon früher waren durch John Tradescant dem Älteren (siehe Seite 9) unter anderem Wilder Wein *(Parthenocissus quinquefolia)* und *Aquilegia canadensis* nach Europa gelangt, später durch seinen Sohn neben anderen Arten die Abendländische Platane *(Platanus occidentalis)*, die Palmlilie *Yucca filamentosa* und die Silberimmortelle *(Anaphalis margaritacea)*. John Banister (1654–1692) führte 1688 die erste Magnolie *(Magnolia virginiana)* ein, John Bartram (1699–1777) entdeckte *Rhododendron maximum*, und im ausgehenden 18. Jahrhundert fand John Fraser (1750–1811) *Rhododendron catawbiense* auf dem Great Roa Mountain.

Archibald Menzies (1754–1842) lenkte als Erster die Aufmerksamkeit auf die potenzielle botanische Goldgrube des pazifischen Nordwestens. Während seiner Stationierung in Westindien sammelte er Pflanzen für Joseph Banks und wurde später einer der Reisebotaniker von Kew. Auf seiner zweiten Expedition nach Amerika entdeckte Menzies viele Arten. Leider wurde er von dem streitlustigen Kapitän Vancouver, der nicht wollte, dass seine Mannschaft Menzies beim Pflanzensammeln half, während der letzten drei Reisemonate in seine Schiffskajüte verbannt. Daher konnte er Banks zu Hause in Kew nur zwei Pflanzen präsentieren, die er aus seltsam aussehenden »Nüssen« gezogen hatte, die ihnen der spanische Vizekönig im chilenischen Valparaiso als Nachtisch serviert hatte. Dies war Menzies' großartigste Einführung – *Araucaria araucana*, die Chilenische Araukarie oder Andentanne (siehe Seite 136–139). Mehr Erfolg als Menzies hatte sein schottischer Landsmann David Douglas, dem es vorbehalten blieb, das Wunder der Flora dieser Gegend zu offenbaren. Von den mehr als 200 Arten, die dieser einführte, sind uns vor allem die großartigen Koniferen gegenwärtig, die die Gartenlandschaft in Europa und Amerika verändert haben. Eine von Menzies' »verlorenen Funden«, die Douglasie *(Pseudotsuga menziesii)*, trägt seinen Namen.

Douglas wurde am 25. Juli 1799 in Scone bei Perth geboren. Das temperamentvolle Kind entwickelte zwei Leidenschaften – für die freie Natur und für die Naturkunde. 1810 begann er im Alter von elf Jahren eine sieben Jahre dauernde Gärtnerlehre unter den

Eine Nahaufnahme von Nadeln und Zapfen der Douglasie *(Pseudotsuga menziesii)*. Douglasien zählten zu den höchsten Bäumen der Welt, bevor riesige Waldgebiete durch ausgedehnten Holzeinschlag zerstört wurden.

wachsamen Augen von William Beatty, dem Obergärtner des Earl of Mansfield im Scone Palace. Douglas erstaunte und beeindruckte Beatty immer wieder mit seinem Fleiß und seiner Lernfähigkeit. Er überredete Beattys Assistenten, Mr. McGillivray, ihn in den Grundzügen der Botanik zu unterrichten, und lauschte gespannt den Geschichten, die ihm die Gebrüder Brown, Gärtner aus seinem Heimatort, über das Botanisieren in den Highlands erzählten. Nachdem Douglas einen Winter lang seine Kenntnisse in Mathematik und Naturwissenschaft aufgebessert hatte, zog er zu den Gärten in Valleyfield in der Nähe von Culross in Fife um. Hier fielen sein Forschergeist und seine Entschlossenheit dem Besitzer Sir Robert Preston auf, der ihm ungehinderten Zugang zu seiner umfangreichen Bibliothek gewährte. Douglas schöpfte dieses ungewöhnliche Privileg voll aus, und zwei Jahre später sicherte er sich eine Stelle am Botanischen Garten in Glasgow.

Der April des Jahres 1820 war für die Botanik in Glasgow ein besonderer Monat. Nicht nur trat Douglas seine neue Arbeit an, sondern William Hooker kam als Professor für Botanik an die Universität. Er wurde bald einer der beliebtesten Dozenten und stellte – quasi in einem Probelauf für seine spätere Karriere als erster offizieller Direktor von Kew – sein Organisationstalent und seine grenzenlose Energie, die Botanischen Gärten neu zu beleben, unter Beweis. Im Verlauf der Umbesetzung fiel ihm der neue, eifrige junge Mitarbeiter auf. Beide wurden enge Freunde, und Hooker brachte Douglas viel botanische Praxis bei, wenn sie auf der Suche nach Material für Hookers *Flora Scotica* durch die schottische Hügellandschaft streiften. Douglas besuchte Hooker häufig in dessen Zuhause und inspirierte später Williams jüngeren Sohn Joseph mit seinen Geschichten über fremde, weit entlegene Orte – genauso wie die Gebrüder Brown es bei ihm gemacht hatten. Er brachte Joseph sogar bei, in einem Teich im Garten wie ein Indianer zu angeln.

Im Frühling 1823 wurde Hooker von Joseph Sabine, Sekretär und treibende Kraft hinter der Londoner Horticultural Society (heute Royal Horticultural Society), gebeten, ihm einen botanischen Sammler für die Society zu empfehlen. Ohne Zögern schlug Hooker den vierundzwanzigjährigen Douglas vor. Die Horticultural Society hatte sich im März 1804 gebildet, als eine Gruppe herausragender Amateur- und Berufsgärtner sich zur Gründung einer Gesellschaft zusammenschloss, »deren Ziel die Verbesserung der Gartenkunst in all ihren Bereichen sein sollte«. Unter den Initiatoren, die sich oben in Hatchards Buchladen trafen, waren John Wedgwood, der Sohn des berühmten Keramikers und zukünftiger Onkel Charles Darwins, und Sir Joseph Banks. Als es mit Kew eine Zeit lang bergab ging, erzielte die Horticultural Society einen Erfolg nach dem anderen. 1823 mietete man etwas über 13 Hektar von Chiswick vom Duke of Devonshire, wo man experimentelle Gärten einrichten wollte, und die Society begann, nach dem Vorbild von Kew eigene Pflanzenjäger in die Welt zu schicken: 1821 John Potts nach China und Ostindien, 1822 John Forbes nach Ostafrika, und 1823 John Parks wiederum nach China.

Douglas ging davon aus, dass man ihn nach China schicken würde. Leider musste Sabine aufgrund der dort herrschenden politischen Unruhen seine Pläne ändern, und Douglas wurde zu seiner Enttäuschung nach New England, an die Ostküste Nordamerikas, verfrachtet. Dies war eine von vielen Pechsträhnen, die seine Karriere als Pflanzensammler verfolgten. Nach einer entsetzlichen Überfahrt, während der schlechtes Wetter herrschte und die Lebensmittelvorräte knapp waren, erreichte er New York am 5. August 1823. Als er an Land gehen wollte, wurde ihm von der Einwanderungsbehörde mitgeteilt, dass er zu verlottert aussehe, und die Erlaubnis wurde ihm so lange verweigert, bis er sich neue Kleidung gekauft hatte.

Endlich an Land, startete Douglas eine viermonatige Reise, auf der er die New Yorker Gemüsemärkte und den Blumengarten von Mr. Van Ransalier in Albany erkundete, bevor er sich nach Buffalo und Amherstburg am Eriesee aufmachte. Hier hatte er seine erste Begegnung mit dem richtig wilden Amerika, dem er – vielleicht aufgrund von Erinnerungen an seine Kindheit – völlig verfiel. Er sammelte Samen von Ehrenpreis, Wasserdost, Sonnenröschen, Prachtscharten, Goldruten und Astern und schoss mit seinem Gewehr Zweige von einer hohen Eiche herunter, weil ihn die Blätter und Eicheln interessierten. Egal wo Douglas hinging, das Pech blieb ihm treu, und auf dieser Reise erwischte es ihn gleich dreimal. Erst ging ihm auf einem Ausritt sein Pferd durch. Er brüllte dem Pferd Befehle zu, stellte aber, als es endlich zum Stehen kam, fest, dass es nur Französisch verstand! Dann hatte er seine Habe und sein Geld dem Wagenlenker anvertraut und kletterte auf einen hohen Baum, um Samen zu sammeln, als zu seiner Überraschung sein Gefährte mit all seinen Habseligkeiten in die Wälder davonrannte. Douglas konnte das Gefährt nicht lenken und musste allein und ohne einen Pfennig Geld zurückbleiben. Schließlich wäre sein Boot auf der Rückfahrt nach Buffalo beinahe bei einem heftigen Unwetter gekentert. Der gleichmütige Douglas kehrte über die Niagarafälle (wo er einen Tragant und ein Veilchen fand) und Philadelphia nach New York zurück und sammelte in einem Moor am Hudson Schlauchpflanzen *(Sarracenia spec.)*. Am 10. Januar 1824 traf er wieder in Großbritannien ein. Ob des Umfangs seiner Sammlung wurde die Reise von der Horticultural Society als »Erfolg, der unsere Erwartungen übertroffen hat« bezeichnet. Zu seinen Trophäen gehörten mehrere neue Gattungen von Zierpflanzen und eine große Zahl in Amerika gezüchteter Apfel-, Birnen-, Pflaumen-, Pfirsich- und Traubensorten, die nun in den Küchengärten der britischen Landhäuser begeistert aufgenommen wurden.

DOUGLAS' NORDAMERIKAREISEN

Douglas' nächste Reise im Auftrag der Horticultural Society war ausgedehnter. Diesmal ging es in die weitgehend unerforschte Wildnis des pazifischen Nordwestens, und so verließ er Gravesend am 26. Juli 1824 an Bord des Schiffes *William and Ann*, das der Hudson Bay Company gehörte. Die Reise um Kap Hoorn zur Mündung des Columbia auf der Grenze zwischen Washington und Oregon dauerte entsetzliche achteinhalb Monate, mit Zwischenhalten auf Madeira, Rio de Janeiro, den Juan-Fernandez- und den Galapagosinseln, wo er die Flora eingehend studieren konnte. Am 9. April 1825 erreichte er das Kap mit dem nicht gerade einladenden Namen Cape Disappointment, wo entweder dichter Nebel herrschte oder schwere Regenfälle niederprasselten. Beim Anblick der Szenerie aber fasste er neuen Mut:

Was das Erscheinungsbild des Landes und seine Fruchtbarkeit betrifft, wurden meine Erwartungen voll erfüllt. Es ist sehr abwechslungsreich, aufgelockert durch Hügel und ausgedehnte Ebenen, meistens guter Boden. Der Großteil des Landes ist, so weit das Auge reicht, dicht mit mehreren Kiefernarten bewachsen. Bei den Waldbäumen gibt es keinen Vergleich mit der atlantischen Seite, keine Buche, Gleditschie, Magnolie, Walnuss, eine Eiche, eine Esche. Nordwärts in der Nähe des Ozeans ist das Land hügelig … auf der Südseite des Flusses ist (es) niedrig und an vielen Stellen sumpfig.

Und genau dort entdeckt er seine erste Pflanze: »Beim Betreten des Strands war *Gaultheria shallon* die erste Pflanze in meinen Händen. Ich war so erfreut, dass ich fast nichts außer ihr sehen konnte.«

Hier, an seiner Mündung, war der Columbia 8 km breit, aber in Richtung Binnenland wurde er tiefer und floss schneller. Es gab reichlich Lachse und Störe, und der Fluss war für Ureinwohner und Pioniere gleichermaßen die wichtigste Transportstrecke. Douglas betrachtete die Eingeborenen anfangs argwöhnisch und voller Schrecken, aber als er sich an ihre Art gewöhnt hatte, bewunderte er sie von Tag zu Tag mehr, blieb jedoch weiterhin auf der Hut – viele Stämme waren Siedlern begreiflicherweise feindlich gesonnen. Die Hudson Bay Company (die ihm ihre Hilfe versprochen hatte) war gerade dabei, ihr Hauptquartier, Fort Vancouver, von der Küstenregion an einen Ort 145 km flussaufwärts zu verlegen, und Douglas wurde vom Leiter des Camps, John McLoughlin, herzlich empfangen. Er machte das Fort für die nächsten zwei Jahre zu seinem Hauptquartier. Anfangs wohnte er in einem Zelt mitten unter den Blockhütten, siedelte aber, als seine Pflanzensammlung größer wurde, in eine Hirschfellhütte und schließlich in eine Rindenhütte um. Bald hatte er sich an den primitiven und rauen Lebensstil gewöhnt:

In England schauern die Leute beim Gedanken daran, bei offenem Fenster zu schlafen; hier nimmt jeder sein Bettlaken und legt sich mit der größten Selbstverständlichkeit, die man sich vorstellen kann, auf den Sand oder unter einen Busch, so als ginge er ins Bett. Ich gebe zu, dass ich anfangs, obwohl ich gut damit zurechtkam und es mir nicht schadete, nur mit Schrecken daran dachte. Inzwischen habe ich mich gut daran gewöhnt, und zwar so sehr, dass mir Bequemlichkeit überflüssig erscheint.

Einen Großteil seines ersten Sommers verbrachte Douglas mit kleineren Reisen in die Umgebung, um sich mit der Flora und Fauna vertraut zu machen. Auf einer dieser Reisen entdeckte er eine Lieblingspflanze für den Frühlingsgarten, die Gewöhnliche Mahonie *(Mahonia aquifolium)*, und die Konifere, die nach ihm benannt ist und »alle Bäume an Größe übertrifft. Eine, die am Flussufer lag, hatte

Eine Skizze von Fort Vancouver, das Douglas während seines Aufenthalts im pazifischen Nordwesten zu seinem Hauptlager machte.

einen Umfang von 12 m und eine Länge von 48 m; die Spitze fehlte ... ich vermute daher, dass sie insgesamt wohl 57 m hoch war ... sie wachsen sehr aufrecht; das Holz ist weicher als die meisten anderen ... und splittert leicht«.

Anfangs begleitete Douglas weiße Händler und Trapper, baute aber bald eine Beziehung zu den Indianern auf und setzte sie als Führer ein. Mit ironischem Amüsement bemerkte er, dass seine Sammelaktivitäten ihm den Namen »Grasmann« eintrugen, und ein Stamm hielt ihn für einen bösen Geist, als sie sahen, wie er ein sprudelndes Gesundheitsgetränk zubereitete – sie hielten es für kochendes Wasser! Auch schien ihm, dass es bei ihnen Ungläubigkeit hervorrief, wenn er seine Pfeife mit einer Lupe anzündete und eine Brille trug (die Ungläubigkeit täuschten die Ureinwohner höchstwahrscheinlich zu ihrem eigenen Vergnügen nur vor).

Im Mai fand Douglas die heute in Gärten so beliebte Blutjohannisbeere *(Ribes sanguineum)*, eine Lupine *(Lupinus polyphyllus)* und *Clarkia pulchella*, und am 20. Juni stieg er in ein wackliges Kanu, um eine eineinhalbmonatige Reise den Columbia hinauf zu den Grand Rapids und Great Falls zu machen. Er kam nur langsam voran, und die Reise war enorm anstrengend, weil er ständig gegen starke Strömungen und Gegenwinde ankämpfen musste. Erfreulich war aber, dass die erzwungenen Verzögerungen, während denen er auf das Nachlassen des Winds wartete, ihm Gelegenheit zu zahlreichen Exkursionen ins Umland boten. Das Terrain stellte ihn manchmal vor äußerst große Herausforderungen, und der ehrgeizige Pflanzenjäger trieb sich bis an die Grenzen seines Durchhaltevermögens:

> *Den Luxus, eine Nacht in einem Bett aus Kiefernzweigen zu schlafen, können nur die ermessen, die schon einmal eine Reise über eine unfruchtbare Ebene mitgemacht haben, von der Sonne versengt wurden oder sich erschöpft haben, als sie sich blind ihren Weg durch einen dichten Wald gesucht haben, Schluchten durchquert haben und über totes Holz, Seen, Felsen und dergleichen gestolpert sind. Ich war wirklich dreimal so ausgelaugt vor Erschöpfung und Hunger, dass ich zweimal zu einer kleinen verlassenen Hütte kroch (denn laufen konnte ich kaum noch). In meinem Tornister hatte ich nur einen Keks ...*

Beim dritten Mal erlegte Douglas zwei Rebhühner, schlief aber ein, während sie über dem Feuer brutzelten. Als er erwachte, waren sie völlig verbrannt und sein Kochtopf kaputt. Unverdrossen brühte er sich mit dem Deckel seiner Zunderbüchse, die ihm als improvisierter Wasserkessel diente, eine Tasse Tee auf, »die nach anstrengenden Reisen der König aller Nahrungsmittel ist«. Da ihm widrige Verhältnisse vertraut waren, scheint er unter solch harschen Bedingungen aufgeblüht zu sein, wobei ihm seine asketischen schottischen Wurzeln zugute kamen.

Auf dem Rückweg nach Fort Vancouver besuchte Douglas den Häuptling des Chenook- und Chochalii-Stammes, Cockqua, der zum Zeichen der Freundschaft einen riesigen, 3 m langen und 400–500 Pfund schweren Stör kochte. Als Ehrengast erhielt Douglas die besten Stücke des Fischs – den Kopf und das Rückgrat. Cockqua führte damals Krieg mit dem Stamm der Cladsap, die auf der anderen Seite des Flusses lebten, und bat Douglas inständig, zu seiner eigenen Sicherheit in seiner Hütte zu schlafen. Dieser hielt das für ein Zeichen von Feigheit und verbrachte die Nacht in seinem Zelt, 50 m vom Dorf entfernt. Am nächsten Tag wurde er von vielen Indianern wegen seiner Tapferkeit gepriesen, aber einen jungen Krieger verdross dieses Lob. Mit Bogen und Flinte gab er seine Geschicklichkeit zum Besten, indem er Pfeile durch einen nur 15 cm großen Metallring schoss, den er zuvor in die Luft warf, und auf eine Entfernung von 100 m auf eine 2,5 cm große Zielscheibe schoss – Douglas reagierte, indem er mit seiner Flinte einen großen Adler im Flug abschoss. Unbeeindruckt warf der Indianer seinen Hut in die Luft und forderte den weißen Mann auf, ihn zu treffen. Douglas berichtet schadenfroh, dass er »die gesamte Wölbung wegschoss und nur die Krempe stehen ließ«.

Als Douglas am 5. August nach Fort Vancouver zurückkehrte, erfuhr er, dass in den nächsten Wochen ein Schiff nach Großbritannien auslaufen sollte. Nach einem

Zwar waren viele von Douglas' Entdeckungen Nadelgehölze, doch fand er auch mehrere Blütensträucher. Die Blutjohannisbeere *(Ribes sanguineum)* wurde später zu einem beliebten Frühlingsblüher im Garten.

kurzen Abstecher den Multnomah hinauf, am 19., wo er zum ersten Mal die Zuckerkiefer *(Pinus lambertiana)* gewahrte (»In den Tabakbeuteln der Indianer fand ich die Samen einer erstaunlich großen Kiefer, die sie wie Nüsse aßen, und erfuhr von ihnen, dass sie in den Bergen bis in den Süden vorkam. Ich verlor keine Zeit, mich davon zu überzeugen, dass dieser wahrhaft großartige Baum existierte, den ich *Pinus lambertiana* nannte«), packte Douglas eilends seine botanische Sammlung ein und traf Vorbereitungen für die Reise an die Mündung des Columbia. Er traf eine Stunde nach Auslaufen des Schiffes ein, da er sich an einem rostigen Nagel verletzt und sich an seinem Kniegelenk ein Abszess gebildet hatte. Er verfluchte sein Missgeschick und begab sich niedergeschlagen Richtung Norden auf einen kurzen Abstecher am Chehalis entlang und auf den Cowlitz. Es regnete in Strömen, und als die Vorräte bedenklich zur Neige gingen, sah er sich gezwungen, sich von Wurzeln und Beeren zu ernähren. Als er Ende 1825 endlich wieder in seiner behaglichen kleinen Rindenhütte war, brauchte er unbedingt eine wohlverdiente Ruhepause. Seit seiner Ankunft acht Monate zuvor war er 3390 km zu Fuß, auf Pferden und mit dem Kanu gereist. Das Jahr 1826 sollte noch beschwerlicher werden, würde er doch fast die doppelte Entfernung, nämlich atemberaubende 6330 km zurücklegen.

Die winterlichen Wetterverhältnisse machten das Reisen unmöglich, und so verkroch sich Douglas bis zum Frühjahr 1826 in Fort Vancouver. Am 20. März brach er zu seiner ersten Reise im neuen Jahr nach Osten zum Spokane und zu den Kettle Falls auf. Er nahm fast keine Kleidung mit, sondern nur etwa 1000 Bögen Trockenpapier (für die Herbarexemplare) – seine Hingabe an die Wissenschaft erwies sich als stärker als sein Bedürfnis nach leiblichem Wohl. Es wurde eine entbehrungsreiche Reise, die bis Ende August dauern sollte. Am 10. Mai musste die Gruppe den eiskalten Barriere überqueren, und da sie vor Ort kein Transportmittel fand, beschloss sie, keine Zeit mit dem Bau eines Floßes zu vergeuden und den Fluss zu durchschwimmen. Douglas, der seine persönliche Habe auf dem Kopf trug, schwamm zweimal nackt durch den Fluss. Aus den immer schwärzer werdenden Wolken prasselte bald ein schwerer Hagelsturm auf die Reisenden nieder. Nach dreißig Minuten im eiskalten Wasser musste der vor Kälte gefühllose Douglas ein Feuer anzünden, um sich und seine Führer wieder zu beleben. Vielleicht hat er sich zu diesem Zeitpunkt nach seinen warmen, trockenen Kleidungsstücken gesehnt, die er zurückgelassen hatte. Sein Opfer war jedoch nicht umsonst, denn auf dieser Reise entdeckte er die Pantherlilie *(Lilium pardalinum)*, die Gelbkiefer *(Pinus ponderosa)*, die »außerordentlich schöne« Hundszahnlilie *Erythronium grandiflorum* und die Bartfadenart *Penstemon glaber*.

Im Juni siedelte Douglas nach Wallawalla um und erforschte von dort aus zweimal die Blue Mountains. Hier machten ihm die Moskitos und das schlechte Wetter zu schaffen, aber wie üblich ertrug er diese Unannehmlichkeiten stoisch (oder masochistisch). Douglas geriet durch seine Entschlossenheit, als erster Weißer die hoch aufragenden Gipfel der Blue Mountains erobern zu wollen, in große Gefahr. Nachdem er sich durch die Schneewehen in den Ausläufern eines der höchsten Gipfel gekämpft hatte, empfand Douglas den Rest des Anstiegs als ziemlich unbeschwerlich. Am Gipfel angelangt, verzauberte ihn die Aussicht, aber:

> *Ich war noch keine Dreiviertelstunde dort oben gewesen, da hüllte sich plötzlich der obere Teil des Berges in dichte schwarze Wolken; dann setzte ein schreckliches Unwetter mit Donner, Blitz, Hagel und Wind ein. So etwas wie diesen Blitz habe ich noch nie gesehen.*

Eine Skizze von Sir George Back aus dem Jahr 1833. Männer tragen ihr Kanu über den Hoarfrost. Douglas hatte mehrere ähnliche Erlebnisse in den zwei Jahren während seiner Erkundungsreisen rund um Fort Vancouver.

Manchmal leuchtete er wie ein Flammenmeer auf, so als stünde der Himmel in Flammen; dann wieder zuckte er in kurzen Abständen lebhaft auf, und derweil dröhnte der Donner durch die Täler unten, und bevor das Echo des vorigen Donnerschlags verhallt war, hatte schon der nächste begonnen, sodass er mir wie ein einziger erschien. Der Wind blies durch die niedrigen, verkümmerten und abgestorbenen Bäume, begleitet vom erbarmungslos schneidenden Hagel.

Douglas hastete zurück ins Lager, das er gerade noch vor Anbruch der Nacht erreichte. Seine schäbigen Kleider waren pitschnass, also zog er sich aus und wickelte sich in sein Laken ein. Um Mitternacht weckte ihn die Kälte auf, und als er versuchte aufzustehen, stellte er fest, dass seine Knie »den Dienst versagten«.

Douglas fand auf diesen beiden Exkursionen viele neue Arten, darunter *Paeonia brownii* (die einzige nordamerikanische Päonie), *Lupinaster macrocephalus*, *Trifolium altissimum* und die goldblütige *Lupinus argenteus* sowie mehrere neue *Phlox*. Immer wieder geriet er in Schwierigkeiten. Besonders nervenaufreibend war ein Ereignis, bei dem sich Douglas plötzlich in der Rolle des Diplomaten wiederfand, als zwischen einem Indianerhäuptling und einem Dolmetscher ein wütender Streit entbrannte. Der Häuptling beschuldigte den »Mann der Sprache«, nicht wortgetreu zu übersetzen, und bei dem darauf folgenden Gerangel büßte der arme Dolmetscher ein Büschel Haare ein. Wütend rückte der Häuptling mit einer Gruppe von dreiundsiebzig bewaffneten Kriegern an. Der Streit wurde schließlich durch den Austausch von Geschenken beigelegt, und es gab kein Blutvergießen.

Zu dieser Zeit bekam Douglas Sehprobleme – der fliegende Sand des wüstenhaften Landes um Wallawalla und eine leichte Schneeblindheit, die er sich in den Blue Mountains zugezogen hatte, führten zu einer schmerzhaften Entzündung. In den kommenden Jahren verschlechterte sich sein Augenlicht weiterhin und hat vielleicht zu seinem schaurigen Ende beigetragen. Obwohl Douglas mit Entbehrungen spielend fertig wurde, war er nicht unempfänglich für die Melancholie, die die lang andauernde Isolation auslöste. Verzweifelt wartete er auf Postsendungen aus England und hielt in seinem Tagebuch fest, dass er oft mehrmals in der Nacht aufstand, um gerade eingetroffene Briefe aus der Heimat nochmals zu lesen. Wieder hörte er, dass ein Schiff nach England in See stechen sollte, und entschlossen, diesmal seine wertvolle Sammlung nach Hause zu verschiffen, eilte er nach Fort Vancouver zurück. Als er dort am 29. August eintraf, rief seine ungepflegte Erscheinung bei den Einwohnern Entsetzen hervor, sie dachten, er sei der einzige Überlebende einer schrecklichen Katastrophe. Barfuß und nur mit einem zerfetzten Hemd, zerrissenen Hosen und einem alten Strohhut bekleidet, musste Douglas zugeben, dass »mein von Sorgen gezeichnetes Gesicht den Eindruck erweckte, ich sei gerade dem Schlund der Hölle entkommen«.

Douglas hatte bereits Samen der Zuckerkiefer gesehen, und ein französischer Jäger hatte ihm einen über 40 cm langen Zapfen gezeigt. Aber er hatte diesen Riesenbaum selbst noch nicht gesehen, und als er hörte, dass eine von A. R. McLeod geführte Gruppe zu den Quellflüssen des Willamette aufbrechen wollte, schloss er sich ihr an. Am 20. September startete man Richtung Süden zu einer Reise, die genauso entbehrungsreich und unannehmlich werden sollte wie alle Reisen, die Douglas erlebt hatte. Ab Mitte Oktober regnete es pausenlos, und es gab nicht genug zu essen. Die Landschaft war bewaldet und gebirgig, sodass sie nur frustrierend langsam vorwärts kamen. Trotz der widrigen Umstände gelang es Douglas, unterwegs eine erlesene Sammlung von Samen zusammenzubringen, darunter von Madroña *(Arbutus menziesii)* und Kalifornischem Lorbeer *(Umbellularia californica)*, dessen Blätter so reich an ätherischen Ölen sind, dass man für etwa eine halbe Stunde rasende Kopfschmerzen bekommt, wenn man an den zerriebenen Blättern riecht. Douglas fiel auf, dass »der Duft, der schon beim Rascheln seiner Blätter verströmt, so außerordentlich stark ist, dass er Niesreiz hervorruft«. Er notierte auch, dass die Fallensteller aus einer »Abkochung« der Rinde ein Getränk herstellten. Douglas erreichte den Umpqua am 16. Oktober, und nach einer erzwungenen Ruhepause von einer Woche (er hatte sich beim Sturz in eine Schlucht verletzt) machte er sich auf die Suche nach der Zuckerkiefer. In der Nacht des 24. Oktober geriet er abermals in einen fürchterlichen Sturm. Sein Zelt wurde umgeweht, und da es ihm nicht gelang, ein Feuer zu entfachen, verbrachte er eine erbärmlich kalte Nacht, in ein Laken und die Zeltleinwand gehüllt:

> *An Schlaf war natürlich nicht zu denken, da alle zehn bis fünfzehn Minuten riesige Bäume mit einem ohrenbetäubenden Krachen umstürzten, und bevor der Widerhall des vorangegangenen Donnerschlags verklungen war, folgte schon der nächste. Der Blitz zuckte zickzackförmig über den Himmel – all das löste in mir ein Gefühl aus, das ich niemals mit Worten beschreiben kann. Und das umso mehr, wenn ich an den Ort und meine Umstände denke. Meine armen Pferde konnten der Heftigkeit des Sturms nicht standhalten, ohne bei mir Schutz zu suchen, indem sie ihre Köpfe über mich beugten und wieherten.*

Als der Sturm sich endlich legte, versuchte Douglas, etwas Leben in seinen gefrorenen Körper zu bringen, und rieb sich an einem Feuer, das er schließlich hatte entfachen können, mit einem Taschentuch von oben bis unten ab. Seine Beharrlichkeit zahlte sich aus, denn am nächsten Tag »erreichte ich meinen lang ersehnten *Pinus* ... und machte mich sogleich daran, ihn zu untersuchen und Exemplare und

Samen zu sammeln«. Ein umgestürztes Exemplar war 65 m lang. Da die Zapfen an lebenden Bäumen so hoch hingen, dass Douglas sie nicht erklettern konnte, feuerte er mit seiner Flinte in die Äste, um einige herunterzuholen. Eine Gruppe von acht Indianern betrat, angelockt von den Gewehrschüssen, die Lichtung und kam auf ihn zu. Die Indianer waren mit Bogen, Knochenspeeren und Flintsteinmessern bewaffnet und wirkten »alles andere als freundlich«. Douglas versuchte zu erklären, was er tat, und scheinbar zufrieden setzten sie sich hin, um zu rauchen. Doch einer der Gruppe begann, seinen Bogen zu bespannen, und ein anderer wetzte sein Messer. Douglas, der keine Fluchtmöglichkeit hatte, spannte den Hahn seiner Flinte und zog eine Pistole. Es folgte eine zehnminütige, nervenaufreibende Pattsituation, bis der Anführer etwas Tabak verlangte. Douglas erwiderte, sie seien willkommen, wenn sie ihm dabei helfen würden, Kiefernzapfen zu sammeln. Kaum hatten die Indianer die Lichtung verlassen, klaubte Douglas seine Habseligkeiten auf und rannte zu seinem Lager, wo er die ganze Nacht lauschte, ob sie zurückkehrten. Nicht genug damit, hatte eine Grizzlybärin am frühen Abend seinen Führer angegriffen und streunte in der Nähe herum. Bei Tagesanbruch trottete sie mit ihren beiden Jungen ins Lager. Douglas, der um seine Sicherheit fürchtete, ritt bis auf 20 m an die Bären heran und erschoss dann das Muttertier und eines der Jungen.

Douglas kehrte zu einer dringend benötigten winterlichen Erholungspause nach Fort Vancouver zurück, wo er seine Sammlung präparierte und seinen Freund Cockqua besuchte. Man munkelt, es wäre eher Cockquas hübsche junge Tochter gewesen, die Douglas immer wieder in das Dorf bei Gray's Harbour zog, aber der diskrete Schotte ließ sich darüber nicht aus. Da er plante, einen Bericht der Expedition zu veröffentlichen, hätte er sicher keinen Wert darauf gelegt, auch nur den geringsten Anlass zu pikanten Klatschgeschichten zu geben.

Im darauf folgenden Frühjahr schloss sich Douglas dem alljährlichen Hudson Bay Company Express auf seinem 1600 km langen Marsch quer durch den Kontinent an. Am 20. März 1827 ging es los, und der tatkräftige Pflanzenjäger lief die ersten fünfundzwanzig Tage lang mit, bekam jedoch wunde Füße und musste per Kanu weiterreisen. Ende April erreichte man die Rocky Mountains, wo sich Douglas von der rauen Schönheit der Berge schwer beeindruckt zeigte, wenngleich seine Freude an der Szenerie durch seine Fußbeschwerden etwas getrübt wurde. Er hatte nie richtig gelernt, in Schneeschuhen zu marschieren, und musste sich häufig aus Schneewehen befreien. Zum Glück blieb Zeit für ein paar kleinere Zerstreuungen, und so erklomm Douglas einen der Berge neben der Marschstrecke. Er taufte ihn Mt. Brown und benannte dessen erhabenen Nachbarn nach seinem alten Freund William Hooker. Sobald sie die Rocky Mountains hinter sich gelassen hatten, legte der Express oft mehr als 60 km an einem einzigen Tag zurück. Im Mai wurde einer der Teilnehmer, Mr. F. McDonald, bei einer Büffeljagd schwer verletzt, als ein verwundeter Bulle ihn in die Luft warf und siebenmal auf die Hörner nahm. Ein Schuss, den einer aus der Gruppe abgab, schreckte das Tier, und nachdem es den reglosen Mann sanft angestupst hatte, trottete es davon. Douglas leistete lebenswichtige erste Hilfe, und trotz grausiger Wunden erholte sich McDonald schließlich wieder völlig. Ausnahmsweise führte Douglas einmal eine Reise zu Ende, ohne dabei selbst zu Schaden zu kommen. Nur der Tod seines geliebten Calumet-Adlers, der sich an einer der Fesseln stranguliert hatte, betrübte ihn. Nachdem er in den letzten drei Jahren insgesamt 11 300 km zurückgelegt hatte, erreichte er am 28. August 1827 York Factory an der Hudson Bay. Er beschloss, der *Prince of Wales* einen Besuch abzustatten, auf der er seine Heimfahrt gebucht hatte, und ruderte mit zwei Gefährten hinaus. Auf dem Rückweg brach ein fürchterlicher Sturm los, der das kleine Boot über 100 km in die Bucht hinausblies, und nur mit sehr viel Glück und einer günstigen Strömung gelang es ihnen, sich zurück an Land zu schleppen.

Verständlicherweise brauchte Douglas recht lange, um sich von seinen letzten Strapazen zu erholen, aber seine triumphale Rückkehr nach England am 11. Oktober 1827 hat seine körperlichen und seelischen Wunden wohl zum Teil geheilt. Leider wurde der schweigsame Schotte durch die Verherrlichung von Seiten der High Society offenbar zu einem geschwätzigen Prahler. Er stritt mit Freunden und Kollegen, auch mit Joseph Sabine, verlor das Interesse am Leben und wurde von Unrast befallen. Er versuchte, seine Abenteuer niederzuschreiben, stellte jedoch fest, dass seine literarischen Fertigkeiten mit seinen botanischen nicht mithalten konnten. Dank der Fürsprache seines Freundes und Mentors Sir William Hooker gewährte man Douglas seinen Wunsch, nach Nordamerika zurückzukehren, und so verließ er Portsmouth am 26. Oktober 1829, zwei Jahre nach seiner Heimkehr.

Auf seiner letzten Expedition suchte Douglas im Sommer 1830 nochmals einige seiner Pflanzenjagdgründe rings um den Columbia auf. In der Nähe der Columbia Cascades sammelte er Samen der Riesentanne *(Abies grandis)* und der Purpurtanne *(Abies amabilis)*, die er schon 1825 entdeckt, aber nicht eingeführt hatte. Querelen zwischen den Indianern und den Siedlern machten das Reisen gefährlich, sodass Douglas im Oktober drei Kisten voller Samen zurückschickte, bevor er Richtung Süden nach San Francisco segelte, wo er Anfang 1831 ankam. Von hier aus reiste er südwärts nach Monterey, wo er die Montereykiefer *(Pinus radiata)* fand, und weiter

Folgende Seiten: Douglas war hingerissen von der faszinierenden Landschaft des pazifischen Nordwestens, obgleich er bei seiner Suche nach den etwa 200 Arten, die er sammelte, viele Mühen auf sich nehmen musste.

nach Santa Barbara, bevor er sich dann nach Norden Richtung Sacramento Valley wandte. Er wollte im Sommer 1831 zum Columbia zurück, aber es gab keine Schiffsverbindung, und so musste er noch eine Saison in Kalifornien zubringen. In dieser Zeit entdeckte er eine Fülle neuer Pflanzen in Kaliforniens wärmerem Klima. Er schrieb an Sir William Hooker, er habe zwanzig neue Gattungen und 360 neue Arten gefunden, darunter die Edeltanne *(Abies procera)*. In einem anderen Schreiben deutet Douglas an, er habe auch Menzies' Küstenmammutbaum *(Sequoia sempervirens)* wieder gefunden, der »um einiges höher als 90 m« sei, und »ausgezeichnete Exemplare und auch Samen« besorgt. Was mit den Samen geschah, bleibt ein Rätsel; man hat vermutet, dass sie verloren gingen, als sein Kanu im Juni 1833 kenterte, aber das scheint ausgeschlossen, weil Douglas seine kalifornische Sammlung im August 1832 nach England schickte, bevor er zum Columbia segelte.

Nach einem kurzen Zwischenhalt auf Hawaii traf Douglas am 14. Oktober in Fort Vancouver ein. Aus seinen Briefen geht hervor, dass er unbedingt Alaska bereisen und von dort über Sibirien nach Hause zurückkehren wollte (ein Kunststück, das nur ein Mann von Douglas' Kaliber überhaupt in Erwägung ziehen, geschweige denn durchführen konnte). Nachdem er in der näheren Umgebung von Fort Vancouver einige Expeditionen unternommen und dort überwintert hatte, trat er am 19. März 1833 seine ehrgeizigste Reise an. Er schaffte es bis nach Fort James, wo er aus unbekannten Gründen kehrtmachte. Sein Kanu prallte auf die Felsen im Frazier, er wurde ins aufgewühlte Wasser geworfen, in einen Strudel gezogen und mehr als eine Stunde herumgewirbelt. Douglas konnte von Glück sagen, dass er mit dem Leben davonkam, aber er verlor seine gesamte persönliche Habe, seine Pflanzensammlung und sein Tagebuch. Niedergeschmettert und in schlechter gesundheitlicher Verfassung (er war inzwischen auf einem Auge blind) wandte er seine Aufmerksamkeit wieder den verlockenden Inseln von Hawaii zu, kaufte sich eine Passage von San Francisco an Bord der *Dryad* und landete dort am 23. Dezember 1833.

Auf Hawaii bestieg er den Mauna Kea und den Mauna Loa und sah den aktiven Vulkan Kilauea. Anfang Juli 1834 brach er erneut zu einer Überquerung des Mauna Kea auf, in Begleitung seines treuen kleinen Scotchterriers Billy und John, einem Diener. Unterwegs trennten sich die beiden Männer. Am Morgen des 12. klopfte Douglas an der Hütte von Ned Gurney an. Dieser lebte davon, das wilde Vieh der Insel in Fallen zu fangen. Dazu grub er eine tiefe Grube auf der einen Seite einer Wasserstelle, deckte jene notdürftig ab und umgab den Bereich mit einer Einfriedung. Auf dem Weg zum Wasser fielen die Tiere dann in die Grube. Nach dem Frühstück begleitete Gurney Douglas etwa eine Meile weit auf dem Pfad und warnte ihn vor den Fallgruben. Was dann geschah, ist reine Spekulation. Vermutlich sah Douglas nach, als er hörte, dass ein Tier in einer Fallgrube gefangen war, verlor den Halt und fiel selbst hinein. Seinen aufgespießten und zertrampelten Körper fanden im Verlauf des Tages zwei vorbeikommende Einheimische. Es gab Gerüchte, er habe mit Gurneys Frau eine Affäre gehabt und der eifersüchtige Ned habe den Schotten in die Grube gestoßen, aber ein Verbrechen ließ sich nie beweisen. Eine Obduktion durch vier Ärzte in Honolulu ergab, dass die tödlichen Verletzungen von dem Ochsen in der Falle stammten.

Douglas verdanken wir die Einführung von mehr als 200 neuen Arten, darunter Aufsehen erregende Koniferen. Nur wenigen ist bewusst, dass West- und Mitteleuropa nicht einmal zehn einheimische Nadelholzarten besitzen und die mächtigen Nadelbäume, die man heute so zahlreich in Parkanlagen findet, größtenteils erst dank Douglas' unermüdlicher Suche nach Europa kamen. Auch für die Forstwirtschaft erwiesen sich einige Arten als sehr bedeutend, wie die Douglasie in Mitteleuropa (der wichtigste außereuropäische Forstbaum), die Sitkafichte in Großbritannien und die Montereykiefer in vielen Ländern auf der Südhalbkugel.

Douglas' Reisen, die er im Auftrag der Horticultural Society unternahm, wurden durch die Beiträge einiger wohlhabender Mitglieder finanziert, die als Gegenleistung Samen der neuen, exotischen und seltenen Pflanzen erhielten, die er während der Expedition fand. Diese Politik, die neuen Pflanzen an eine privilegierte Minderheit gegen Geldmittel zu vergeben, von denen man die Pflanzensammler bezahlte, funktionierte aus mehreren Gründen sehr gut. Erstens hieß das, dass die Horticultural Society bei der Einführung neuer Pflanzen die Nase ganz weit vorn und (wie auch der Garten in Chiswick) einen guten Ruf hatte. Zweitens hielt man die Förderer bei Laune, da der Zustrom von Pflanzen ihren unersättlichen Hunger nach Neuheiten stillte und die seltenen Arten, die in ihren Anlagen gediehen, ihren überlegenen gesellschaftlichen Status widerspiegelten. Drittens umging die Society durch ein derartiges Vorgehen angeblich die Konkurrenz mit kommerziellen Gärtnern, aber da mehrere von diesen ebenfalls zu den Förderern gehörten, fanden die neuen Pflanzen sowieso ihren Weg auf den allgemeinen Markt.

In den dreißiger Jahren des 19. Jahrhunderts hatte man die enormen Kosten der Napoleonischen Kriege wieder hereingewirtschaftet, und der Handel erlebte national wie international einen gewaltigen Aufschwung. Für risikofreudige Geschäfts- und Kaufleute waren dies günstige Zeiten, und eine Art, neu erworbenen Reichtum zur Schau zu stellen, war, sich ein Anwesen auf dem Land zu kaufen. Die Industrialisierung ging Hand in Hand mit der Verstädterung, und die Vorortvilla mit ihrem Garten, der jede gewünschte Größe zwischen 4000 m² und 4 Hektar haben konnte, wurde für die Wohlhabenden zu einem Muss.

Ein paar dieser Neureichen nahmen die Dienste eines professionellen Gartenarchitekten in Anspruch, doch die meisten hielten sich an die Standardvorschläge, die der einflussreiche Gartenautor John Claudius Loudon (1783–1843) gab. Loudon schlachtete als Erster diese neue Marktlücke aus und brachte mittels seiner Bücher und seines neuen Konzepts, der Gartenzeitschrift, leicht verdauliche Garteninformationen unter die Leute. 1822 veröffentlichte er die über 1000 Seiten starke *Encyclopedia of Gardening*, und 1826 startete *The Gardener's Magazine*.

Loudon war auch für eine neue Methode bei der Gartenanlage verantwortlich, die für viele von Douglas' neue Koniferen ideal geeignet war. Die englische Schule der Landschaftsgärtnerei hatte ihr Hauptaugenmerk darauf gelegt, die Natur so nachzuahmen, dass man nicht mehr sagen konnte, wo die gestaltete Landschaft aufhörte und das nicht kultivierte Land begann. Loudon schlug nun vor, der Garten solle »eine Nachahmung der Natur sein, die – je nach den Ansprüchen und Wünschen des Betreffenden – bis zu einem gewissen Grad der Bebauung oder Verbesserung unterlag«. Dieses Konzept namens »Gardenesque« wurde von den eifrigen Gärtnern weitgehend falsch verstanden, für die der Garten eher ein Kunstwerk als eine Nachahmung der Natur sein sollte. Der Gartenentwurf veränderte sich und machte das Eingreifen des Menschen deutlich sichtbar. Rings um das Haus erlebte die architektonische Terrasse ein Comeback anstelle des weiten Rasens, den »Capability« Brown befürwortet hatte. In geometrischen Beeten wurden dort vorwiegend exotische Arten gepflanzt, anfangs Douglas' robuste Einjährige, später die frostempfindlichen Einjährigen aus Südamerika und Afrika mit ihren prächtigen Blüten. Diese bildeten die Grundausstattung für die oft grellen Farben in Sommerbeeten, die in viktorianischen Gärten so sehr in Mode kommen sollten.

Douglas' höchst dekorative Koniferen mit ihren so unterschiedlichen Formen, Größen, Farben und ungewöhnlichen Nadeln und Zapfen eigneten sich hervorragend, das Vorherrschen der Kunst zur Schau zu stellen, aber auf andere Weise. Sie wurden sorgfältig arrangiert und in die akkurat gepflegten Rasenflächen und Beete gesetzt, die jenseits des formalen Gartens die Parkanlage darstellten. Dieses Arrangement unterstrich nicht nur den Einfallsreichtum bei der Erschaffung künstlerischer Pflanzenarrangements, sondern zeigte auch, dass der Mensch den Garten pflegte und nicht der Willkür der Natur überließ. Den neuen Bäumen gab man besonders wegen ihres immergrünen Kleids den Vorzug. So konnte man Ansichten entwerfen, die man den ganzen Winter lang bewundern konnte, etwas, das bisher nur schwer zu bewerkstelligen gewesen war. Einzelne Exemplare oder Gruppen oder beides sorgten für auffällige Blickfänge oder wurden so gesetzt, dass sie einen immer währenden Rahmen für eine Aussicht oder Perspektive darstellten.

In den dreißiger Jahren des 18. Jahrhunderts waren Themengärten oder Gärten-im-Garten Mode geworden. Ein sehr beliebtes Thema war eine botanische oder geografische Pflanzensammlung, besonders geschätzt war der »Amerikanische Garten«. Hierbei handelte es sich ursprünglich, wie der Name schon andeutet, um einen Gartenteil mit neu eingeführten nordamerikanischen Arten, dessen Anfänge bis ins ausgehende 18. Jahrhundert zurückreichten. Douglas' neue nordamerikanische Koniferen wurden beidem gerecht und entsprachen völlig der Vorstellung der viktorianischen Sammler. Man fand sie nicht nur im Amerikanischen Garten, sie bereicherten auch den Themengarten, der insbesondere auf immergrüne Pflanzen ausgerichtet war – das Pinetum. Das Pinetum, das auf das 18. Jahrhundert zurückgeht (Kew wurde 1760 begonnen), war im eigentlichen Sinne »eine vollständige Sammlung aller bekannten Koniferen«, in Wirklichkeit aber hing die Bandbreite der dort anzutreffenden Arten von der Größe des Gartens sowie dem Interesse und Reichtum des Besitzers ab. Exotische Koniferen waren in Großbritannien wie im übrigen Europa nicht unbekannt – die Einführungen der Tradescants wurden durch die Einführung der Libanonzeder *(Cedrus libani)* um 1645 aus Kleinasien, des Ginkgos *(Ginkgo biloba)* um 1758 aus China und von William Kerrs späterer chinesischer Sammlung aus dem Jahr 1804 ergänzt – aber es waren die von Douglas eingeführten Pflanzen, die im Viktorianischen Zeitalter die Leidenschaft für diese Pflanzen weckten, die noch zunahm, als man neue Koniferen aus Nord- und Südamerika, dem Himalaja und dem Fernen Osten mitbrachte.

Koniferen wurden ganz unterschiedlich eingesetzt. Man konnte sie in Wäldern mit Laubbäumen mischen, in ein Arboretum setzen, in Alleen pflanzen und nicht zuletzt die Hauseinfahrt damit säumen. Wie bei so vielen künstlerischen Konzepten der Viktorianischen Zeit überschritt die Begeisterung jedoch die Grenzen des guten Geschmacks. Eine eher praktische Verwendung fanden Douglas' immergrüne Koniferen als Windschutzgürtel, mit denen exponiert gelegene Gärten eingefriedet wurden, sodass sie ein günstigeres Kleinklima aufwiesen. In milden Küstenlagen wie an der Südküste Cornwalls war die Montereykiefer wegen ihres schnellen Wachstums und ihrer Widerstandsfähigkeit gegen salzhaltige Winde besonders beliebt.

David Douglas war der erste in großem Rahmen privat gesponserte Forscher, der ausdrücklich dazu ausgesandt wurde, neue interessante Gartenpflanzen zu suchen. Darin war er über alle Erwartungen hinaus erfolgreich, und aufgrund seiner Arbeit (und der späterer Sammler) wurden Koniferen zum festen Bestandteil der viktorianischen Landschaft. Im nächsten Kapitel befassen wir uns wieder mit der wissenschaftlichen Sammeltätigkeit für Kew, begleiten aber auch einen Mann auf seiner Reise, dessen Einführungen eine noch viel größere Wirkung auf den Garten hatten.

Von David Douglas eingeführte Pflanzen

Hinter jedem Pflanzennamen ist das Jahr angegeben, in dem die Art nach Europa eingeführt wurde.

Lupinus polyphyllus (1826)
Lupinus (lat.) – *lupus:* Wolf, wegen der wolfsgrauen Behaarung der Hülsen
polyphyllus (griech.) – *polys:* viel; *phyllon:* Blatt

Samtblaue und purpurrote Blüten öffnen sich von Mai bis Juli in 15–60 cm langen, wirteligen Trauben am Ende der bis zu 1,5 m hohen Triebe. Blätter handförmig in 9–17 Blättchen geteilt. Die Staudenlupine ist eine Stammart der beliebten Gartenlupinen. Durch Kreuzung mit der einjährigen, purpurrot blühenden *L. hartwegii* und der gelb blühenden *L. arboreus* entstand eine breite Palette an Blütenfarben.

Heimat der Staudenlupine ist die Westküste Nordamerikas (San Francisco bis British Columbia), wo sie auf nassen Wiesen wächst.

Ribes sanguineum (1826)
Ribes (arab.) – *ribas:* sauer schmeckend
sanguineum (lat.) – blutrot

Im April schmückt sich die Blutjohannisbeere mit einer Fülle rosaroter Blüten in hängenden Trauben. Die fünflappigen Blätter dieses mittelgroßen Strauchs haben den typischen Geruch Schwarzer Johannisbeeren und färben sich im Herbst bunt. Wertvolle Sorten sind 'King Edward VII.' (weinrot), 'Pulborough Scarlet' (tiefrot mit weißer Mitte) und 'Brocklebankii' (goldgelbe Blätter). Von Douglas wurde 1828 auch *R. speciosum* mit roten, fuchsienartigen Blüten eingeführt.

R. sanguineum wird 1–3 m hoch und wächst von Nordkalifornien bis British Columbia in Nadelwäldern in 600–1800 m Höhe. Entdeckt wurde sie 1793 von Archibald Menzies.

Pseudotsuga menziesii (1827)
Pseudotsuga (lat.) – *pseudo:* falsch, also falsche *Tsuga* (*Tsuga:* Hemlocktanne)
menziesii – nach dem Pflanzensammler und -entdecker Archibald Menzies (1754–1842)

Die Stämme der Douglasie tragen im Alter eine auffällig dicke, korkige Borke. Die 2–4 cm langen dunkelgrünen Nadeln riechen beim Zerreiben stark nach Zitrusfrüchten.

Die Heimat sind dichte Wälder in Zentralkalifornien bis zum südwestlichen British Columbia. Der Baum wird fast 95 m, nach Angaben aus dem letzten Jahrhundert sogar rekordverdächtige 118 m hoch.

Garrya elliptica (1828)
Garrya – nach Nicholas Garry (1781–1856), einem Mitarbeiter der Hudson Bay Company
elliptica (lat.) – elliptisch

Ein winterblühender Strauch, von Januar bis März mit langen graugrünen und purpurbraunen Kätzchen. Die ledrigen, immergrünen Blätter sind oberseits graugrün und unterseits wollig. Am schönsten sind die Kätzchen bei den männlichen Pflanzen (bei 'James Roof' bis 35 cm lang), die weiblichen bilden hängende Büschel purpurbrauner Früchte.

In den heimatlichen Wäldern und Gebüschen an der Küste von Südkalifornien bis Oregon wird dieser Strauch bis 8 m hoch.

Abies grandis (1830)
Abies (lat.) – (Name der Weißtanne)
grandis (lat.) – groß

Die Riesentanne oder Große Küstentanne wächst zu einem hohen Baum mit kegelförmiger Krone heran. Die dicht stehenden, dunkelgrünen Nadeln werden 2–5 cm lang, tragen unterseits zwei weißliche Streifen und duften zerrieben stark nach Tangerinen. Ältere Bäume bilden anfangs hellgrüne, reif dunkelbraune Zapfen von 7–10 cm Länge.

Raschwüchsige Art, die wegen ihres Holzes häufig angebaut wird. In ihrer Heimat von Vancouver Island und British Columbia im Norden bis nach Caspar in Kalifornien im Süden und nach Idaho im Osten erreicht diese höchste aller Tannenarten bis zu 75 m Höhe.

Abies procera (1830)
procera (lat.) – schlank, hoch

Leuchtend blaugrüne, nach oben gebogene, kammförmig gescheitelte Nadeln und eine prächtige silbergraue Borke kennzeichnen die Edel- oder Silbertanne. Auffällig sind auch die im Mai erscheinenden, an Himbeeren erinnernden männlichen Blüten, vor allem aber die später reifenden, bis 25 cm langen, dicken Zapfen (unter deren Gewicht ganze Äste brechen können), die sich schön goldbraun färben und dekorative, nach unten gerichtete grüne Deckschuppen tragen.

Der Baum wird 45–60 m hoch und bildet eine kegel- bis säulenförmige Krone. Die Heimat liegt in 600–1500 m Höhe im Kaskadengebirge und einigen Bergen an der Küste Oregons und Washingtons. Als Nutzholz und für Schmuckreisig angebaut.

Pinus radiata (1833)
Pinus (lat.) – Kiefer (altrömischer Name)
radiata (lat.) – strahlenförmig

Die Montereykiefer ist ein raschwüchsiger Baum mit dicht stehenden, bis 15 cm langen, dunkelgrünen Nadeln, einer kuppelförmigen Krone und einem Stamm mit tief gefurchter, dunkelbrauner Rinde. Sehr große Zapfen in Quirlen zu 3–5 um den Trieb, bis zu 15 cm lang und fast ebenso breit, bleiben 30 Jahre oder länger am Baum hängen.

Kommt ursprünglich nur in drei kleinen Arealen auf der Halbinsel Monterey in Kalifornien und auf zwei mexikanischen Inseln vor, wird dort kaum 20 m hoch. Häufig als Forstbaum in den Subtropen und als Windschutz in Küstengebieten gepflanzt, wächst unter zusagenden Bedingungen unglaublich rasch, in Neuseeland bis zu 65 m in 40 Jahren!

Garrya elliptica: Wo es wie in Westeuropa nur wenig Frost gibt, zieren im Winter Kätzchen die männlichen, später im Jahr purpurbraune Früchte die weiblichen Sträucher.

4

Auf dem Dach der Welt

Sir Joseph Dalton Hooker

(1817–1911)

Joseph Dalton Hooker gilt als bedeutendster Botaniker des 19. Jahrhunderts und als einer der herausragenden Wissenschaftler. Dieser bemerkenswerte Mann, ein enger Freund von Charles Darwin, war ein sehr produktiver Schriftsteller, zweiter Direktor der Royal Botanical Gardens in Kew und Auslöser eines manischen Interesses an Rhododendren und Azaleen.

Joseph wurde am 30. Juni 1817 in Halesworth, Suffolk, als zweiter Sohn von Sir William Hooker geboren. Seine Kindheit verlebte er in Glasgow, wo es seine größte Freude war, seinem Vater bei dessen Herbar mitzuhelfen. Sir William förderte das wache Interesse seines Sohns an Pflanzen und erlaubte ihm, ihn jeden Morgen zu seiner Vorlesung im College zu begleiten. Später erinnerte sich Joseph voller Begeisterung daran, dass man ihn im zarten Alter von fünf oder sechs Jahren dabei

Links: Sikkim, ein wildes, gebirgiges und ungastliches Land, eingezwängt zwischen Nepal, Tibet und Bhutan.

Oben: Joseph Hooker im Alter von 22 Jahren. Nach einer Zeichnung von William Taylor, 1839.

erwischte, wie er »in einer Wand in den schmutzigen Vororten der schmutzigen Stadt Glasgow wühlte«. Auf die Frage, was er da tue, verkündete er stolz, er habe das Moos *Bryum argenteum* gefunden. Selbst sein bescheidener Vater prahlte mit dem enormen Wissen seines gerade zehnjährigen Sohns. Zu dieser Zeit entwickelte Joseph seine andere, ein Leben lang andauernde Liebe – die Liebe zum Erforschen. Viele Stunden lang las er Mungo Parks *Reise ins innerste Afrika* und Kapitän Cooks *Entdeckungsfahrten im Pazifik* und träumte davon, auf ihren Spuren zu wandeln. David Douglas' Erzählungen von seinen Abenteuern in der Wildnis Nordamerikas beflügelten ihn noch mehr, Forschungsreisender zu werden.

Joseph besuchte die Glasgow High School, wo er von dem liberalen schottischen Bildungssystem profitierte, und studierte schon mit fünfzehn Jahren Medizin an der Universität Glasgow. Während seiner Universitätszeit fanden zwei Treffen statt, die sein Leben veränderten: Aus einer zufälligen Begegnung mit Charles Darwin am Trafalgar Square wurde eine enge Freundschaft, und im September 1838 frühstückte er mit Kapitän James Clark Ross. Ross sollte eine Expedition der British Association in die Antarktis leiten, und Joseph beschloss mitzumachen. Mit Hilfe seines Vaters sicherte sich der Zweiundzwanzigjährige den Posten des zweiten Schiffsarztes und Botanikers und segelte am 28. September 1839 an Bord des Forschungsschiffs Ihrer Majestät, *Erebus*, aus der Medway. Ross, der sowohl die *Erebus* als auch deren Schwesterschiff *Terror* befehligte, hatte den Auftrag, die genaue Position des magnetischen Südpols festzustellen, wobei sich seine Erfahrungen in den tückischen Gewässern der Arktis als unschätzbar wertvoll erweisen sollten. In der Nacht des 13. März 1842 kam ein heftiger Hagelsturm auf, als die Schiffe gerade ein Eisfeld passierten, und als ein besonders großer Eisberg vor ihnen aufragte, prallte die *Terror* auf die *Erebus*, sodass sich die beiden Schiffe verkeilten. Zwar kamen sie voneinander los, aber die *Erebus* war schwer beschädigt und drohte an dem nahenden Eisberg zu zerschellen. Die meisterlichen Künste von Ross retteten das Schiff. Rasch gab er den Befehl, das Heck zu wenden, und steuerte die *Erebus* zwischen zwei Eiswände. Trotz solcher Gefahren war die Expedition ein voller Erfolg. Die Besatzung stellte sogar einen neuen Weltrekord auf, als sie weit südlich des Polarkreises vordrang und den 78. Breitengrad überquerte.

Während der vierjährigen Reise nutzte Hooker die Gelegenheit, auf drei Kontinenten ausgedehnte botanische Erkundungen zu machen, und legte den Grundstein für seine maßgeblichen Beobachtungen zur Pflanzengeografie, die sich für Darwin und seine Evolutionstheorie als ganz besonders wichtig erweisen sollten.

Hooker traf am 9. September 1841 wieder in England ein und war nunmehr entschlossen, sich eingehend mit der Botanik der Tropen zu beschäftigen, damit er

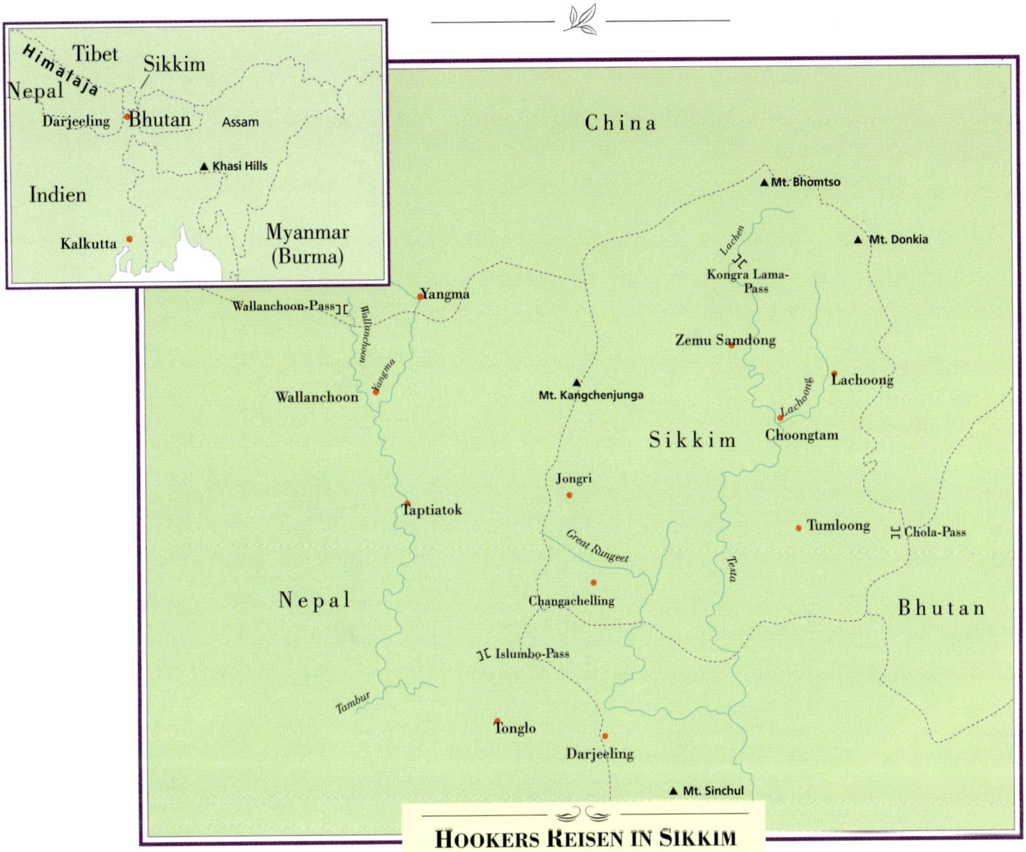

Hookers Reisen in Sikkim

sie mit der um die vereiste Antarktis vergleichen konnte. Sein Freund Hugh Falconer, der Leiter der Botanischen Gärten Kalkuttas werden sollte, und Lord Auckland, der First Lord der britischen Admiralität, schlugen unabhängig voneinander Sikkim im nordöstlichen Himalaja vor, eine entlegene, wenig besuchte Gegend, »Boden, den weder Reisende noch Naturforscher betreten hatten«. Hooker reichte eine Bewerbung ein und erhielt von der Schatzkammer 100 Pfund pro Jahr, um im Auftrag von Kew zwei Jahre lang in Sikkim Pflanzen zu entdecken, zu erforschen und zu sammeln. Am 11. September 1847 verließ er Southampton an Bord des Dampfers *Sidon* mit Kurs auf Alexandria. Unterwegs freundete er sich mit Lord Dalhousie an, der als neu ernannter Generalgouverneur nach Indien reiste. Dieser drängte Hooker, ihn zu begleiten, und als sie in Kalkutta angelangt waren, gab er ihm geradezu den Befehl, in seiner offiziellen Residenz, dem Government House, zu bleiben. Das Band, das sich zwischen diesen beiden so unterschiedlichen Männern entwickelte, sollte sich für Hooker später in Sikkim von so großem Wert erweisen, dass er seinen erlesensten Rhododendron nach Lady Dalhousie benannte.

Nachdem Monsunregenfälle Hooker zunächst in Kalkutta aufgehalten hatten, machte er sich zu den Ausläufern des Himalaja auf und traf am 16. April 1848 in Darjeeling (Darjiling) ein. Er freundete sich sofort mit Brian Hodgson, dem Gelehrten und führenden Zoologen Indiens, und Dr. Archibald Campbell, dem politischen Vertreter in Sikkim, an, der zwischen der britischen Regierung und dem Rajah (König) von Sikkim vermittelte. Während Lord Dalhousie die offiziellen Hindernisse aus dem Weg räumte, war es Hodgsons tatkräftige Unterstützung während der nächsten beiden Jahre, die Hookers Reisen durchführbar machten.

Hodgson bot Hooker großzügig sein Haus als Stützpunkt an. Von der Veranda aus konnte Hooker die Silhouette hoch aufragender, schneebedeckter Gipfel weit im Norden sehen. Zwischen ihnen und Nepal im Westen, Tibet im Norden und Bhutan im Osten lag eingezwängt Sikkim, ein ungastliches Land. Hooker wollte zu den hohen Bergpässen dort reisen, aber zum Betreten dieses Königreiches brauchte er die Erlaubnis des Rajah. Campbell hatte sich zwölf Jahre lang um ein besseres Verhältnis zwischen den Behörden Großbritanniens und Sikkims bemüht, aber die Beziehungen waren immer noch sehr frostig. Der Rajah hielt ihn immer wieder hin, doch zu Hookers Glück gab es genug zu tun. Er schloss seine *Flora Antarctica* ab und unternahm mehrere Abstecher in die Hügel um Darjeeling. Anfang Mai erlebte er zum ersten Mal, wie aufregend die Entdeckung neuer Rhododendren war. Auf dem Gipfel des Sinchul, einige Meilen südöstlich von Darjeeling, fand er *Rhododendron grande (R. argenteum)* mit seinen elfenbeinfarbenen Blüten, das er überschwänglich beschrieb als »großen ... Baum, 12 m hoch, mit großartigen, 30–40 cm langen, tiefgrünen, oberseits runzeligen und unterseits silbrigen Blättern ... Ich kenne nichts, was den blühenden Zweig eines *R. argenteum* mit seinem weit ausladenden Blattwerk und seinen herrlichen Unmengen an Blüten übertrifft«.

Zufällig stieß er auch auf das bezaubernde *Rhododendron dalhousiae*, »einen schlanken Strauch, der am Ende jeden Astes drei bis sechs weiße, nach Zitronen duftende Glocken trägt, die 12 cm lang und ebenso viele breit sind«. Diese Pflanze wuchs als Epiphyt auf einem anderen neuen Fund, der *Magnolia campbellii*. Magnolien waren bereits Ende des 17. Jahrhunderts in Großbritannien eingeführt worden, aber die wunderschönen Blüten dieser Art übertrafen die aller bisher kultivierten. Hooker beschrieb sie als »einen riesigen ... wenig verzweigten Baum, im Winter und auch während der Blütezeit blattlos, wenn er große, rosapurpurne, becherförmige Blüten hervorbringt«. Wenig später entdeckte Hooker das hübsche, cremeweiß blühende *Rhododendron falconeri* im Tal des Great Rungeet River.

Der Zugang nach Sikkim gestaltete sich weiterhin schwierig, und so wandte sich Hooker direkt an Lord Dalhousie, der im September verlangte, der Rajah solle

Eine Zeichung von *Rhododendron dalhousiae* aus *Rhododendrons of the Sikkim-Himalaya* von Joseph Hooker. Hooker hielt dies für die schönste seiner Entdeckungen und benannte die Pflanze nach Lady Dalhousie.

Mit seiner zimtfarbenen Rinde und den cremegelben Blüten muss *Rhododendron falconeri* Hooker zum Stehenbleiben veranlasst haben, als er es zum ersten Mal in voller Blüte sah.

Hooker »unumschränkte Erlaubnis erteilen, zu den Snowy-Pässen zu reisen und ihm ... jede erdenkliche Unterstützung gewähren«. Eine schroffe Absage des Rajah an den Vertreter der Königin in Indien führte zur Androhung einer militärischen Intervention, woraufhin Hooker der Zugang widerwillig gewährt wurde. Ganz anders verhielt sich Jung Bahadoort, der Rajah von Nepal, der Hooker sofort bedingungslosen Zugang zur bis dahin noch unerforschten Ostgrenze seines Reichs gestattete und sogar eine Eskorte aus sechs Gurkhas, zwei Beamten und einem Korporal bereitstellte.

Für seine erste Expedition ins Unbekannte erwies sich Hookers ungewöhnliche Kombination aus Gelehrtem und Abenteurer als unschätzbar wertvoll. Dank seiner Entschlossenheit und Zielstrebigkeit im Namen der Wissenschaft gelang es ihm, größte Entbehrungen zu erdulden, als sich im weiteren Verlauf das Wetter, die örtlichen Gegebenheiten und die politische Lage gegen ihn verschworen. Aber mit purem Durchhaltevermögen, guter Laune und einem bisschen Einschüchterungstaktik konnte er Erfolge verzeichnen, die alle Erwartungen übertrafen. Hookers Professionalität geht aus einem Telegramm hervor, in dem ihm die Sikkim-Tibet Boundary Commission 1903 zum Wert und der Genauigkeit der Karte gratuliert, die er etwa ein halbes Jahrhundert zuvor erstellt und gezeichnet hatte.

Fast ein Jahr nach seiner Abreise aus England machte sich Hooker endlich um die Mittagszeit des 27. Oktober 1848 nach Sikkim auf. Seine Spannung geht aus einem Brief an seinen Vater hervor: »Ich kann gar nicht sagen, wie wohl ich mich fühle bei dem Gedanken, meinen sehnsüchtigsten Traum zu verwirklichen, den ich jemals als Reisender und Botaniker gehegt habe.« Hooker folgte in nördlicher Richtung dem Tambur und stieß in dessen westliche und östliche Gabelung zu den Hochpässen Wallanchoon und Yangma vor, die 48 bzw. 32 km westlich des Kangchenjunga lagen. Dieser fast 8600 m hohe Berg galt damals als der höchste Berg der Welt.

Auf seiner Reise wurde Hooker von einem Team von sechsundfünfzig Einheimischen (später auf fünfzehn verkleinert) begleitet, die als Träger, Sammler und Wachen fungierten. Wie viele seiner damaligen Landsleute verhielt sich Hooker gegenüber den ansässigen Völkern oft herablassend. Im Großen und Ganzen hielt er sie für ungehobelt und mürrisch und gab oft Kommentare über ihr verlottertes Aussehen und ihre Lebensart ab. Meist lobte Hooker die Einheimischen nur dann, wenn sie ihm von Nutzen waren. Er mochte die Lepchas, denn sie waren loyale Arbeiter, die bereitwillig 35–45 kg schwere Lasten 25 km weit trugen. Andererseits »mag ich die Bengalen überhaupt nicht; das sind faule Hunde, wie alle anderen auch«. Allerdings hatte Hooker eine feinfühlige und bescheidene Art im Umgang mit Einheimischen: »Ich war immer der Meinung, dass man bei jeder Nation mit Offenheit und Freundlichkeit gut fährt, besonders wenn man noch dazu – wie ich – eine gehörige Portion persönlicher Eitelkeit besitzt, sich den anderen überlegen fühlt und vor allem dick aufträgt, wenn man anderen offen schmeichelt«. Seine Methode war so erfolgreich, dass sich die Lepchas an ihn noch Jahrzehnte später voller Begeisterung erinnerten. Umgekehrt nahm Hooker die vielen freundlichen Gesten, die man ihm in diesen Jahren erwies, immer zur Kenntnis.

Die Route zu den Pässen war anstrengend. Ein Vorwärtskommen war nur zu Fuß möglich. Die felsigen, schmalen Pfade wanden sich durch dichtes Gestrüpp und

»Tambur River at the Lower Limit of Pines« – eine Skizze von Hooker, die die spektakuläre Landschaft im Himalaja zeigt, die er auf der Suche nach neuen Pflanzen erforschte.

Felsbrocken, Brombeerranken, Dornbüsche und Nesseln. Die Gruppe erstieg Vorsprünge bis 1500 m Höhe oder mehr, bevor sie in tiefe Täler eintauchte, wo sie rauschende Wildbäche durchwaten oder auf brüchigen Brücken überqueren musste. Mancherorts waren die Talhänge instabil, und Erdrutsche, oft auf einer Länge von einer Meile, stellten eine ständige Gefahr für die Expedition dar.

Als der Winter nahte, verschlechterten sich die Bedingungen, und die Temperatur sank beständig, als die Gruppe höher stieg. Das Wetter konnte rasch umschlagen. Ein eben noch sonnenüberfluteter Berghang wurde dann von Nebel eingehüllt oder in weniger als einer Stunde von Regen, Schneeregen und Schnee gepeitscht. Trocken zu bleiben war ein ständiges Problem: Die durchnässten Wälder, in denen dauernd kondensierter Nebel heruntertropfte, boten keinen Schutz; das Brennholz war meist feucht und brannte in der dünnen Luft nur schlecht. Zu allem Überfluss litt Hooker an Höhenkrankheit und empfand bisweilen schon wenige Schritte als sehr erschöpfend. Rasende Kopfschmerzen und Schwindelgefühl hinderten ihn, sich an Einzelheiten zu erinnern, und die Sonnenreflexe auf dem Neuschnee reizten die Augen. Trotzdem hielt er eisern ein anstrengendes Tagesprogramm durch: Er marschierte täglich von 10 Uhr morgens bis 16 oder 18 Uhr abends und sammelte in dieser Zeit Pflanzen. Abends schrieb er sein Tagebuch, machte sich Notizen, zeichnete Karten und ordnete im Schein einer Laterne die Funde des Tages.

Nach dem bescheidenen Luxus einer Abendzigarre zog sich Hooker in ein Zelt aus Decken zurück, die über hölzerne Querstangen und eine Firststange gespannt waren. Oft musste er zusätzlich draußen vor dem Zelteingang Grassoden oder Steine als Schutz vor dem bitterkalten Wind, der von den Gletschern herunterwehte, aufschichten. Insekten waren ein ständiges Ärgernis, da »große und kleine Nachtfalter, Maikäfer, Glühwürmchen und Kakerlaken mein Zelt nachts zu einer Arche Noah werden ließen, wenn die Kerze brannte; mit geflügelten Ameisen, Eintagsfliegen, fliegenden Ohrwürmern und vielen Käfern, während eine sehr große Art *Tipula* (Wiesenschnake) mir mit ihren langen Beinen über das Gesicht krabbelte, wenn ich mein Tagebuch schrieb oder meine Karte zeichnete«. Die tibetischen Hunde wurden abends losgebunden und stahlen sich auf der Suche nach Futter ins Lager, und die Yaks, die die Einheimischen als Packtiere einsetzten, schoben die ganze Nacht lang ihre Köpfe neugierig in die Zelte. Hooker wurde es leid, von ihrem Schnauben und feuchten Atem geweckt zu werden, und schlief mit einem schweren Dreibeinstativ neben sich, um »die Eindringlinge anzustoßen«.

Mit Ehrfurcht erinnerte er sich an die gewaltigen Gipfel, an dichte Wälder, breite, ebene Täler, funkelnde, sternenerhellte Nächte und beeindruckende Sonnenaufgänge. Im niedriger gelegenen Myong Tal (2500 m) waren die Kämme der Hügel mit Kiefern *(Pinus longifolia*; syn. *P. roxburghii)*, Gruppen von Eichen und anderen Bäumen, Bambus und Adlerfarn überzogen. Die Talhänge waren durchfurcht von kleinen Schluchten voller üppiger tropischer Vegetation und steinigen Strömen mit kristallklarem Wasser, das von den Höhen herabfloss. Bei ihrer Weiterreise Richtung Norden, jenseits Taptiatok (ebenfalls in 2500 m Höhe), wurde die Gegend zerklüfteter: »So großartig wie alle Bilder, die Salvator Rosa je gemalt hat; ein Fluss, der in einem Meer aus Gischt toste, finstere Wälder, Gneisfelsen, und Stufe um Stufe erhabene Berge, an deren Hängen und auf deren Kamm Haine von Tannen standen, und die in schneeüberzogenen felsigen Gipfeln endeten.«

Hooker kam am 23. November im 3200 m hoch gelegenen Wallanchoon an. In diesem Dorf standen etwa 100 scharlachrot gestrichene Holzhäuser, bis zu 13 m hoch und 25 m lang, die mehrere »freundliche, unerträglich schmutzige« tibetische Familien beherbergten. Jede Familie lebte in mehreren Räumen mit einer offenen Feuerstelle im größten Raum. Die Dorfbewohner waren »vom Gesicht her Mongolen«, und die Gebäude waren von langen Stangen, senkrechten Fahnen und Rhododendrenbüschen umgeben. Am 26. November erreichte er bei eisigen –8 °C den westlichen Wallanchoon-Pass (5030 m). Hooker folgte sodann der östlichen Abzweigung zum Yangma-Pass, bis Schnee in 4600 m Höhe jedes Weiterkommen verhinderte. Das Yangma-Tal präsentierte sich »wild und sehr weitläufig, (der) Pfad verlief durch eine schmale Schlucht voller Kiefern, und unten toste der Fluss als ungestümes Wildwasser: Die Berge zu beiden Seiten waren hingegen von massigen Felszinnen gekrönt und mit Schnee überzuckert. Der Pfad war sehr schlecht, oft ging es Leitern hinauf und auf Planken entlang, die direkt an Abgründen verliefen und über den Wildbach hingen, über den mehrmals Brücken aus Planken führten«.

Dieses Tal und der Mount Nango stellten für Hooker einen ertragreichen Jagdgrund für neue Arten dar. Seine Beschreibung der graziösen Sikkim-Lärche *(Larix griffithiana)* wird der Pflanze nicht gerecht: »Es ist ein kleiner Baum, 6–12 m hoch, das perfekte Abbild ... einer europäischen Lärche, aber mit größeren Zapfen ... ihre – mittlerweile roten – Nadeln fielen herunter und bedeckten den felsigen Boden.« *Rhododendron hodgsonii*, das er zum ersten Mal in einer grandiosen Umgebung sah, begeisterte ihn jedoch mehr: »Der Boden war mit silbrigen Flocken aus Birkenrinde und der Rinde von *Rhododendron hodgsonii* bedeckt, die so zart wie Seidenpapier und blass fleischfarben war ... Ich war über die Schönheit seiner Blätter verblüfft, die wunderschön leuchtend grün und 15 cm lang waren.« Er fügte seiner Liste noch zwei weitere *Rhododendron* hinzu: das beeindruckende *R. thomsonii* und das graziöse *R. campylocarpum*. Anders als bei dem ziemlich giftigen *R. cinnabarinum* (siehe Seite 93) wurden die Blätter dieser beiden Arten von

Rhododendron thomsonii, hier auf einer Zeichnung von Walter Fitch, aus Hookers Werk *Rhododendrons of the Sikkim-Himalaya*.

Schafen gefressen, und die Einheimischen verzehrten unbeschadet zuweilen die süß schmeckenden Blüten von *R. thomsonii*.

Für eine Überquerung des Kanglanamo-Passes war es zu spät im Jahr, der Pass war schon verschneit. Zelten wurde zu einer gefährlichen Unternehmung, da schwere Schneefälle sie lebendig zu begraben drohten, und Hooker musste vorsichtshalber ein Stativ über seinem Kopf aufstellen, um ein Atemloch zu haben, falls das Dach über ihm einstürzte. Er war gezwungen, südlich zum Islumbo-Pass zu reisen, und als er Lingcham (1500 m) erreichte, wo das Wetter »düster, kalt und feucht, sehr regnerisch und neblig« war, erhielt er die frohe Kunde, dass er Archibald Campbell in Bhomsong treffen sollte, wo ein ›durbar‹ (Gipfeltreffen) zwischen dem Briten und dem Rajah stattfinden sollte. Hooker verließ Lingcham am 20. Dezember in östlicher Richtung in Begleitung seines Freundes, des Kajee (Stammesoberhaupt), dem »dauernd ein junger Bursche folgte, der ein Bambus mit Murwa-Bier um seinen Hals trug, mit dem er (der Kajee) sich immer trunken hielt. Seine ganze Kleidung war typisch für die Lepcha und sehr bunt, sie bestand aus einem sehr breitkrempigen geflochtenen Bambushut mit runder Wölbung, einer scharlachroten Jacke und einem blau gestreiften Stoffhemd, er ging barfuß, hatte ein langes Messer, Bogen und Köcher bei sich, trug Ringe und Ohrringe und einen langen Zopf«.

Der Kajee verriet Hooker, dass es seine Brille war, die in Sikkim überall Respekt gebot, weil er damit weise aussah. Er bat Hooker, ihm eine zu schicken, was dieser auch tat. Der Kajee trug sie voller Stolz bei offiziellen Anlässen. Auf dem Weg nach Bhomsong kaufte Hooker einen schwarzen Welpen (einen tibetischen Mastiff, eine in Sikkim weit verbreitete Jagdhundrasse), den er Kinchin nannte. Dieser treue Hund wurde sein ständiger Begleiter während der einsamen Monate in Sikkim.

Auf dem ›durbar‹ sollten bessere Beziehungen zwischen den beiden Ländern hergestellt werden, aber leider wurde der Rajah von seinem Dewan (Premierminister) beherrscht. Der Dewan war »weder Financier noch Politiker, sondern bloß ein Plünderer von Sikkim«, der Sikkims Handel kontrollieren wollte. Er sah in den Briten eine Bedrohung seiner Pläne und vereitelte die Verhandlungen erfolgreich. Hooker, der das Scheitern der Gespräche mitverfolgte, nahm am 2. Januar 1849 widerstrebend Abschied von Campbell und legte die letzte Etappe seiner Reise zurück. Er ging denselben Weg nach Westen zurück nach Jongri, einen verlassenen Yakposten in 3900 m Höhe. Beim Besuch der Buddhatempel in Changachelling, die gerade wieder geschmückt wurden, sah er zu seiner Belustigung unter den Figuren einen Engländer, »der in einem geblümten Seidenmantel statt mit einem karierten Jagdrock abgebildet war; meine Schuhe waren an den Zehen aufgebogen, und ich trug eine Brille«. Am 19. Januar traf Hooker wieder in Darjeeling ein, wo er zu seiner Überraschung am ersten Morgen von den Geräuschen der Wildnis geweckt wurde. Er war viel mehr daran gewöhnt, vom Singsang und von den Trommeln, Gongs und Trompeten der Lamas geweckt zu werden. Die »wilde Musik«, wie er sie nannte, beeindruckte ihn zutiefst, aber er stellte fest, dass sie ihn auch deprimierte und das Fremdartige an seiner Situation noch zusätzlich betonte.

Hooker benötigte sechs Wochen, um seine Sammlung von »80 Kuliladungen« herzurichten, zu katalogisieren und zu verpacken, die er an seinen Vater in Kew schickte. Angespornt von seinem Erfolg, plante er eine zweite Expedition, diesmal zu den Pässen östlich des Kangchenjunga. Inzwischen überwinterte er in Darjeeling, wobei er sich »Hodgsons Gesellschaft und Bibliothek (und) Campbells eifriges Interesse« zunutze machte. Am 3. Mai 1849 verließ die zweite Expedition Darjeeling, folgte dem Teesta hinauf durch steile Täler zu seinen Quellwassern und stieg dann beide Gabelungen hinauf: Die westliche hieß Lachen und führte zum Kongra Lama-Pass; die östliche, Lachoong (Lachung) genannte, zum Donkia-Pass. Die Reise brachte zwar spektakuläre Ergebnisse, sollte aber fast in einer Katastrophe enden.

Hookers Vorwärtskommen wurde dauernd vom Dewan behindert, der diesen störenden Engländer nicht mehr in seinem Land haben wollte. Seine Agenten sabotierten die Nahrungsmittelvorräte der Gruppe, wann immer es ging, beschädigten vor ihnen liegende Pfade und Brücken und verboten den einheimischen Dorfbewohnern, Hooker Proviant zu verkaufen. Dennoch begegneten diese ihm mit bemerkenswerter, sehr aufgeschlossener Freundlichkeit und ließen ihm – mit großem Risiko für sich selbst – oft Geschenke für ihn und seine Gruppe zurück. Trotz all seiner Kümmernisse gelang es dem jungen Engländer, seine gute Laune zu bewahren. Einmal, als ihnen die Lebensmittel ausgegangen waren, tauchte plötzlich eine Herde wilder Schafe auf. Hooker notierte ironisch: »Ich konnte nicht anders, ich sehnte mich verzweifelt nach einem Gewehr, tröstete mich aber damit, indem ich mir sagte, dass ich die Geräte immer noch dringender dazu benötigte, mir dieses äußerst interessante Tal anzuschauen.« Ein andermal musste er acht Tage hintereinander grobkörnigen gekochten Reis und Chili-Essig essen. Er ließ sich aber nicht entmutigen und ging zum Gegenangriff über, indem er eine Kombination aus »Kommandoton, sanfter Gewalt, Überredungskunst, bitteren Pillen, Gebet und Charme« einsetzte, um weiterzukommen. Nichtsdestoweniger bedeutete die dauernde Einmischung des Dewan jedoch, dass ein mit dreißig Tagen angesetzter Marsch von Darjeeling bis zum Kongra Lama-Pass nunmehr dreiundachtzig Tage dauerte.

Das Reisen zu dieser Jahreszeit war besonders riskant. Die Frühlingsschneeschmelze erhöhte die Gefahr von Erdrutschen und Lawinen – nachts hörte man stundenlang das Dröhnen herabfallender Fels- und Eisbrocken, und eines Nachts verfehlte ein gewaltiger Felsbrocken Hookers Zelt nur knapp. Auch das Wetter und die Insekten bereiteten ihm nicht wenig Unannehmlichkeiten. Es war drückend heiß, die Regenfälle, die am 10. Mai eingesetzt hatten, brachten nur wenig Erleichterung, und die Kleidung der Männer war immer feucht. Hooker wurde von Schwärmen von Stechmücken, mikroskopisch kleinen Gnitzen und ›peepsas‹ (kleine beißende Fliegen) geplagt. Doch am meisten litten sie unter den Blutegeln. Hookers Beine waren jeden Tag blutverkrustet, und »(ich) las immer wieder bis zu hundert von meinen Beinen ab, die kleinen sammelten sich meist zu Knäueln auf dem Spann«. All dies laugte ihn aus, und später schrieb er ziemlich verzweifelt:

> *Die Isolation meiner Lage, die Feindseligkeit des Dewan und die dauernde Ungewissheit über den Erfolg einer Reise, die all meine Gedanken in Anspruch nahm, und das Fieber in den Tälern, die ich durchquerte, und die vielen Schwierigkeiten, mit denen mein Weg gepflastert war, alle diese Dinge bevölkerten meine Phantasie, wenn ich vor Erschöpfung Fieber bekam und mich das trübe Wetter deprimierte, und meine Stimmung sank unweigerlich, wenn ich die vielen Meilen und Monate zählte, die zwischen mir und meiner Heimat lagen.*

Im Dorf Choongtam, wo sich der Teesta teilt, war Hooker verwirrt von dem Empfang durch die Einheimischen, von denen viele noch niemals einen Westler gesehen hatten – erst als er wieder in Großbritannien war, fand er heraus, dass es ein traditioneller tibetischer Gruß war, die Zunge herauszustrecken und sich an den Ohren zu ziehen. Während er auf Lebensmittelnachschub wartete – ein Problem, aufgrund dessen die Gruppe von zweiundvierzig auf fünfzehn Mann verringert werden musste –, sammelte Hooker zehn Rhododendrenarten, darunter noch zwei neue: das phantastische *Rhododendron griffithianum (aucklandii)* – die wichtigste, was spätere Züchtungen anging – und die stark duftende *R. edgeworthii*, deren »Blüten ... vielleicht alle anderen an Zartheit und Schönheit übertreffen«. Von hier aus stieg er den westlichen Strom, den Lachen, hinauf. Der widerwillige Führer der Gruppe, den er im Verdacht hatte, die schwierigste Route einzuschlagen, führte sie zu einer Stelle, an der die Flussüberquerung riskant war. Hooker schrieb,

> *(ich) zog meine Schuhe aus und ging unbeirrt hinüber. Das Zittern der Holzplanken war wie das, das ich auf dem Radkasten eines Dampfers spürte, und ich wurde jedes Mal hoch- und hinuntergeschleudert, wenn mein Gewicht sie in die kochende Flut drückte, die mich*

mit Gischt besprühte. Ich blickte weder nach rechts noch nach links, aus Angst, die Bewegung der schnellen Wasser könnte meinen Kopf herumreißen, sondern hielt meinen Blick auf die weißen Fontänen gerichtet, die zwischen dem Holz aufstiegen, und war dankbar, als ich das andere Ufer erreichte: Meine beladenen Kulis folgten mir einer nach dem anderen ohne Furcht oder Zögern. Gleich darauf wurde die Brücke fortgeschwemmt.

In Zedu Samdong verbrachte er drei Tage mit dem produktiven Sammeln »vieler neuer und wunderschöner Pflanzen«, darunter auch den hübschen *Rhododendron niveum* und *R. cinnabarinum*. Dieses war, wie Hooker bemerkte, giftig. Wenn man es als Brennholz verbrannte, verursachte der Rauch Entzündungen in Gesicht und Augen, der Nektar ergab giftigen Honig, und »Ziegen und Kinder ... starben mit Schaum vorm Mund und mit Zähneknirschen ..., wenn sie die Blätter aßen«. Außer den Rhododendren fand Hooker zwei seiner bezauberndsten Stauden. Am Wasser wuchsen *Primula sikkimensis*, die »großartige gelbe Schlüsselblume, (die) die Sümpfe vergoldete«, und große Gruppen von *P. capitata* mit malvenfarbenen Blüten.

Seine Laune besserte sich am Nachmittag des 24. Juli, als er die Steinmarkierungen des Kongra Lama-Passes in 4800 m Höhe erreichte, die die Grenze zu Tibet bildeten. Es war zwar bitterkalt, aber er sammelte vierzig Pflanzenarten, und zu beiden Seiten bot sich ihm der Blick auf die großartigen Berge. Auf der Nachtreise zurück zum Lager war Hooker ...

nach Belieben ununterbrochen damit beschäftigt, über die Ereignisse des Tages nachzudenken, an denen ich am Ziel meiner so viele Jahre gehegten Wünsche war. Jetzt, wo alle Hindernisse überwunden waren und ich mit Material beladen zurückkam, um die Kenntnis von einer Wissenschaft zu verbreiten, die für mich

Hooker fand so viele neue Rhododendren, dass man leicht über einige hinwegsieht, aber die roten, glockenähnlichen Blüten von *Rhododendron cinnabarinum* ssp. *cinnabarinum* bieten wirklich einen eindrucksvollen Anblick.

Lebensinhalt geworden war, wen wundert es da, dass ich mich stolz fühlte, nicht weniger wegen meiner selbst, sondern auch meiner zahlreichen Freunde in Indien und zu Hause wegen, die an meinem Erfolg interessiert waren?

Zu der Gruppe gehörte auch der lustlose Singtam Soubah (der Stammeshäuptling von Singtam), den der Dewan Hooker zur »Unterstützung« geschickt hatte. In der kurzen Zeit, die Singtam bei ihm war, konnte Hooker eine Freundschaft aufbauen (die später verraten wurde), indem er den Mann von einer Magenverstimmung heilte. Im Gegenzug genoss er die unterhaltsame Gastfreundschaft der Tataren, zu der auch gesalzener, gebutterter Tee mit Popcorn gehörte.

Nach seiner Rückkehr nach Choongtam am 5. August und erholt nach einer zehntägigen Ruhepause, machte sich Hooker auf und reiste den östlichen Strom, den Lachoong, aufwärts. Hier fiel sein Hund, Kinchin, unter tragischen Umständen von einer Bambusbrücke in den tosenden Wildbach. Hooker war zutiefst bekümmert, und »viele Tage lang vermisste ich ihn neben mir und zu meinen Füßen im Lager«. Er zog weiter Richtung Norden und erreichte am 9. September den Donkia-Pass in 5600 m Höhe. Hier notierte er: »Niemals während all meiner Wanderungen haben meine Augen eine so eintönige und ungastliche Landschaft gesehen.« Hooker erstieg den Donkia, um von dort aus eine bessere Sicht auf die umliegenden Berge zu haben, und brach, ohne es zu wissen, einen zweiten Weltrekord, als er auf 5800 m Höhe aufstieg. Als feierte die Natur seine Leistung, bot sich ihm der Anblick des »Brockengespensts« – eines seltenen atmosphärischen Phänomens, bei dem sein Schatten auf einer dünnen Nebelwand über ihm projiziert und sein Kopf mit »einem strahlenden Ruhmeskranz oder Regenbogen umgeben« wurde.

Am 5. Oktober traf Hooker mit Archibald Campbell in Choongtam zusammen. Campbell versuchte erneut, bessere Beziehungen nach Sikkim zu knüpfen und herauszufinden, weshalb Hooker so schlecht behandelt wurde. Gemeinsam legten die beiden Männer die Strecke zum Kongra Lama-Pass noch einmal zurück. Statt an der Grenze anzuhalten, wurde Hooker diesmal zum »illegalen Einwanderer«, als er trotz der Grenzkontrollen sein Pony nach Tibet antrieb. Nach einem kurzen Wortwechsel durfte der Rest der Gruppe nach Tibet einreisen, wurde jedoch von einer Grenzpatrouille begleitet, deren Befehlshaber auf einem Yak ritt. Hooker und Campbell erklommen den Mount Bhomtso und erreichten den 5600 m hohen Gipfel bei scheußlichem Wetter. Ein ungestümer Nordwestwind wehte, »der uns die Haut vom Gesicht schälte und uns pfundweise Sandkörner ins Haar blies«.

Die Gruppe kehrte über den Donkia-Pass nach Sikkim zurück, und auf dem Weg hinunter nach Choongtam bemerkte Hooker, dass er eines seiner Thermometer verloren hatte. Zuletzt war es bei den heißen Quellen unterhalb des Kinchinjhow-Gletschers gesehen worden, und Cheytoon, der Junge, der sich darum hätte kümmern sollen, war so verzweifelt, dass er sich nicht davon abhalten ließ, allein zurückzulaufen und es zu suchen. Drei Tage später sah ihn Hooker erleichtert mit dem kostbaren Thermometer zurückkommen. Es stellte sich heraus, dass Cheytoong, statt seine Suche aufzugeben und bei Anbruch der Dunkelheit abzusteigen, die ganze bitterkalte Oktobernacht in den heißen Quellen verbracht hatte.

Nach erfolgreichem Abschluss dieser Rundreise, die er bei seiner ersten Reise nicht hatte durchführen können, beschloss Hooker dann, mit Campbell dem Chola- und Yakla-Pass in Ost-Sikkim einen Besuch abzustatten. Die Route verlief durch die Hauptstadt Tumloong, wo Campbell hoffte, auf seiner Rückreise den Rajah zu treffen. Der Pfad zum 4500 m hoch gelegenen Chola-Pass hielt eine Fundgrube an Samen von Rhododendren bereit – Hooker sammelte vierundzwanzig Arten: *Rhododendron anthopogon*, *R. arboreum*, *R. camelliaeflorum*, *R. campanulatum* ssp. *aeruginosum* (syn. *R. aeruginosum)*, *R. campbelliae*, *R. campylocarpum*, *R. ciliatum*, *R. cinna-barinum*, *R. dalhousiae*, *R. edgeworthii*, *R. falconeri*, *R. fulgens*, *R. glaucum*, *R. grande*, *R. hodgsonii*, *R. lanatum*, *R. barbatum* (syn. *R. lancifolium)*, *R. lepidotum* (syn. *R. eleagnoides*, *R. obovatum* und *R. salignum)*, *R. niveum*, *R. setosum*, *R. thomsonii*, *R. vaccinioides*, *R. virgatum* und *R. wightianum*. In »Spalten in 3000 m Höhe« entdeckte er auch *Meconopsis villosa*, »eine wunderschöne gelbe, mohnähnliche Pflanze«.

Am Chola-Pass schickte eine tibetische Grenzpatrouille die Gruppe zurück ins Dorf Chumanako, wo sie zu ihrer Überraschung den Singtam Soubah trafen. In jener Nacht ereignete sich ein Vorfall, der die Landkarte Indiens veränderte. Als Campbell und Hooker in die Hütte eintraten, in der sie die Nacht verbringen wollten, drängte sich eine große Gruppe grimmiger Sikkim-Bhutanesen hinter ihnen hinein. Campbell hielt es für das Beste, draußen zu zelten, und verließ die Hütte, um sich um das Aufstellen der Zelte zu kümmern. Aufgeschreckt von Campbells Schreien »Hooker! Hooker! Die Wilden bringen mich um!«, stürzte Hooker hinaus und sah Campbell gegen eine große Gruppe Männer kämpfen. Vergeblich versuchte er, seinem Freund zu helfen, er wurde von der Meute zurückgehalten und gewaltsam wieder in die Hütte getrieben, während die Menge Campbell schlug und misshandelte. Campbell glaubte, er solle ermordet werden, als sie das erste Mal auf ihm herumtrampelten und dann sein Kopf gewaltsam auf die Brust hinuntergedrückt wurde. Man band ihm die Arme auf den Rücken und befestigte das Seil mit einem Bambusstecken. Der verräterische Singtam Soubah, mit den Nerven am Ende, informierte Hooker, dass Campbell ein politischer Gefangener auf Befehl des Rajah sei, der, unglücklich über Campbells Benehmen in den letzten zwölf Jahren, ihn so lange als Geisel behalten wolle, bis die Briten seinen Forderungen nachgäben. In Wirklichkeit wusste der Rajah nichts von der Entführung, und der Singtam hatte seinen Freund und Campbell an den Dewan verraten. Dessen etwas fehlerhafte Überlegung ging dahin, dass es einen immer währenden Bruch in den Beziehungen nach sich ziehen würde, wenn ein britischer Beamter zu Schaden käme, sodass sich

Die Hauptstadt von Sikkim, Tumloong, mit der Residenz des Rajah im Hintergrund und der Hütte, in der Hooker und Campbell gefangen gehalten wurden.

keine Fremden mehr einmischen würden. Das sollte dem Dewan genügend Zeit geben, seine Monopolstellung im Handel in Sikkim zu stärken, die er mit seiner eigenen Armee aus Abtrünnigen verteidigen würde. Hooker bot man die Freiheit an, aber er wollte um jeden Preis bei seinem Freund bleiben. Campbell wurde zurück nach Tumloong eskortiert und schwer bewacht, während Hooker sich, »so nah es mir gestattet war, bei ihm aufhielt und derweil unauffällig Rhododendrensamen am Weg auflas«. Während Campbell mit offener Feindseligkeit behandelt wurde, versicherte man Hooker immer wieder, er sei nicht in Gefahr. Man bot ihm an, auf einem Pony zu reiten, aber als er sah, wie erniedrigend Campbell gezwungen war, am Schwanz eines Maultiers zu laufen, lehnte er ab. Vom 10. November bis 7. Dezember waren sie Gefangene. Zuerst hielt man sie getrennt, aber Hooker überredete seine Fänger, ihn in die kleine Bambushütte umziehen zu lassen, in der man Campbell festhielt und wo sie in einem winzigen Raum schliefen, der Campbells Käfig in den ersten paar Tagen seiner Gefangennahme gewesen war.

Die Behörden in Darjeeling wussten lange Zeit nichts von Hookers und Campbells Elend, weil der Brief des Dewan, in dem dieser sie über Campbells Verhaftung informierte und ihnen seine Forderungen mitteilte, in Tibetisch geschrieben war. Ironischerweise legte sein Sekretär, der den Inhalt des Briefs nicht ganz verstand, diesen auf Campbells Schreibtisch, sodass der ihn nach seiner Rückkehr finden sollte! Schließlich gelang es Hooker, einen Brief an Lord Dalhousie zu übermitteln, der sofort reagierte: Er beorderte ein englisches Regiment und drei Kanonen an die Grenze. Diese Aktion schockierte den Dewan und brachte ihn wieder zur Besinnung. Zum ersten Mal wurde ihm ganz klar, was es bedeutete, diese beiden Männer als Geiseln festzuhalten, und welche Auswirkungen dies haben würde, und so ließ er sie schnell frei. Schwer bewacht ließ er die beiden nach Darjeeling bringen. Kaum zu glauben, doch er nahm achtzig Ladungen Ware mit, da er immer noch damit rechnete, in Darjeeling freundschaftlich Handel treiben zu können. Nach einigen nervenaufreibenden Tagen, an denen sie darauf warteten, ermordet zu werden (damit sie nicht gegen ihre Fänger aussagen konnten), trafen die beiden ermüdeten Reisenden rechtzeitig zu den Weihnachtsfeierlichkeiten des Jahres 1849 ein.

Die britischen Behörden waren über die schlechte Behandlung der beiden wichtigen Personen erzürnt und fest entschlossen, es den anderen heimzuzahlen. Hooker fiel auf, dass die britische Regierung bei einigen schon länger zurückliegenden Meinungsverschiedenheiten mit indischen Herrschern auf die Provokationen nicht reagiert hatte. Diesmal aber drohte tatsächlich eine Invasion. Hooker wurde gebeten, seine Kenntnisse des Geländes in einen Angriffsplan einzuzeichnen, während man dem Rajah befahl, nach Darjeeling zu kommen und die Haupttäter mitzubringen. Der Rajah ließ sich nicht blicken, und obwohl die Invasion nicht stattfand, weil man aus einer Entfernung von Hunderten von Meilen schlecht militärische Entscheidungen treffen konnte, wurde der gesamte südliche Teil von Sikkim zu Indien annektiert, wodurch die Karte des Empire wieder um eine kleine Ecke vergrößert wurde. Das annektierte Gebiet, der einzige fruchtbare Landstrich in Sikkim, erwies sich später als ideal geeignet für den Anbau von Tee und Chinarinde.

Hooker erholte sich anschließend drei Monate ungestört in Darjeeling. Er vervollständigte seine Karte und stellte seine botanische Sammlung zusammen (die sich bei dieser Reise auf ungefähr 100 Mannsladungen belief), bevor er zu seiner letzten Reise in die Khasi Hills in Assam aufbrach (1. Mai 1850 bis 28. Januar 1851). Diese Gegend war botanisch bereits ausgiebig erschlossen worden, doch sammelte

Hooker sieben Mannsladungen der schönen, zu der Zeit modernen blauen Orchidee *Vanda caerulea*. In Myrung begegnete er Thomas Lobb (siehe Kapitel 6).

Nach dreieinhalb anstrengenden Jahren in einem der unzugänglichsten Gebiete der Welt kehrte Hooker am 26. März 1851 nach Hause zurück, wo er begeistert empfangen wurde. Anders als viele Pflanzensammler lebte er sich problemlos wieder in Großbritannien ein und heiratete am 15. Juli 1851 seine geduldige Verlobte Frances. Es ärgerte ihn, dass ihm eine staatliche Subvention zum Abschluss seiner Arbeit verwehrt wurde, außerdem hatte er bereits Schulden in Höhe von 800 Pfund wegen seiner Reise nach Sikkim. Und verbittert ließ er verlauten, wäre er ein kommerzieller Pflanzenjäger gewesen, hätte er »allein mit Rhododendrensamen und -sämlingen 1500 Pfund« verdienen können. Nach vielen Überredungskünsten wurde ihm eine dreijährige Unterstützung von 400 Pfund pro Jahr in Aussicht gestellt, mit der er dann seine *Flora of New Zealand* (1853) vervollständigen und seine *Himalayan Journals* (1854) schreiben konnte. Nach den Worten von Mea Allen stellen die *Journals* »mit Wallaces *Der Malayische Archipel* und Charles Darwins *Reise um die Welt* eine Trilogie des goldenen Zeitalters der Reisen zu wissenschaftlichen Zwecken dar«. Hooker erneuerte seine Freundschaft und den Briefwechsel mit Charles Darwin und wurde zu seinem geachteten Kritiker und Vertrauten: In den sechzehn Jahren zwischen ihrer ersten Korrespondenz und der Veröffentlichung von *Die Abstammung des Menschen* verriet Hooker nicht ein einziges Mal Geheimnisse von Darwins Evolutionstheorie.

1855 ließ sich Hooker von seinem überarbeiteten Vater, Sir William, schließlich überreden, sein Assistenzdirektor in Kew zu werden. Unter der Führung und dem visionären Weitblick von Sir William machte Kew eine Zeit enormer Entwicklungen durch: Die Fläche wurde innerhalb von fünf Jahren von 6 auf über 8 Hektar vergrößert. 1848 wurden das Palmenhaus, ein Entwurf von Decimus Burton, und das Museum of Economic Botany eröffnet, die Bibliothek wurd eingeweiht, und Williams privates Herbar wurde zum Kern dessen, was heute das umfangreichste Herbar der Welt ist. Kew war allerdings keine rein wissenschaftliche Einrichtung. Die wunderschön angelegten Gärten und die umfangreiche Sammlung an Treibhäusern waren beim Publikum so sehr beliebt, dass sich zwischen 1841 und 1850 die Besucherzahlen von 9174 auf 179 627 nahezu verzwanzigfachten. Zur Jahrhundertwende strömten dann fast 3 Millionen Besucher jährlich durch die Pforten.

Als zweiter Direktor war Joseph großenteils für den reibungslosen Routineablauf in Kew verantwortlich. Dazu gehörte auch die Organisation der riesigen Herbarsammlungen, die er entweder als Geschenk von Privatpersonen oder von Reisebotanikern erhielt. Darunter befand sich auch seine eigene Sammlung aus Indien und Sikkim, die er mit der von Dr. Thomas Thomson vereinigte, der den Nordwesten des Himalaja und Tibet botanisch erforscht hatte. Diese gemeinsame Sammlung umfasste nahezu 7000 Arten, darunter auch die Rhododendren aus Sikkim. Die erste Gelegenheit, diese sensationellen Pflanzen zu bewundern, bot sich der breiten Öffentlichkeit anlässlich der Veröffentlichung von *The Rhododendrons of Sikkim-Himalaya* (1849–1851), die Sir William Hooker anhand von Josephs Feldnotizen zusammengestellt hatte und die wunderschöne, detaillierte farbige Pflanzentafeln von Walter Hood Fitch enthielt.

Im Jahr 1851 waren diese immergrünen Gehölze als winzige Samen nach Großbritannien gekommen. Nun bekamen ein paar wenige Privilegierte dort Samen und/oder Setzlinge aus Kew. Alle hofften, die Ersten zu sein, die diese neuen Rhododendren zum Blühen brächten, steckten viel Zeit und Geld in die Pflege dieser kostbaren Pflanzen und berichteten ihre Erfolge und Niederlagen nach Kew. 1857 gelang es der Bagshot Nursery in der Nähe von Sunningdale, das leuchtend rote *R. thomsonii* zum Blühen zu bringen, indem man Reiser auf im Treibhaus wachsende Wurzelstöcke pfropfte. Bagshot war die einzige Gärtnerei, die die gesamte Palette von Robert Fortunes Sammlung aus China (siehe Kapitel 5) und ein breit gefächertes Spektrum von David Douglas' Funden (siehe Kapitel 3) anbot. Unklar ist, wie Bagshot nun genau in den Besitz solcher Raritäten gelangte, aber die Gärtnerei war bei der Verbreitung vieler neuer Einführungen förderlich.

Bei solch großem allgemeinem Interesse blieb es nicht aus, dass die Rhododendren die Gartenmode des 19. Jahrhunderts entscheidend beeinflussten. Paradoxerweise war der Auslöser für diesen Modetick die Frostempfindlichkeit der neuen Arten. Aus Berichten, die Kew erreichten, ging bald hervor, dass sie im Freien nur in den mildesten und regenreichsten Gegenden Großbritanniens gediehen, vor allem in Cornwall und an der schottischen Westküste. Daher kreuzten Gärtnereien wie Bagshot und ihr Nachbar, Waterer's, die neuen Arten aus dem Himalaja mit ihren winterharten Verwandten. Die vier wichtigsten Stammarten waren *R. campylocarpum*, *R. ciliatum*, *R. thomsonii* und vor allem *R. griffithianum*. Die frühen Ergebnisse waren spektakulär: eine kaum zu übersehende Zahl winterharter Hybriden mit phantastischem Laub und üppigen Blüten, die dem viktorianischen Wunsch nach Neuheiten sehr entgegenkamen, kräftige Farben und eindeutig ein Kunstwerk im Garten. Für viele große Gärtnereien wurde der Aufbau einer Rhododendrensammlung zu einer Obsession, und infolgedessen veränderte sich die von Menschenhand gestaltete Landschaft rings um viele britische Landsitze drastisch.

Viele der Arten, die bereits im »Amerikanischen Garten« wuchsen, brauchten feuchten, sauren Boden – ideale Bedingungen für die neuen Rhododendren, die bald in großer Zahl dazugesetzt wurden. Solch eine Mischung von Pflanzen hatte, wenn es sich nicht mehr um eine rein geografische Sammlung handelte, ihre Vorteile. Der Anblick der Frühjahrsblüher war phantastisch, ebenso die Form-, Textur- und Farbkontraste des Laubs zwischen den immergrünen strauchigen Rhododendren und den Nadelhölzern. Die Rhododendrenmanie griff so um sich, dass Rhododendren Ende der 1860er Jahre bereits einen Großteil der amerikanischen Flora ersetzt hatten (obgleich man einige Arten wie *Kalmia latifolia* und *Gaultheria procumbens* behielt), und elf Jahre später schrieb Shirley Hibberd: »Mit dem Geld, das in zwanzig Jahren für Rhododendren in unserem Land ausgegeben wurde, könnte man praktisch die Staatsschulden abbezahlen.«

Es war zwar beliebt, Rhododendren in vorhandene Gartenanlagen zu integrieren, doch die »Puristen« favorisierten einen Themengarten – den Rhododendrengarten. Darin wurden Rhododendren entweder so gepflanzt, dass man sie einzeln bewundern konnte, etwa in Menabilly in Cornwall (dem Haus, wo Daphne du Mauriers Roman *Rebecca* spielt), wo eine Fläche von 8100 m^2, genannt Hookers Grove, mit Himalaja-Rhododendren bestückt wurde. Oder aber die Rhododendren wurden wie in Oaklands in Surrey zu Tausenden in große, von Rasen umgebene Rundbeete gepflanzt. Gruppen von zwanzig oder mehr Varietäten wurden zusammengefasst und sorgfältig ausgewählt, um die Blütezeit, soweit es ging, zu verlängern. Die kurze Blütezeit war eines der größten Probleme des Rhododendrongartens, sodass einige Autoren vorschlugen, dort andere exotische Pflanzen wie Koniferen und Lilien anzusiedeln, die »ihre edlen Häupter aus den üppigen grünen Beeten recken und die Luft mit Duft erfüllen«, um die Blühsaison auszudehnen.

Mit dem Trend zu naturalistischer Bepflanzung Ende des 19. Jahrhunderts wurden die Rhododendren mit anderen Pflanzen zu quasi natürlichen Strauchrabatten, Baumgürteln und waldnahen Pflanzungen kombiniert. Diese Anziehungspunkte wurden in der Landschaft verstreut, doch umsichtig in den Gesamtplan integriert, sodass sich ein immer wieder neues, aber stets perfekt ausgewogenes Bild bot. Wieder einmal liefert Cornwall eines der besten Beispiele: In Lamorran, wo das großartige *R. griffithianum* erstmalig im Freien blühte, bepflanzte man die Hänge zum Meer hin mit dichten Gruppen von Rhododendren und anderen Exoten. Die Wirkung war so beeindruckend, dass der Garten 1877 als »ein echtes Lagerhaus mit reichen und seltenen Pflanzen, so sorgsam gezüchtet und so geschmackvoll arrangiert, dass er immer frisch und immer attraktiv aussieht« beschrieben wurde.

In den 1880er Jahren kam noch eine andere Mode auf – die Kreation von Nachbildungen fremder Landschaften. Auch sie ging auf die Idee vom natürlichen oder wilden Gärtnern zurück, und die weitaus beliebteste »Imitation« war das

Rhododendronwald-Himalaja-Tal, inspiriert von Hookers *Journals*. Ein spektakuläres Beispiel war Cragside (»Felslandschaft«) in Northumbria, wo um 1890 ein felsiger Talhang mit Hunderttausenden von Rhododendren bepflanzt wurde. Diese bildeten »undurchdringliches Dickicht ... und blühten so verschwenderisch, dass sie den ganzen Talhang mit ihren vielfältigen Farben zum Leuchten brachten«.

Hooker hat die Entwicklung der neuen Gartentrends anscheinend wenig interessiert. Inzwischen war er erfolgreich, hatte sich zufrieden in Kew niedergelassen und damit begonnen, mit George Bentham an dem Buch *Genera plantarum* zu arbeiten. Zur Vollendung dieses großen Werks brauchten die beiden sechsundzwanzig Jahre (der letzte Teil wurde 1883 veröffentlicht), und es wurde zum herausragenden botanischen Werk des 19. Jahrhunderts. Auf 3363 Seiten (ohne das 200-seitige Register) beschrieben sie alle Mitglieder von 200 Pflanzenfamilien, die alle einzeln untersucht worden waren. Endlich ging Banks' Traum in Erfüllung, ein Verzeichnis aller Pflanzen, die bekanntermaßen in den Kolonien existierten (obwohl Zusätze notwendig wurden, da immer mehr neue Arten hinzukamen).

Am 1. November 1865 trat Joseph die Nachfolge seines Vaters als Direktor von Kew an. Sein besonderes Interesse galt der Taxonomie, der Wirtschaftsbotanik und der Lehre. 1876 richtete er das Jodrell Laboratory für pflanzenphysiologische und anatomische Forschungen ein, und bis zur Jahrhundertwende arbeiteten rund um die Welt 700 in Kew ausgebildete Botaniker und Gärtner, oft in Stellungen, die Kew vergeben hatte. Trotz seines hektischen Lebensrhythmus fand Hooker Zeit, im Herbst des Jahres 1860 die Zedern im Libanon zu studieren; 1871 fand er im Atlasgebirge *Linaria maroccana*, ein einjähriges Leinkraut, und als rüstiger Sechzigjähriger führte ihn 1877 seine letzte Expedition nach Colorado in die Rocky Mountains auf fast 3900 m Höhe, wo er die dortige alpine Flora mit der Sikkims verglich. Im gleichen Jahr nahm er, nachdem er zweimal abgelehnt hatte, die Ritterwürde an.

Acht Jahre später überließ Hooker seinen Posten in Kew seinem Schwiegersohn W. T. Thiselton-Dyer, wurde aber nicht untätig. Im Lauf der folgenden sechsund zwanzig Jahre schrieb er viele Bücher, schloss unter anderem *The Flora of Ceylon* und *Flora Indica* ab und klassifizierte weiterhin Pflanzen. Er starb friedlich im Alter von vierundneunzig Jahren, während er die Springkrautgewächse bearbeitete, die nach seinen Worten »von allen Pflanzen die trügerischsten« sind.

Unter Joseph Hooker festigte Kew seine Stellung als weltweit größtes Zentrum für botanische Studien. Hookers Einfluss war buchstäblich global: Das britische Empire blühte infolge seiner geballten Bemühungen, wirtschaftlich wichtige Pflanzen in den Kolonien zu züchten, und in Gärten auf der ganzen Welt blühen die Nachfahren der von ihm entdeckten Rhododendren aus dem Himalaja.

Von Joseph Hooker eingeführte Pflanzen

Hinter jedem Pflanzennamen ist das Jahr angegeben, in dem die Art nach Europa eingeführt wurde.

Primula capitata (1849)
Primula (lat.) – Verkleinerungsform von primus: der Erste, wegen der frühen Blütezeit vieler Arten
capitata (lat.) – kopfförmig, wegen der Anordnung der Blüten

An 10–50 cm langen, weiß bemehlten Trieben erscheinen von Juli bis September dunkelviolette Blüten in auffallenden Köpfchen. Auch die rauen Blätter dieser spät blühenden Primel sind bemehlt. Die Unterart *P. c.* ssp. *sphaerocephala* mit unbemehlten Blättern wurde 1910 von Forrest aus Yunnan eingeführt.

Das Verbreitungsgebiet reicht von Nepal über Sikkim, Bhutan und Südosttibet sowie den Nordwesten Myanmars bis in die chinesische Provinz Yunnan. Die Pflanze besiedelt dort unterschiedliche Wuchsorte oberhalb der Baumgrenze in 3000–5500 m Höhe.

Primula sikkimensis (1849)
sikkimensis – nach Sikkim (Gebiet im Himalaja)

Wundervoll duftende, blassgelbe, nickende Blüten auf 15–90 cm hohen Stielen über graugrünen Blattrosetten öffnen sich von Mai bis Juli. Diese schöne Primel ist ziemlich veränderlich und gehört mit anderen erlesenen Arten wie *P. alpicola*, *P. florindae* und *P. waltonii* zur Sikkimensis-Gruppe.

Mit Joseph Hooker verbindet man in erster Linie die Entdeckung vieler Rhododendronarten, doch fand er auch verschiedene krautige Pflanzen wie diese *Primula capitata.*

Sie kommt vom westlichen Zentralnepal über Sikkim, Bhutan, den Norden Myanmars und Ostyunnan bis nach Südsichuan vor, wo sie in 2900–5200 m Höhe an Flussufern und in Sümpfen in Gletschertälern große Teppiche bildet.

Rhododendron cinnabarinum (1849)
Rhododendron (griech.) – *rhodon:* Rose; *dendron:* Baum
cinnabarinum (lat.) – zinnoberrot

Zwischen lebhaft türkisgrünen Blättern mit aromatischem Geruch erscheinen im Mai und Juni wunderschön zinnoberrote Röhrenblüten. Von diesem offen wachsenden Strauch gibt es viele Varianten mit Blütenfarben von Aprikosenfarben über Tiefrot bis zu Pflaumenfarben. Von Hooker eingeführt wurden *R. c.* ssp. *cinnabarinum* und Formen der 'Roylei'-Gruppe (mit pflaumenfarbenen bis tiefroten Blüten). Alle Pflanzenteile sind giftig, und mit dem Nektar tragen Bienen das Gift sogar in den Honig.

Der 3–6 m hohe Strauch kommt in Nepal, Bhutan, Südosttibet und dem nördlichen Myanmar in Misch- und Nadelwäldern, unter anderen Rhododendren und an Felshängen in 2100–4000 m Höhe vor.

Rhododendron falconeri (1850)
falconeri – nach Hugh Falconer (1808–1865), einem schottischen Arzt und Botaniker

Außergewöhnlich große, 20–35 cm lange, ledrige Blätter, oberseits dunkelgrün, unterseits zinnoberrot filzig mit erhabenen Nerven und eine rötliche Rinde kennzeichnen diesen großen Strauch oder kleinen, bis 12 m hohen Baum. Von April bis Mai große Doldentrauben cremegelber Glockenblüten.

R. falconeri kommt von Ostnepal über Bhutan bis ins westliche Arunachal Pradesh im Nordosten Indiens vor. Dort wächst die Art in Mischwäldern, häufig in großen Gruppen und zusammen mit *R. hodgsonii*, in Höhen von 2700–3400 m.

Rhododendron griffithianum (1850)
griffithianum – nach William Griffith (1810–1845), englischer Arzt und Botaniker

Im Mai erscheinen duftende, weiße, lilienähnliche Blüten in drei- bis sechsblütigen Trauben. Ein großer Strauch mit großen, bis 30 cm langen Blättern und einer glatten, abblätternden, vielfarbigen Borke.

Das natürliche Verbreitungsgebiet umfasst Nepal, Sikkim und Bhutan sowie Südosttibet und den Osten von Arunachal Pradesh (Indien). Das bis zu 6 m hohe Gehölz wächst dort in feuchten Wäldern zusammen mit Eichen, Magnolien und anderen Rhododendren in Höhenlagen von 1800–2900 m.

Rhododendron hodgsonii (1850)
hodgsonii – nach Brian Houghton Hodgson (1800–1894), Verwalter der East India Company in Nepal und Naturforscher

Große Dolden prächtiger, wachsartiger Glockenblüten in Rosa oder rötlichem Purpur erscheinen von März bis Mai über den ledrigen, bis 25 cm langen Blättern. Schön ist auch die Rinde, die sich in Schuppen löst. Das Holz dieses 6–9 m hohen Strauchs wird gerne für Schnitzarbeiten verwendet.

Verbreitet von Ostnepal über Sikkim und Bhutan bis ins westliche Arunachal Pradesh. Wächst dort in Kiefern- und Tannenwäldern in 2900–3400 m Höhe mit Bambus und anderen *Rhododendron (R. arboreum, R. barbatum* und *R. falconeri).*

Rhododendron thomsonii (1850)
thomsonii – nach Thomas Thomson (1817–1878), Botaniker und Leiter des Botanischen Gartens Kalkutta

Tiefblutrote Blüten im April und Mai, auch die Büschel graugrüner Fruchtkapseln sind sehr reizvoll. Blätter rundlich, anfangs graugrün. Rinde glatt, zinnoberrot bis hell- oder kastanienbraun, schält sich in feinen Streifen ab. Die lebhafte Blütenfarbe wurde in viele Züchtungen eingekreuzt, etwa in die Sorten 'Cornish Cross', 'Aurora' und 'Shilsonii'.

Das natürliche Verbreitungsgebiet dieses 1–7 m hohen Strauchs reicht von Ostnepal über Sikkim, Bhutan und Südtibet bis nach Nordostindien (Arunachal Pradesh), kommt dort von 2500–4300 m Höhe in Rhododendron- und Nadelwäldern, in Sümpfen und an Flussufern vor.

5

Das Glück hilft dem Tapferen

Robert Fortune

(1812–1880)

Seit die ersten westlichen Kaufleute, die Portugiesen, 1516 China auf dem Seeweg erreicht hatten, hatte der geheimnisvolle Ferne Osten Europa ehrfürchtigen Respekt eingeflößt. Geschichten, die Forschungsreisende und Abenteurer erzählten, trugen zur mystischen Aura Chinas bei, aber bis ins 19. Jahrhundert hielt seine gewaltige Größe und Stärke die Gier von Ländern wie Portugal, Spanien und Holland in Schach. Inzwischen aber war China für ein technologisch fortgeschrittenes Großbritannien eine zu reiche Beute, als dass man es noch länger hätte ignorieren können.

Die Handelsverbindungen mit China waren bereits in den dreißiger Jahren des 18. Jahrhunderts geknüpft worden, aber verständlicherweise betrachteten die Chinesen den profitgierigen Westen mit Argwohn und Misstrauen und behielten

Links: Fortune war tief von Chinas Landschaft beeindruckt und pries begeistert ihre Schönheit.

Oben: Ein offizielles Porträt von Robert Fortune, der fast zwanzig Jahre lang den Fernen Osten erforschte.

ihre Kontakte mit Kaufleuten genau im Auge. Das passte den Briten gar nicht, die zwischen 1839 und 1842 die Opiumkriege herbeiführten, um durch einen Geschäftsvertrag eine Handelsöffnung zu erzwingen. Der Vertrag von Nanking, der 1842 unterzeichnet wurde, beinhaltete zwei wichtige Dinge. Erstens wurden die kleine, karge Insel Hongkong und vier Vertragshäfen auf dem Festland – Shanghai, Ningpo (heute Ningbo), Foochow (heute Fuzhou) und Amoy (heute Xiamen) – an die Briten abgetreten. Das ermöglichte weitaus besseren Handel mit China. Zweitens wurde China gezwungen, indisches Opium im Tausch gegen Luxuswaren wie Porzellan und Seide zu kaufen, die dann nach Großbritannien importiert wurden. Dieser Opiumhandel, dem die chinesischen Behörden sehr ablehnend gegenüberstanden, bedeutete, dass die East India Company (der die britische Regierung in den Jahren um 1830 den Verkauf der Droge an die Inder untersagt hatte) ihre bengalische Opiumindustrie retten konnte.

Der Vertrag hatte auch noch eine andere, nicht zu unterschätzende Konsequenz. Chinesische Pflanzen wie die Hortensie *Hydrangea macrophylla*, die Strauchpäonie *(Paeonia suffruticosa)* und Chrysanthemen waren im 18. und 19. Jahrhundert nach Großbritannien gekommen und hatten dort sehr viel Beachtung gefunden. Banks hatte William Kerr 1804 nach China gesandt, der mit vielen Pflanzen, darunter dem Ranunkelstrauch *(Kerria japonica)*, der Tigerlilie *(Lilium lancifolium*, syn. *Lilium tigrinum)* und der Spießtanne *(Cunninghamia lanceolata)*, zurückgekehrt war. Man vermutete dort noch weitaus mehr Schätze, und jetzt bot sich zum ersten Mal die Gelegenheit, in den unerschlossenen nördlichen Regionen Chinas in Ruhe Pflanzen zu sammeln. Der Erste, der das erkannte, war John Reeves (1774–1856), ein pensionierter Teeinspektor, der, während er in Kanton arbeitete, Pflanzen und Samen an die Horticultural Society zurückgesandt hatte (er führte 1816 die Glyzine *Wisteria sinensis* ein). Mit seinem großen Einfluss auf das mächtige Chinese Committee der Society bahnte er den Weg, damit ein Reisebotaniker nach China reisen und dort im Auftrag der Society sammeln konnte.

Der dazu Auserwählte war der dreißigjährige Robert Fortune, noch einer in der langen Reihe erfolgreicher schottischer Pflanzensammler, der den Orient über einen Zeitraum von neunzehn Jahren erforschen sollte. Über Fortunes frühes Leben ist wenig bekannt, denn seine Tagebücher und Briefe sind allesamt verloren gegangen. Nur die vier Bücher mit seinen Reisebeschreibungen und die Artikel sind übrig geblieben, die er für *Gardener's Chronicle* und das *Journal of the Royal Horticultural Society* verfasst hat. Fortunes Schreibstil ist merkwürdig unpersönlich und von solch einer Direktheit, dass es, obwohl seine Schriften spannend sind, schwierig ist, sich ein Urteil über diesen Mann zu bilden. Dass er so viele schöne Pflanzen mitbrachte, die sich im Garten ziehen ließen, beweist, dass die Society einen fähigen Botaniker und Gärtner ausgewählt hatte. Dass er etwas Chinesisch lernte, eine schwierige Sprache, deutet auf schnelle Auffassungsgabe hin. Seine ausgedehnten Reisen, die er verkleidet in Gebiete unternahm, zu denen ihm der Zutritt untersagt war, zeigen, dass er Einfallsreichtum besaß, erfinderisch, genial und entschlossen war. Seine Reaktion, als er von Piraten angegriffen wurde und ihm beinahe der Tod sicher war, hätte man ihn geschnappt, zeigen uns, dass er nicht nur mutig war, sondern sich auch in Krisensituationen ausgeglichen und ruhig verhielt und ein guter Schütze war. Vielleicht stand ihm dank seines Namens (Fortune, engl.: Glück) auch die Glücksgöttin Fortuna des Öfteren zur Seite.

Dass Fortune von chinesischen Gärtnern Pflanzen erhielt, zeigt einen weiteren vorherrschenden Charakterzug. Er gewann ihr Vertrauen durch seine Ehrlichkeit und legte bei seinen Verhandlungen fast übermenschliches Taktgefühl und Geduld an den Tag. Obwohl er mehrmals ausgeraubt wurde (vielleicht weil er glaubte, jeder sei so aufrichtig wie er), trug er diese Rückschläge mit Fassung und guter Laune.

Robert Fortune wurde am 16. September 1812 in Kelloe in Berwickshire (heute zur Region Borders gehörend) geboren, und nach seinen frühen Erziehungsjahren in der Pfarrkirche seines Heimatorts begann er eine Lehre in den nahe gelegenen Gärten des Mr. Buchan. Der erste große Durchbruch dieses offensichtlich talentierten Schülers kam 1840, als er von den Gärten in Moredun bei Edinburgh, wo er einige Jahre gearbeitet hatte, in den Botanischen Garten der Stadt umsiedelte. Hier wurde er als Schüler des so befähigten William McNabb eingestellt, der als strenger Lehrmeister berüchtigt war. Ähnlich wie David Douglas verdiente sich Fortune den Respekt und die Bewunderung seinen Vorgesetzten durch seine Umsicht und sein angeborenes Talent. Als er sich 1842 um den Posten des Vorstehers der Abteilung für Gewächshäuser im Garten der Horticultural Society in Chiswick, London, bewarb, bekam er die Stelle in erster Linie auf McNabbs Empfehlung hin.

Wenige Monate nachdem er seine Stelle in London angetreten hatte, wurde Fortune für die neueste Pflanzenexpedition der Society ausgewählt. Der Vertrag, den die Horticultural Society von ihm unterschrieben haben wollte, war, gelinde ausgedrückt, anspruchsvoll und kleinlich. Fortune sollte ein Jahr in China verbringen und Informationen über chinesische Gartengestaltung sowie neue Pflanzen und Samen sammeln. Man erinnerte ihn daran, dass winterharte Pflanzen der Society besonders am Herzen lagen »und dass die Pflanzen von geringerem Wert sind, wenn die Temperatur, bei der man sie kultivieren muss, steigt«. Die einzige Ausnahme bildeten Orchideen, Wasserpflanzen und solche mit »sehr stattlichen Blüten«. Außerdem sollte er auf zwanzig spezifische Fragen achten, die die Society aufgelistet

FORTUNES REISEN IN OSTCHINA

hatte, und etwa nach blauen Pfingstrosen, gelben Kamelien, gefüllten gelben Rosen, Azaleen, Lilien, Orangen, Pfirsichen und Teesorten Ausschau halten.

Im Gegenzug zeigte sich die Society alles andere als großzügig. Fortune erhielt gerade einmal 100 Pfund pro Jahr – dieselbe Summe, die Masson etwa siebzig Jahre zuvor erhalten hatte. Des Weiteren bot man ihm, obwohl davon auszugehen war, dass er in Lebensgefahr geraten konnte, nur einen »Totschläger« (einen Stock, der mit Blei beschwert war) zu seinem persönlichen Schutz an. Nur nach vielen Überredungskünsten änderte die Society ihre Meinung – eine Entscheidung, die später Fortunes Leben retten sollte. Er durfte nunmehr eine Schrotflinte und ein Paar Pistolen mitnehmen, doch in einer Anwandlung von Geiz hieß man ihn, diese bei seiner Abreise aus China zu verkaufen und der Society das Geld zurückzuerstatten. Da wundert es nicht, dass sich Fortune bei seiner zweiten Chinareise entschloss, für die East India Company zu arbeiten, zumal diese ihm eine Gehaltserhöhung von 500 Prozent anbot.

Als alle Vorbereitungen getroffen waren, verließ Fortune am 26. Februar 1843 Großbritannien an Bord der *Emu* mit Kurs auf Hongkong, wo er nach einer viermonatigen Reise am 6. Juli eintraf. Auf der Hinreise waren seine wardschen Kästen (ein sehr nützliches tragbares Treibhaus, das Dr. Ward, ein englischer Botaniker, Ende der dreißiger Jahre des 18. Jahrhunderts für den Transport lebender Pflanzen erfunden hatte) voller Pflanzen für die Kolonie, die alle wohlbehalten ankamen. Er fand die neue britische Kolonie in »beklagenswertem Zustand« – es grassierte ein Fieber, und nachts trieben Räuberbanden auf den Straßen ihr Unwesen. Fortune wollte nicht mehr Zeit als unbedingt nötig in solch einer ungesunden Umgebung verbringen und brach bald wieder auf. Er segelte die »unfruchtbare« Küste zur Stadt Amoy hinauf, wo er am 3. September eintraf, doch seine Hoffnung, dort günstigere Bedingungen vorzufinden, wurde bitter enttäuscht. Missbilligend schrieb er in seinem Buch *Three Years' Wandering in China*, Amoy

> *ist eine der dreckigsten Städte, die ich je gesehen habe – ob in China oder anderswo; sogar schlimmer als Shanghai, und das ist schon schlimm genug. Als ich mich dort während der heißen Herbstmonate aufhielt, hingen über den Straßen, die nur wenige Fuß breit sind, Matten, die die Bewohner vor der Sonne schützen sollten. An jeder Ecke gingen die wandernden Köche und Bäcker ihrer Berufung nach und stellten ihre Leckerbissen aus; und die Gerüche, die mir überall in die Nase stiegen, waren äußerst unangenehm und nahmen mir den Atem.*

Der allgemeine Verfall, den Fortune auf seinen Reisen in China antraf, überraschte und bestürzte ihn. Da er viel über die Kultiviertheit der Chinesen gehört hatte, schockierte es ihn, stattdessen eine statische Ackerbaugesellschaft zu sehen. Fortune kam zu folgendem Schluss:

> *Es kann kein Zweifel bestehen, dass das chinesische Reich den Höhepunkt seiner Perfektion bereits vor vielen Jahren erreicht hat; und seither hat es eher Rück- als Fortschritte gemacht. Viele der Städte im Norden, in denen ganz offensichtlich einst blühende Verhältnisse geherrscht haben, sind jetzt dem Untergang anheim gegeben oder verfallen; die Pagoden, die die Hügel in der Ferne krönen, zerfallen und werden offensichtlich selten repariert; die geräumigen Tempel werden nicht mehr wie zu früheren Zeiten genutzt.*

Von Amoy aus machte Fortune zahlreiche botanische Exkursionen ins Landesinnere und erlebte zum ersten Mal, welch großes Interesse die Anwesenheit eines Fremden hervorrief. Anfangs verhielten sich die Dorfbewohner feindselig und riefen ihm Drohungen zu, doch Fortune fand heraus, dass sich die Einheimischen beruhigten, wenn er einfach entschlossen weiterging. Bald war er von Hunderten von Neugierigen umgeben, die alle unbedingt den Grund seiner Reise erfahren wollten. Die einzigen unfreundlichen Wesen waren die Hunde, die »eine große Abneigung gegen Fremde hatten und nur selten mit ihnen Freundschaft schließen werden«.

Ende September 1843 brach Fortune mit einem Segelboot zum Chusan-Archipel (heute Zhoushan) im Norden auf. Inzwischen hatte die Monsunzeit begonnen, und in der Formosastraße (heute Taiwanstraße), die China und Taiwan trennt, tobten heftige Stürme aus Norden. Fortunes Schiff geriet kurz nach seiner Ausfahrt aus dem Hafen in einen heftigen Sturm und begann bedrohlich durch die sich auftürmenden Wellen zu stampfen. Auf dem Höhepunkt des Sturms wurde ein mehr als 30 Pfund schwerer Fisch aus dem Meer geschleudert, brach durch das Oberlicht und landete vor dem überraschten Kapitän auf dem Tisch in der Kabine des Achterdecks. Schließlich liefen sie in eine sichere Bucht vor Ort ein, wo Fortune zur Weiterreise auf ein anderes Schiff umstieg. Sie hatten die Meerenge beinahe passiert, als sich ein noch stärkerer Sturm erhob. Die Segel wurden vom heulenden Wind zerrissen, das Schanzkleid (die Schiffsschutzwand) über Bord gespült, und die entsetzte Mannschaft suchte Zuflucht unter dem großen Beiboot, während die Wellen über das Deck peitschten. Bald war das Schiff weit hinter seinen Ausgangspunkt zurückgetrieben worden. Fortune war gerade unter Deck, als das Schiff plötzlich mit großer Wucht erschüttert wurde. Glas vom Oberlicht rieselte auf ihn herab, und Meerwasser drang in die Kabine ein. Als er in die stürmische Nacht hinausstürzte, bemerkte er, dass das Schanzkleid auf der Luvseite eingedrückt worden war und Mannschaft und Beiboot sich in prekärer Lage auf der anderen Seite des Decks festklammerten. Drei Tage lang blies der Sturm das hilflose Boot umher, bis er sich schließlich so weit legte, dass die Ersatzsegel gehisst werden konnten und man Kurs auf die nächstgelegene Landmasse nehmen konnte. Als Fortune nach dem Sturm seine Habseligkeiten inspizierte, stellte er bestürzt fest, dass zwei wardsche Kästen mit Pflanzen aus Amoy zerstört worden waren.

Er befand sich jetzt nur 80 km nördlich von Amoy, war aber entschlossen, seiner widrigen Lage das Beste abzugewinnen, und machte sich auf, um die Gegend zu erkunden. Man warnte ihn vor den Einwohnern, aber sein Vertrauen in seine Sicherheit wurde dadurch gestärkt, wie er mit früheren Schwierigkeiten außerhalb von Amoy fertig geworden war. Als er eine ehrwürdig aussehende Pagode oben auf einem Hügel in der Nähe erspähte, beschloss er, dort hinaufzusteigen, um die Lage der Gegend zu begutachten. Wie gewohnt umringten ihn bald mehrere Hundert

Chinesen, die ihn und seinen Diener gierig dabei beobachteten, wie sie Pflanzen sammelten und dabei auf den Hügel zukamen. Fortunes Seidenhalstuch rief großes Interesse hervor, und man bot ihm die unterschiedlichsten Geschenke im Tausch dafür an. Da er nicht gewillt war, sich für eine Hand voll Chili, Kräuter oder gar eine Flasche vor Ort hergestellten Alkohols von seinem Tuch zu trennen, beschleunigte er seine Schritte, um der Menge zu entkommen. Als er die Pagode erreichte, stellte er fest, dass sie dringend reparaturbedürftig war, und nachdem er die Aussicht bewundert hatte, beschloss er, zum Schiff zurückzukehren. Fortunes neue »Freunde« erwarteten ihn am Fuß des Hügels und begannen, ihn beim Weitergehen immer mehr zu bedrängen. Plötzlich fühlte Fortune eine Hand in einer seiner Taschen, und als er sich umdrehte, sah er einen Einheimischen mit einem seiner Briefe davonrennen. Er stellte fest, dass er auch um mehrere wertvollere Gegenstände erleichtert worden war:

Dieser Vorfall machte meinem Weiterkommen ein Ende, und ich sah mich suchend nach meinem Diener um, der in einiger Entfernung von ungefähr acht oder zehn dieser Burschen angegriffen wurde. Sie umringten ihn mit gezückten Messern und drohten, ihn beim geringsten Widerstand zu erstechen. Gleichzeitig versuchten sie, ihm alles zu rauben und wegzunehmen, was nur irgendwie von Wert war, und meine armen Pflanzen, die ich so sorgfältig gesammelt hatte, flogen überall herum.

Fortune stürzte auf die Menge zu, die daraufhin davonrannte und seinen armen Diener mitgenommen, aber unverletzt zurückließ. Schnell lasen sie die weniger beschädigten Pflanzen auf, bevor sie zum Schiff zurückeilten. Unter den geretteten Pflanzen befanden sich ein paar *Campanula grandiflora*-Wurzeln und eine neue Abelie *(Abelia chinensis)*, die beide später unbeschadet in Großbritannien eintrafen.

Fortunes Haltung gegenüber den Chinesen war ganz unterschiedlich. Einerseits behauptet er:

Ich habe überhaupt keine Vorurteile gegen das Volk der Chinesen. Im Gegenteil, in vieler Hinsicht habe ich große Hochachtung vor ihnen. Während der letzten drei Jahre habe ich mich ununterbrochen bei ihnen aufgehalten; bin über und zwischen ihren Hügeln gewandert, habe in ihren Häusern gespeist und in ihren Tempeln geschlafen: Und aufgrund dieser Erfahrung zögere ich nicht zu sagen, dass diese Rasse ganz anders ist, als man allgemein vermutet.

Er erwähnt oft, dass ihn viele Einheimische freundlich behandelten, und lobt ihre Höflichkeit. Andererseits beschreibt er die Südchinesen als »bemerkenswert aufgrund ihres Fremdenhasses und ihrer Überheblichkeit, ganz abgesehen davon, dass es dort eine Menge übelster Individuen gibt, die jeder Beschreibung spotten und die nichts anderes als Diebe und Piraten sind«. Die Nordchinesen hielt er für viel umgänglicher, aber »ein Großteil der Nordchinesen scheint sich in einem Schlaf- oder Traumzustand zu befinden, aus dem sie nur schwer erwachen«. Seine Erfahrung mit »Dieben und Piraten« färbte seine Meinung zweifellos, und sein britisches Überlegenheitsgefühl ist genauso groß wie das, das er den Chinesen vorwarf.

Schließlich erreichte Fortune nach einer zehntägigen Reise ohne Zwischenfälle die Chusan-Inseln. Er war begeistert von ihrer reichen Vegetation zwischen den hoch aufragenden Gipfeln und sanft abfallenden Tälern (die ihn an die schottischen Highlands erinnerten). Azaleen von »verwirrender Leuchtkraft und alles übersteigender Schönheit« überzogen die Berge, und »Waldreben, wilde Rosen, Geißblatt, *Glycine sinensis* und Hunderte anderer Pflanzen mischen ihre Blüten mit ihnen, sodass wir nicht anders können, als China wirklich als das ›Blütenreich der

Lithografie aus *Three Years' Wandering in China:* Der Vertragshafen von Ningpo und Dschunken wie die, auf der sich Fortune befand, als er von Piraten angegriffen wurde.

Mitte‹ anzuerkennen«. Es gab jede Menge Chinesische Talg- und Kampferbäume, Bambus- und Koniferenwälder und Spießtannen *(Cunninghamia lanceolata)*. Fortune war von der Schönheit der Inseln verzaubert und suchte sie während seines Chinaaufenthaltes mehrmals auf.

Nun aber, im ausgehenden Herbst, begab er sich Richtung Westen nach Ningpo. Was die Pflanzenjagd betraf, war dieser Besuch nicht besonders ergiebig, doch er konnte zusehen, wie Bonsais herangezogen wurden, und besuchte ein paar Gärten der Mandarine. Das Wetter verschlechterte sich, und Fortune begann unter der Kälte zu leiden. Er empfand die chinesischen Häuser als äußerst ungemütlich, da sie große Papierfenster hatten und voller Risse waren, durch die der schneidende Wind erbarmungslos hindurchpfiff. Eine Reise in das Hinterland von Ningpo verschaffte Fortune etwas Abwechslung, als er mit eigenen Augen sah, wie Männer mit zahmen Kormoranen zum Fischen gingen. Die Fischer banden um den Hals der Vögel ein Stück Schnur, damit diese ihren Fang nicht herunterschlucken konnten, und setzten sie wieder ins Wasser. Fing ein Kormoran einen Fisch, schwamm er gehorsam zu dem Fischer zurück und legte den Fisch ins Boot. Fortune fiel auf, dass, wenn ein Vogel einen besonders großen Fisch gefangen hatte, mehrere andere Kormorane ihm dabei halfen, seine Beute zu seinem Herrn zurückzubringen.

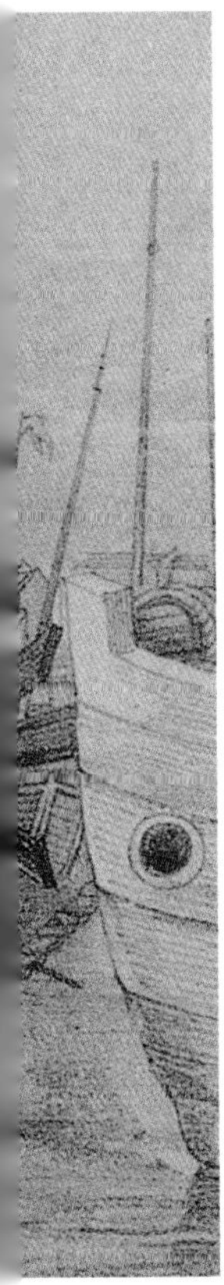

Ende 1843 war Fortune bis nach Shanghai vorgestoßen, ein dicht bevölkertes Handelszentrum an den Ufern des gewaltigen Jangtse und der nördlichste für Fremde zugängliche Hafen. Hier wie auch in allen anderen Teilen Chinas begegnete man Fremden mit Misstrauen und Abneigung. Auf seinen Spaziergängen durch die engen, überfüllten Straßen gewöhnte sich Fortune daran, als »Kwei-tsu«, Teufelskind, begrüßt zu werden. Diese Antipathie herrschte auch bei allen geschäftlichen Kontakten, die nach China kommende Kaufleute knüpfen wollten. Fortune wusste, dass es ganz in der Nähe viele Gärtnereien gab, hatte aber große Mühe, sie zu finden – entweder stritten die Chinesen ab, dass es welche gab, oder sie behaupteten, sie lägen zu weit entfernt. Schließlich überredete Fortune einige Kinder, ihn zu einer Gärtnerei zu bringen, aber als er näher kam, wurde das Haupttor sofort zugeworfen, und er musste tags darauf mit dem britischen Konsul zurückkommen, um eingelassen zu werden. Nach mehrmonatigen Bemühungen gelang es dem hartnäckigen Schotten, zu den chinesischen Gärtnern eine herzliche Freundschaft aufzubauen, und er erhielt als Belohnung einige erlesene Pflanzenexemplare, darunter eine kostbare Sammlung von Moutan oder Strauchpäonien, die elegante Sicheltanne *(Cryptomeria japonica* var. *japonica)* und die zarte Japananemone *(Anemone hupehensis* var. *japonica)*. Diese Erfolge entschädigten ihn bis zu einem gewissen Grad für seine erbärmlichen Lebensumstände. Hier wie auch in Ningpo fand

Fortune das bitterkalte Wetter nahezu unerträglich und notierte düster: »Unsere Schlafzimmer waren erbärmlich kalt: Oft wachten wir am Morgen vom Regen durchnässt auf; und wenn es schneite, wurde der Schnee durch die Fenster geblasen und bildete ›Kringel‹ auf dem Fußboden.«

Anfang 1844 segelte Fortune nach Hongkong hinunter, um seine Pflanzensammlung nach England zurückzuschicken. Da er genügend Zeit hatte, beschloss er, die Gegend um Kanton zu erkunden, und kam dabei beinahe ums Leben. Während er auf einer Landstraße zwischen Feldern und Gärten entlangging, rief ihm ein berittener Soldat zu, er solle umkehren. Fortune, des Kantonesischen nicht mächtig, meinte, der Soldat wolle ihn vertreiben, und ging einfach weiter. Bald darauf war er von »mehreren Gruppen finsterer Burschen umgeben, die mich genau anzustarren schienen«. Als er an einem Hang einen Friedhof ausmachte, beschloss er, durch dessen Tore zu gehen, um sich seiner Gefährten zu entledigen. Die List funktionierte nicht, vielmehr begann die Meute, ihn anzurempeln und »comeshaws«, Geschenke, zu verlangen. Auf der Anhöhe des Hügels konnte er sehen, dass er in der Falle saß. Die Chinesen kesselten ihn ein, schnappten sich geschwind seinen Hut und seinen Schirm, und mehrere begannen, ihm gewaltsam seinen Mantel auszuziehen. In höchster Gefahr nahm er all seine Kräfte zusammen und »warf mich auf die unter mir und beförderte sie den Hang hinunter. Doch das war beinahe mein Verderben, denn ich wandte so viel Kraft auf und der Boden war so uneben, dass ich stolperte und hinfiel; aber zum Glück rappelte ich mich sogleich wieder auf und nahm den ungleichen Kampf wieder auf, denn ich wollte zum Tor des Friedhofs gelangen, durch das ich hereingekommen war«.

Als die Straßenräuber merkten, dass der »Fankwei«, der ausländische Teufel, fliehen wollte, riefen sie ihren Kumpanen unten zu, die Friedhofstore zu schließen. Fortune schüttelte seinen letzten Angreifer ab und brach in dem Augenblick durch die Tore, als sie zufielen. Die Gefahr war aber noch nicht gebannt: Zwar befand er sich inzwischen auf offener Straße, doch dort hatte sich eine große Meute versammelt und begann Steine auf ihn zu schleudern. Einer traf ihn mitten im Rücken, sodass er sich an eine Mauer lehnen musste, um nach Atem zu ringen. Sofort war er wieder umringt und wurde um weitere persönliche Dinge erleichtert. Über eine Meile weit musste Fortune abwechselnd rennen und gegen die Einheimischen kämpfen, bis er endlich deren Gebiet verließ. Mit Prellungen und einem Sonnenstich schleppte er sich nach Hause und war dankbar, noch am Leben zu sein.

In den darauf folgenden eineinhalb Jahren zog Fortune kreuz und quer durch China und bereicherte seine Sammlung. Er war hingerissen von der Vielfalt und Schönheit der Landschaft und schrieb begeistert über die mit Kiefern, Zypressen und Wacholder bestandenen Hänge, die üppigen, fruchtbaren Täler mit Tee-, Tabak- und Maisplantagen und die Ehrfurcht gebietenden Bergketten, die die Landschaft beherrschten. Seine Bewunderung für die Chinesen wuchs, als er mit ihren Gewohnheiten und Gepflogenheiten vertrauter wurde, so weit, dass er, sobald er gelernt hatte, mit Stäbchen zu essen, erklärte: »Ganz ehrlich, das sind sehr nützliche und vernünftige Dinger, egal was die Leute Gegenteiliges darüber sagen mögen; und ich kenne keinen unserer Gebrauchsgegenstände, der sie ersetzen könnte.«

Obwohl Fortune überzeugter Protestant war, respektierte er die ergebenen, demütigen buddhistischen Priester und war immer dankbar für den freundlichen Empfang, den sie ihm bereiteten, wenn er sich in ihren Tempeln aufhielt. Bei einem Besuch eines Tempels außerhalb von Ningpo jedoch entkam er wiederum nur knapp dem Tode. In entlegenen Gebieten schützten die Priester ihre Ernte vor Wildschweinen mit tiefen Gruben, die sie zur Hälfte mit Wasser füllten. Die Löcher tarnten sie mit Stöcken und Gras und legten Unrat obendrauf, um die Tiere anzulocken. Man hatte Fortune zwar vor den Gefahren dieser Gruben gewarnt, doch auf einer seiner Expeditionen tappte er blindlings in eine hinein. Der Boden rund um den Grubenrand gab unter seinen Füßen nach, und er wäre hineingefallen, hätte er sich nicht an einem Ast über seinem Kopf fest gehalten. Als er sich die Grube genauer ansah, wurde ihm klar, dass er kaum eine Chance gehabt hätte herauszuklettern und wahrscheinlich gestorben wäre, bevor man ihn entdeckte. Seine Gedanken wanderten zu David Douglas, der unter ähnlichen Umständen ein »trauriges Ende« gefunden hatte, und er war doppelt dankbar dafür, dem entronnen zu sein. Das Risiko hatte sich aber gelohnt, denn hier fand Fortune den Japanischen Schneeball *(Viburnum plicatum* 'Sterile') und *Forsythia viridissima.*

Im April 1844 kehrte Fortune nach Shanghai zurück, wo er noch weitere Strauchpäonien sammelte. Die Sommermonate verbrachte er mit Besuchen auf den Chusan-Inseln, wo er *Weigela florida* fand: »Sicherlich wurde einer der wunderschönsten Sträucher Nordchinas, die *Weigela rosea*, erstmals im Garten eines chinesischen Mandarins in der Nähe der Stadt Tinghae entdeckt.« Bei anderer Gelegenheit – bei der Überfahrt von Ningpo – konnte er wieder einmal nur »knapp einem wässrigen Grab« entkommen. Ein heftiger ablandiger Wind kam auf, und die Mannschaft beschwor Fortune, nicht in See zu stechen, doch da er es eilig hatte, auf die Inseln zu gelangen, ignorierte er ihr Flehen und gab dem Kapitän Anweisung loszusegeln. Kaum waren sie auf offener See, sah er ein, dass er einen schrecklichen Fehler gemacht hatte, aber aufgrund der starken Strömung konnte das kleine Boot nicht umkehren. Der Kapitän hisste das Segel, und gerade als Fortune sich fragte, ob das klug sei, schwappte eine riesige Welle seitlich über das Boot und überschwemmte es vom Bug bis achtern. Jetzt war die Situation kritisch, denn mit dem immer noch gehissten Segel konnte das Boot jederzeit kentern. Zum Glück holte die Mannschaft das Segel schnell und reibungslos ein, und das kleine Fahrzeug richtete sich von selbst wieder auf. Die Mannschaft flehte Fortune an, das Boot zu wenden, aber da ihm klar war, wie gefährlich ein solches Manöver war, befahl er dem Steuermann, auf den nächstgelegenen Zufluchtsort zuzuhalten. Die Matrosen, die die Situation für aussichtslos hielten, verloren jegliche Selbstbeherrschung, begannen sich auszuziehen und auf das unvermeidliche Meerbad vorzubereiten. Plötzlich flaute der Wind kurz ab, sie konnten mehr Segel hissen und eine kleine Insel erreichen. Sobald das Boot vor Anker lag, fand die Crew ihre Beherrschung wieder und begann, das Schiff leer zu schöpfen: »Wir befanden uns in einem sehr erbärmlichen Zustand: Unsere ganzen Kleidungsstücke und Schlafstätten waren völlig von Meerwasser durchnässt; einige Pflanzen, aber zum Glück nur Duplikate, die ich bei mir hatte, wurden natürlich völlig zerstört; aber uns war wohl ums Herz und wir waren dankbar, dass wir mit dem Leben davongekommen waren.«

Obwohl Fortune mehrmals dem Tod nur knapp entkam, verlor er niemals seine Begeisterung und Entschlossenheit. Im Juni 1844 beschloss er, die verbotene Stadt Soochow (heute Suzhou) zu besuchen, die wegen ihrer erlesenen Kunstwerke berühmt war. Zu diesem Zweck schnitt er sich einfach die Haare, legte chinesische Kleidung an und machte sich auf den Weg. Von Shanghai reiste er mit einem Kanalboot landeinwärts und kam am frühen Abend an den Mauern einer kleinen Stadt namens Cading an. Dort befestigte er das Boot für die Nacht unter den Wällen und schlief bald darauf in seiner Kabine ein. Nach mehreren Stunden weckte ihn eine kühle Brise, die durch die Kabine wehte. Als er aufstand, um das Fenster zu schließen, entdeckte er, dass Räuber in das Boot eingedrungen waren, seine gesamten Besitztümer (bis auf sein Geld, das er klugerweise unter seinem Kissen versteckt hatte) gestohlen und das Boot losgemacht hatten. Mehrere Tage später, erneut in chinesischer Kleidung und mit einem langen Pferdeschwanz, den er an seinem geschorenen Kopf befestigt hatte, betrat Fortune, von den Einheimischen völlig unbeachtet, das sagenhafte Soochow.

Obwohl Soochow äußerlich vielen anderen Städten in Nordchina glich, war es doch viel wohlhabender als die Nachbarstädte. Die Gebäude befanden sich in einwandfreiem baulichen Zustand, in den geräumigen Geschäften blühte der Handel, und Zierteiche schmückten die Landschaft. Fortune bestätigte, dass die Frauen dort ihrem Ruf völlig gerecht würden, die schönsten im Land zu sein, obwohl ihre verformten Füße und weiß bemalten Gesichter nicht nach seinem Geschmack waren. In einer Gärtnerei vor Ort erwarb er eine wunderbare gefüllte

Fortune führte auch mehrere Sträucher ein, die im winterlichen Garten Akzente setzen. Zu den farbenprächtigsten zählt der Winterjasmin *(Jasminum nudiflorum)*.

gelbe Rose und eine Gardenie mit großen weißen Blüten, fand abgesehen davon aber wenig Interessantes. Bei seiner Rückkehr nach Shanghai musste er in seiner chinesischen Kleidung an Land gehen und amüsierte sich königlich, als seine britischen Freunde ihn nicht gleich erkannten.

Anschließend überwachte Fortune die Verladung seiner Pflanzensammlung, die aus Sicherheitsgründen auf vier verschiedene Schiffe verteilt war, die an die Horticultural Society in London zurückgeschickt werden sollte. Bei dieser Fracht waren auch der gelb blühende Winterjasmin *(Jasminum nudiflorum)* und Vertreter der »*Rhododendron obtusum*«-Gruppe dabei. Im Januar 1845 brauchte er

Tapetenwechsel und stattete Manila auf den Philippinen einen kurzen Besuch ab, wo er die erlesene Orchidee *Phalaenopsis amabilis* fand und sich zahlreiche Blutegelbisse für seine Anstrengungen einhandelte, bevor er wieder Richtung Norden aufbrach. Lange Zeit sammelte er Duplikate für den Fall, dass den Originalen auf der Reise nach England irgendetwas zustoßen sollte. An der Mündung des Ningpo bestieg er eine kleine Dschunke, die auf dem Weg nach Chapu war. Außer ihm befanden sich Passagiere unterschiedlichster Couleur an Bord, die nach Fortunes Auffassung allesamt nichts von persönlicher Hygiene hielten. Unweigerlich bekam er die Flöhe seiner Mitreisenden ab. Mit seinen Schachteln errichtete er eine Barrikade um sich herum, aber diese fielen um, weil das Boot so schlingerte. Die Chinesen rauchten nachts Pfeifen mit Tabak und Opium:

> *Als es dämmerte, bot sich mir in der Kabine ein seltsamer Anblick. Nahezu alle Passagiere schliefen fest. Sie lagen übereinander hier und dort herum, so wie sie nachts von den Bewegungen des Schiffs hingeworfen wurden. Für einen Fremden boten ihre Gesichtszüge und ihr Äußeres, im Zwielicht eines Sommermorgens betrachtet, einen merkwürdigen Anblick.*

Von Shanghai aus reiste Fortune mit zwei Gefährten, Mr. Shaw und Kapitän Freeman, die Küste hinunter und segelte den Min aufwärts nach Foochow (Fuzhou), eine Stadt nahe den Woo-e-Bergen (heute Wuyi Shan). Die Aussicht auf dieser Reise war spektakulärer als alles andere, was er bisher gesehen hatte. Niedrige flache Ebenen öffneten sich auf zerklüftete Berge, die direkt in den Fluss abfielen. Auf den fruchtbaren Berghängen waren Terrassen mit Süßkartoffeln und Erdnüssen angelegt, und die dicht bewaldeten Flussufer waren mit zahlreichen Tempeln übersät. Quellen bahnten sich ungestüm ihren Weg durch die kahlen Granitflächen und stürzten in langen Wasserfällen zu Tal. Fortune schrieb: »Ich glaube, dass die Szenerie als Ganzes betrachtet – der wunderschöne Fluss, der sich zwischen Bergen entlangwindet, seine Inseln, seine Tempel, Dörfer und Festungen – zwar nicht der reichste, aber der romantischste und wunderschönste Teil des Landes ist, den ich je zu Gesicht bekommen habe.«

Foochow war dagegen eine Enttäuschung. Außerdem hatte heftiger Regen die Straßen stellenweise brusthoch überflutet, und den Bewohnern missfiel die Anwesenheit von Fremden. Sie bedrängten deren Träger und schütteten Eimer voll Wasser auf die Sänften, in denen Fortune und seine Kollegen reisten. Fortune blieb nur so lange, um ein paar neue Pflanzen aus der örtlichen Gärtnerei zu holen und die Gegend genau zu prüfen, und machte sich dann sofort wieder auf den Weg. Er nahm sich eine Koje auf einer Dschunke, die Holz nach Ningpo beförderte, und segelte zur Mündung des Min hinunter. Dort schloss sich die Dschunke einem Konvoi von 170 anderen Booten an, die die Küste hinauffahren wollten. Als Vorsichtsmaßnahme gegen Piratenangriffe segelten die unbewaffneten Dschunken nämlich, wann immer möglich, gemeinsam. Bevor es losging, bekam Fortune heftiges Fieber; schwitzend und fröstelnd lag er mehrere Tage in seinem Bett und dachte in den Augenblicken, da er bei Bewusstsein war, mit Schrecken daran, wie es wäre, an einem einsamen Flecken an den Ufern des Min begraben zu werden.

Der Konvoi setzte sich gemeinsam in Bewegung, doch schon nach wenigen Stunden hatten sich Dreier- und Vierergruppen abgesondert. Am späten Nachmittag tauchte der Kapitän der Dschunke aufgeregt an Fortunes Bett auf und teilte ihm mit, dass fünf »Jan-dou«, Piratenboote, gesichtet worden seien, die ihnen auflauerten. Obwohl Fortune die Bedrohung nicht ernst nahm, krabbelte er aus dem Bett, lud seine Schrotflinte und seine Pistolen und begab sich an Deck. Ein einziger Blick durch ein kleines Teleskop bestätigte die schlimmsten Befürchtungen des Kapitäns – auf den Dschunken, die auf sie zuhielten, befanden sich bewaffnete Männer. Die Matrosen auf Fortunes Boot rannten in panischem Schrecken herum. Einige versuchten, ihr Geld unter den Bodenplanken der Kabine und dem Ballast zu verstecken, andere zogen sich Lumpen an, um den Piraten weiszumachen, sie seien niedere Leibeigene. Fortune hatte wenig Hoffnung, alle fünf Schiffe abwehren zu können, und rechnete nicht damit, von der entsetzten Mannschaft viel Unterstützung zu bekommen, die sich nur verteidigen konnte, indem sie kleine Steine vom Ballast herunterwarf. Doch er war entschlossen, Mut zu zeigen, denn er wusste, dass die Piraten alle Westler, die sie gefangen nahmen, ausnahmslos umbrachten. Aus einer Entfernung von 200 bis 300 m feuerte die Dschunke, die ihnen am nächsten lag, eine Breitseite ab.

An Bord unserer Dschunke herrschte jetzt nur noch Bestürzung und Entsetzen, und jedermann rannte nach unten mit Ausnahme von zwei Männern, die am Steuer standen. Ich rechnete damit, dass auch sie jeden Augenblick ihren Posten verlassen würden; und dann wären wir für die Piraten leichte Beute gewesen. »Meine Flinte ist näher bei euch als die der Jan-dous«, sagte ich zu den beiden Männern; »und wenn ihr euch vom Steuer wegbewegt, schieße ich, darauf könnt ihr euch verlassen«. Den armen Burschen war sehr unbehaglich zumute, sie hielten es – wie ich vermute – jedoch für besser, dem Beschuss der Piraten als meinem standzuhalten, und blieben auf ihrem Posten. Wir warfen breite Bretter, haufenweise alte Kleidung, Matten und alles, was wir in die Hände bekommen konnten, hinauf, um uns vor dem Beschuss zu schützen; und als wir auch das kleinste Segel gesetzt hatten und ein steifer Wind wehte, durchpflügten wir das Wasser mit einer Geschwindigkeit von sieben oder acht Meilen pro Stunde.

Zwei weitere Schüsse wurden abgegeben, wobei der zweite unverrichteter Dinge über die Köpfe der Steuermänner und über die Segel hinausflog, während die Piraten immer näher kamen. Sie schrien triumphierend, als sie ihre Waffen für den letzten Angriff erneut luden. Fortune schrieb später: »Ihre Furcht erregenden Schreie scheinen selbst jetzt, nach so langer Zeit, und auch wenn ich auf der anderen Seite der Erdkugel bin, noch immer in meinen Ohren nachzuklingen.« Er hatte einen verzweifelten Plan, die Dschunke zu retten. Er wusste, dass man, um eine Breitseite abzuschießen, das Steuer nach unten ziehen musste, und wenn er die Bewegungen des Steuermanns verfolgte, konnte er voraussagen, wann die Piraten feuern würden. Fortune wies die beiden entsetzten Matrosen an, es ihm gleichzutun, und tauchte auf den Boden ab, als der Steuermann der Piraten das Boot herumschwenkte. Eine Schusssalve explodierte über seinem Kopf, verfehlte aber jeden an Deck. Die Piraten waren mittlerweile bis auf 18 m herangekommen, da sprang Fortune auf und feuerte beide Läufe seiner Schrotflinte in die johlenden Horden.

Wäre Blitz und Donner über sie hereingebrochen, sie hätten nicht erstaunter sein können. Zweifellos wurden viele verwundet und sicherlich einige getötet. Sogleich verschwand die gesamte Besatzung, immerhin vierzig oder fünfzig Männer, die sich noch kurz vorher an Deck gedrängt hatten, auf wunderbare Weise: Sie suchten Schutz hinter der Schiffswand oder legten sich flach mit dem Gesicht auf den Boden. Sie waren so völlig überrumpelt, dass ihre Dschunke keinen Steuermann mehr hatte; ihre Segel flatterten im Wind; und da wir immer noch mit allen Segeln fuhren und den richtigen Kurs einhielten, hatten wir sie bald ein gutes Stück hinter uns gelassen.

Die Gefahr war jedoch noch lange nicht gebannt, denn nun steuerte das zweite Piratenboot auf die Dschunke zu und feuerte Breitseiten ab. Fortunes beide Gefährten baten ihn inständig, er solle sofort zurückschießen, doch wieder einmal wartete der unerschütterliche Schotte bis zum letzten Moment, bevor er die Piraten mit seinen Schüssen in die Flucht jagte. Diesmal zielte Fortune absichtlich auf den feindlichen Steuermann, und sobald dieser Mann niedergestreckt war, verlor die Piratendschunke ihren Schwung und fiel zurück. Als die Besatzung der übrigen Dschunken sah, was mit ihren Helfershelfern passiert war, verging ihr die Lust auf einen Kampf, und sie gab die Verfolgung auf. Fortunes »heldenhafte Gefährten« krochen nun aus ihren Verstecken und eilten an Deck, um die schnell sich entfernenden Piraten höhnisch zu verspotten. Alle an Bord stimmten ein Loblied auf ihren ausländischen Erretter an, einige Besatzungsmitglieder fielen ehrerbietig vor ihm auf die Knie. Erschöpft und immer noch fieberkrank zog sich Fortune in seine Kajüte zurück.

Zwei Tage später stürmte der Kapitän wieder an Fortunes Bett, um ihm mitzuteilen, dass vor ihnen sechs Piratenschiffe gesichtet worden waren. Da Fortune diesmal mehr Zeit hatte, den Angriff vorzubereiten, beschloss er, dem Feind weiszumachen, sie seien schwerer bewaffnet, als sie tatsächlich waren. Da er wusste, dass Ausländer und ihre Waffen sehr gefürchtet waren, kleidete er die am wenigsten chinesisch aussehenden Besatzungsmitglieder in seine Ersatzkleider und wies sie an, mit den kurzen Stangen zu fuchteln, die zum Hissen der Segel verwendet wurden und von weitem wie Schusswaffen aussahen. Doch sobald die nächstgelegene Dschunke eine Breitseite abfeuerte, ging die gesamte Crew unverzüglich in Deckung, und wieder einmal musste Fortune den Steuermann bedrohen, damit er auf seinem Posten blieb. Fortune wandte seine Taktik, erst in letzter Minute zu feuern, genauso erfolgreich wie beim letzten Mal an. Zwei andere Piratenboote tauchten auf und gaben ein paar Schüsse auf die Dschunke ab, doch sie wagten keinen richtigen Angriff. Als die Dunkelheit hereinbrach und die Piratenboote nicht mehr zu sehen waren, fühlte Fortune sich auf einmal unwohl: »Das Fieber, das ich in der Aufregung nur selten verspürt hatte, machte sich nun umso heftiger bemerkbar,

Lonicera fragrantissima, eine winterblühende Heckenkirsche, verströmt selbst in den kältesten Monaten ihren süßen Duft.

und ich war von Herzen froh, dass ich mich nach unten begeben und wieder ins Bett legen konnte.«

Wo die Gefahr gebannt war und sie wieder in sicheren Gewässern segelten, zeigten sich der Kapitän und die Besatzung höchst undankbar. Man hatte Fortune versprochen, ihn zum Dank im Hafen von Chusan abzusetzen. Bis dorthin waren es nur noch ein paar Meilen, doch der Kapitän teilte ihm leichthin mit, sie führen nun geradewegs nach Ningpo. Erzürnt über die Undankbarkeit des Kapitäns, teilte Fortune ihm mit, bei Engländern dürfe niemals ein Versprechen gebrochen werden, und er werde mit seiner Flinte neben dem Steuermann stehen bleiben und für nichts garantieren, falls sie vom Kurs auf Chusan abkämen. Wie vorgesehen trafen sie dann in Chusan ein, und Fortune, der wieder mit seiner Pflanzensammlung in Shanghai vereint sein wollte, schleppte sich auf ein englisches Schiff, das den Hafen anlaufen sollte. Nachdem er sich von seinem Fieber erholt hatte, segelte er hinunter nach Hongkong, wo er acht wardsche Kästen voller Pflanzen nach England zurückschickte. Dazu gehörten drei winterblühende Sträucher – *Mahonia japonica*, *Lonicera fragrantissima* und *L. standishii* –, die Bungekiefer *(Pinus bungeana)* und das Tränende Herz *(Dicentra spectabilis)*. Fortune selbst verließ am 22. Dezember Kanton mit weiteren achtzehn Kisten Pflanzen und traf am 6. Mai 1846 wieder in London ein.

Im August 1848 kehrte Fortune nach China zurück, diesmal im Auftrag der East India Company »mit dem Ziel, die erlesensten Varietäten der Teepflanze sowie einheimische Hersteller und Geräte für die Plantagen der Regierung im Himalaja zu beschaffen«. Als Chinese verkleidet, nahm er sich einen Dolmetscher und machte sich auf den Weg in den 320 km von Ningpo im Binnenland gelegenen Hwuy-chow-Distrikt auf. Er reiste mit dem Boot oder in der Sänfte und übernachtete in primitiven chinesischen Herbergen oder buddhistischen Tempeln. Zwar erlebte Fortune diesmal keine so haarsträubenden Abenteuer wie auf seiner ersten Reise, doch dafür fand er ausreichend Gelegenheit, Pflanzen zu sammeln. Eines Tages, als er und sein Assistent draußen Pflanzen pflückten, blickte er auf und sah ganz in seiner Nähe eine neue Zypressenart (die Trauerzypresse, *Cupressus funebris)*. Ganz aufgeregt eilte er hin, um eine Samenprobe mitzunehmen, musste aber feststellen, dass der Baum in einem mit einer Mauer umfriedeten Garten einer Herberge stand. Er überlegte, über die Mauer zu klettern, erinnerte sich aber, »dass ich als Chinese

Links: Die Bungekiefer *(Pinus bungeana)*, die Fortune 1846 einführte, gehört zu den elegantesten fernöstlichen Kiefern. Ihre ausgefallene Rinde erinnert an die von Platanen und Eukalyptusbäumen.

auftrat und solch ein Verhalten milde ausgedrückt sehr unschicklich gewesen wäre«. Damit ihm sein soeben entdeckter Schatz nicht entging, beschloss Fortune, es auf die sanfte Art zu versuchen:

Wir traten nun in die Herberge ein, setzten uns still an einen der Tische und bestellten etwas zu essen. Nach dem Essen zündeten wir unsere chinesischen Pfeifen an und schlenderten in Begleitung unseres höflichen Gastwirts in den Garten hinaus, wo sich die eigentliche Attraktion befand. »Sie haben aber einen schönen Baum, so etwas haben wir in den Ländern am Meer, wo wir herkommen, noch nie gesehen; ach bitte, geben Sie uns doch ein paar Samen«. »Es ist ein besonders schöner Baum«, antwortete der Mann, dem unsere Bewunderung offensichtlich schmeichelte, und erfüllte unsere Bitte bereitwillig. Diese Samen hütete ich wie einen kostbaren Schatz, und da sie unbeschadet zu Hause eintrafen und jetzt in England wachsen, dürfen wir uns in ein paar Jahren auf ein neues, verblüffendes Gartenelement freuen, mit dem dieser herrliche Baum unsere Breiten bereichert hat.

Fortune hätte sich das Geld für eine Mahlzeit sparen können, denn kurz darauf entdeckte er eine andere Trauerzypresse in einem alten, vernachlässigten Garten. Er hielt Rüpelhaftigkeit für die beste Taktik, und so schritten er und sein Assistent »mit der Abgeklärtheit von Chinesen« durch das Tor und pflückten ein paar reife Samen:

Nachdem ich mir den Standort angesehen hatte und wir im Begriff waren, wieder hinauszugehen, fiel mein Blick auf eine außergewöhnliche Pflanze, die in einem abgeschiedenen Winkel des Gartens stand. Beim Näherkommen stellte ich fest, dass es eine sehr schöne immergrüne Berberitze war, die zur Sektion der Mahonien gehörte ... Sie hatte nur einen Nachteil – sie war zu groß, als dass man sie hätte vom Fleck bewegen und forttragen können. Ich nahm zur Sicherheit aber ein Blatt mit und markierte die Stelle, an der sie wuchs, um bei meiner Rückkehr aus dem Binnenland ein paar Ableger mitzunehmen.

Fortune sammelte mit Erfolg Teepflanzen im Hwuy-chow-Distrikt, in der Provinz Chekiang und im Distrikt Ningpo, in Chusan und den Woo-e-Bergen und überwachte den Transfer von 23 892 jungen Pflanzen und ungefähr 17 000 Setzlingen, die dann in Begleitung von acht chinesischen Teeanbauern und ihrer Ausrüstung zu den Ausläufern des Himalaja gebracht wurden. In Assam und Sikkim wurden Plantagen angelegt, und Tee wurde eines der wichtigsten Exportgüter Nordindiens in der zweiten Hälfte des 19. Jahrhunderts. Die Bedeutung von Tee zeigt sich am Wert der Importe nach Großbritannien, der zwischen 1854 und 1929 von 24 000 auf 200 880 Pfund stieg.

»Blick in den Green Tea District« aus Fortunes Buch *A Journey to the Tea Countries of China*. Fortune ist die Gründung der Teeindustrie der East India Company in Indien zu verdanken.

Fortune unternahm noch zwei weitere Reisen nach China. Die erste (1853–1856) wurde durch die Tai-ping-Revolution unterbrochen, doch obwohl er ausgeraubt und am Forschen gehindert wurde, fand er das wunderschöne *Rhododendron fortunei*. Seine vierte Reise (1858–1859) fand im Auftrag der Regierung der Vereinigten Staaten von Amerika statt, die ihre eigene Teeindustrie aufbauen wollten. Im Zuge seiner Erkundungsreisen wurden 32 000 Pflanzen angezogen, aber der amerikanische Bürgerkrieg machte den Plan ein für alle Mal zunichte.

Für seine fünfte Reise (1860–1862) machte sich Fortune noch einmal die politischen Veränderungen zunutze, änderte seine Reisepläne und begab sich nach Japan. Diese Reise war eine private, spekulative Expedition. Ähnlich wie China verschloss sich auch Japan dem Westen. 1639 vertrieben die japanischen Behörden alle Missionare und verhielten sich gegenüber Ausländern noch abweisender als die Chinesen in den Jahren vor den Opiumkriegen. 1853 brach eine Expedition der Vereinigten Staaten zum Chinesischen Meer und nach Japan auf mit dem Ziel, diplomatische und Handelsverbindungen zu knüpfen. Die ersten Reisebotaniker, die ausgedehnte Erkundungen betrieben, waren die Amerikaner S. Wells Williams (1812–1884) und Dr. James Morrow (1820–1865). Als am 31. März 1854 der Vertrag von Kamagawa unterzeichnet wurde, begaben sich die beiden Männer unverzüglich »in die Büsche«. Ihre Sammlungen bestanden jedoch aus Herbarexemplaren, und es blieb einem eifrigen Amateur vorbehalten, die erste Sammlung bedeutender lebender japanischer Pflanzen nach Amerika zu schicken. 1861 sandte Dr. George Rogers Hall eine einzigartige Pflanzensammlung in wardschen Kästen an einen Freund, Francis L. Lee, aus Boston. Lee, der sich gerade für die Union Army im Bürgerkrieg rekrutieren lassen wollte, vertraute die Pflanzen seinem Freund, dem bekannten Gärtner Francis Parkman, an. Die Schatztruhen, die unerwartet in Parkmans Hände gelangten, enthielten Pflanzen, die heute auf beiden Seiten des Atlantiks zu den beliebtesten Gartenpflanzen gehören, darunter Japanische Eibe *(Taxus cuspidata)*, Sawara-Scheinzypresse *(Chamaecyparis pisifera)* und zehn Sorten der Hinoki-Scheinzypresse *(C. obtusa)*, drei Magnolien *(Magnolia stellata, M. kobus* und *M. halleana)*, Japanischer Blumenhartriegel *(Cornus kousa)*, eine Glyzine *(Wisteria floribunda)* und verschiedene Formen des Fächerahorns *(Acer palmatum)*.

Fortunes Reise in Japan verlief angenehmer als seine Chinaaufenthalte. Trotz der Bedrohung durch Feudalherren, die ›daimyos‹, die es als ihre heilige Pflicht betrachteten, Ausländer bei jeder Gelegenheit abzuschlachten, erlebte er keine unangenehmen Zwischenfälle. Seine Sammlungen beinhalteten eine Reihe Chrysanthemen und einen panaschierten Bambus *(Pleioblastus variegatus)*. Mit seiner typischen kaufmännischen Ader reagierte Veitch & Sons, das einflussreichste aller

Gärtnerei-Unternehmen des 19. Jahrhunderts, rasch auf die veränderte Lage in Japan und schickte 1860 John Gould Veitch nach Nagasaki. Er kam gerade noch rechtzeitig, um sich einer Gruppe Engländer unter der Leitung des britischen Gesandten, Sir Rutherford Alcock, anzuschließen, die als erste Europäer am 11. September 1860 den heiligen Fudschijama bestiegen.

Was die Einführung japanischer Pflanzen betraf, war Veitch erfolgreicher als Fortune. In nur vier Monaten sammelte er siebzehn neue Koniferen, darunter *Larix kaempferi*, *Picea bicolor*, *Pinus thunbergii*, *P. parviflora*, *Juniperus chinensis* 'Aurea', *Chamaecyparis obtusa* und *C. pisifera* 'Squarrosa' sowie *Magnolia liliiflora* 'Nigra' und *Lilium auratum*. Da Veitchs und Fortunes Sammlungen aber auf demselben Schiff verladen wurden, entstand ein Streit darüber, wem der Ruhm für die Einführung bestimmter Pflanzen gebührte. George Hall hatte dieses Problem nicht, und so brachte ihm seine Sammlung aus dem Jahr 1862, die er zurück nach Rhode Island brachte, den Ruf als Vater der japanischen Pflanzen in Amerika ein.

Fortune traf im Januar 1862 wieder in Großbritannien ein und ließ sich in Kensington, London, nieder. John Veitch reiste von Japan auf die Philippinen auf der Suche nach *Phalaenopsis*-Orchideen, bevor er 1863 in seine Heimat zurückkehrte. Während Fortune achtzehn Jahre lang ein bequemes Leben als Pensionär genoss, das er sich durch den Erfolg seiner Bücher und den Verkauf orientalischer Antiquitäten finanzierte, die er auf seinen Reisen gesammelt hatte, erkrankte Veitch an Tuberkulose und starb bereits im Alter von einunddreißig Jahren.

Fortunes bedeutsamstes Vermächtnis war der Transfer von Teepflanzen von China nach Indien. Gärtner verdanken ihm die Entdeckung von mehr als 120 neuen Arten, und »ganz Europa steht in seiner Schuld«, wie ein französischer Bewunderer formulierte. Er brachte als erster Reisebotaniker eine größere Zahl fernöstlicher Pflanzen mit und weckte so bei der Öffentlichkeit das Interesse an der Vielfalt und Schönheit dieser Flora. Der winterliche Garten wurde durch ihn um Winterjasmin *(Jasminum nudiflorum)*, *Lonicera fragrantissima*, zwei Forsythien *(F. viridissima* und *F. suspensa* var. *fortunei)* und drei Mahonien *(M. japonica*, *M. bealei* und *M. fortunei)* bereichert. Dazu kamen noch Koniferen wie *Cryptomeria japonica*, *Cupressus funebris* und *Chamaecyparis pisifera*, die auch ins Pinetum gepflanzt wurden. Das Angebot sommerblühender Sträucher erweiterte sich um Funde wie *Weigela florida*, *Abelia chinensis*, *Viburnum plicatum* 'Sterile' und *Anemone hupehensis* var. *japonica*. Ab 1878 wurden Pflanzen aus dem Orient im »Japangarten« präsentiert, einem Themengarten mit einer geografischen Pflanzensammlung. Diese Idee veränderte die Gartenmode zwar nicht direkt, war jedoch eine weitere Richtung in der Gestaltung in der viktorianischen Landschaft.

Von Robert Fortune eingeführte Pflanzen

Hinter jedem Pflanzennamen ist das Jahr angegeben, in dem die Art nach Europa eingeführt wurde.

Cryptomeria japonica (1842)
Cryptomeria (griech.) – *kryptos:* verborgen; *meros:* Teil (wegen der verdeckten Samen)
japonica (lat.) – japanisch

Die Sicheltanne ist ein schöner, raschwüchsiger Baum mit säulenförmigem Wuchs. Die einwärts gebogenen Nadeln stehen dicht zusammen spiralförmig um den Trieb. Ihre glänzend grüne Farbe kontrastiert mit der rotbraunen Borke, die sich in langen Streifen ablöst. Thomas Lobb hat aus dem Botanischen Garten Buitzenzorg (Java) zwei aus Japan stammende Formen eingeführt: 'Elegans' (1854) mit dicht stehenden, blaugrünen Nadeln des Jugendstadiums, die sich im Herbst bronzerot färben, und 'Lobbii', einen kegelförmigen Baum mit offenem, büscheligem Wuchs.

Kommt in Japan und China vor, natürliche Verbreitung unklar. In Japan, wo sie bis 55 m hoch wird, ein wichtiges Nutzholz.

Anemone hupehensis* var. *japonica (1844)
Anemone (griech.) – *anemos:* Wind; *mone:* Behausung (nach anderen Angaben aus dem hebräischen *naaman* – lieblich)
hupehensis (lat.) – nach der chinesischen Provinz Hupeh (heute: Hubei)
japonica (lat.) – japanisch

Die Japananemone ist eine sich ausbreitende Staude mit weinartigen Blättern, die ansehnliche Horste bildet. Von August bis Oktober erscheinen die Blüten mit fünf rosafarbenen Blütenblättern und leuchtend gelben Staubblättern in der Mitte. Sie stehen auf schlanken, bis über 1 m hohen, verzweigten Stielen. Diese Anemone wird in Ostchina und Japan schon seit langem kultiviert.

Die Art *A. hupehensis* selbst ist in China von Hubei über Sichuan und Yunnan von 600–2500 m Höhe an offenen steinigen Orten und Felsen sowie in schattigem Gebüsch verbreitet.

Fortune fand die Japananemone häufig auf Gräbern gepflanzt, seiner Ansicht nach »ein überaus passender Schmuck für die letzte Ruhestätte«. Am besten kommt diese Anemone in großen Gruppen zur Geltung, besonders wenn sich die nickenden Blüten in einer sanften Brise wiegen.

Forsythia viridissima (1844) und
Forsythia suspensa* var. *fortunei (1860)
Forsythia – nach William Forsyth (1737–1804), Leiter des Botanischen Gartens am Kensington Palace
viridissima (lat.) – sehr grün
suspensa (lat.) – hängend
fortunei – nach Robert Fortune

Im März und April sind die Triebe mit leuchtend gelben Blüten übersät. Erst danach entfalten sich die tiefgrünen Blätter, die sich im Herbst gelb färben. *F. viridissima* ist ein aufrecht wachsender Strauch. *F. suspensa* var. *fortunei* ist starkwüchsig und besser als die locker wachsende Art, die 1833 in Holland eingeführt wurde.

Beide Arten stammen aus China. *F. suspensa* ist im westlichen Hubei häufig, wächst dort in Buschwerk und an Felsen zwischen 300 und 1200 m und wird bis zu 3 m hoch.

Jasminum nudiflorum (1844)
Jasminum – lateinische Form des persischen *yasmin* (bzw. griech.: *iasme* Duft)
nudiflorum (lat.) – nacktblütig (da die Zweige zur Blütezeit unbelaubt sind)

Schwefelgelbe Blüten schmücken die blattlosen grünen Zweige von November bis Februar. Der Winterjasmin ist ein sehr schöner, Laub abwerfender Spreizklimmer mit rechteckigen grünen Zweigen und glänzend grünen Blättern.

Der bis 3 m hohe Strauch wird in ganz Westchina schon seit Jahrhunderten kultiviert.

Weigela florida (1845)
Weigela – nach dem deutschen Botaniker C. E. Weigel (1748–1831)
florida (lat.) – reichblütig

Mittelgroßer, Laub abwerfender Strauch mit glänzend grünen Blättern, blüht im Mai und Juni überaus reich. Die trichterförmigen Blüten sind rosafarben oder rötlich. *W. florida* ist ein Elternteil vieler Kreuzungen.

Das Verbreitungsgebiet dieser Weigelie umfasst Kyushu (Japan), Korea und Nordostchina, wo sie in Gebüschen bis zu 3 m hoch wird.

Mahonia japonica (1846) und
Mahonia bealei (1849)
Mahonia – nach Bernard MacMahon (1775–1816), einem amerikanischen Gärtner und Botaniker
japonica (lat.) – japanisch
bealei – nach Th. Chay Beale, portugiesischer Konsul in Shanghai und Bekannter von Fortune

Beide sind immergrüne Sträucher mit prächtigen, gefiederten Blättern. Die blaugrünen Blattfiedern tragen am Rand und an der Spitze kleine Stacheln. Die zitronengelben Blüten duften süß. Bei *M. japonica* erscheinen die Blüten in lockeren, hängenden Trauben von November bis März. Die Blütentrauben bei *M. bealei* sind kürzer, stehen aufrecht und erscheinen im zeitigen Frühjahr. Auch die im Herbst blühende *M. fortunei* wurde von Fortune (1846) eingeführt.

M. bealei kommt ursprünglich in Höhenlagen um 2000 m in Wäldern der chinesischen Provinzen Hubei und Sichuan sowie auf Taiwan vor. Die Heimat von *M. japonica* ist nicht genau bekannt, sie wird seit langem in China und Japan kultiviert.

Rhododendron fortunei (1855)
Rhododendron (griech.) – *rhodon:* Rose; *dendron:* Baum
fortunei – nach Robert Fortune (1812–1880)

Die duftenden, zartrosafarbenen, trichterförmigen Blüten stehen zu 6–12 in lockeren Doldentrauben über dem dunkelgrünen, unterseits blaugrünen Laub. Sie erscheinen im Mai zusammen mit dem Neutrieb. Dieser Rhododendron war der erste aus China eingeführte, der sich als völlig winterhart erwies. Aus den zahlreichen Kreuzungen, für die er verwendet wurde, gingen auch die prächtigen Sorten der 'Loderi'-Gruppe hervor.

Die Art wächst ursprünglich in 600–900 m Höhe in Gebirgen Südostchinas (Jiangsu, Hubei, Guangdong und Kiukang), häufig in entwaldeten Gebieten und an Flussufern, wo sie bis 9 m hoch wird.

6

Gemeinsam sind wir stärker

Die Gebrüder Lobb und die Veitch-Dynastie

William Lobb (1809–1864); Thomas Lobb (1811–1894)

Um die Pflanzensammler, um die es im Folgenden geht, ins rechte Bild zu rücken, müssen wir kurz die sozioökonomischen Veränderungen erwähnen, die sich in Großbritannien vollzogen hatten, und erläutern, wie diese ein neues Phänomen hervorriefen – die Vororte mit ihren »Neureichen der Mittelklasse«. 1851, das Jahr, in dem Joseph Hooker aus Sikkim zurückkehrte, beschloß Großbritannien voller Nationalstolz, sich der Welt großartig zu präsentieren, und zwar in Form der Weltausstellung, die im Hyde Park stattfand. Ihre Hauptattraktion war der extravagante Crystal Palace (Kristallpalast), ein riesiges Treibhaus, viermal so groß wie der Petersdom in Rom. Für die Ausstellung gab es drei Gründe: Erstens wollte Großbritannien seine Stabilität zur Schau stellen und zeigen, dass es anders als viele andere europaische Länder ein friedliches Land war; zweitens wollte es, da sich das Empire ausdehnte und relativ sicher war, zeigen, dass es nun seine Position als mächtigste Nation der Welt festigte; und drittens wollte es, nachdem es sich von einer Wirtschaftskrise erholt hatte, die in den 1840ern herrschte, beweisen, dass es auch wirtschaftlich wieder erstarkt war.

Links: Aus den feuchten Dschungeln Südostasiens brachte Thomas bizarre, Fleisch fressende Kannenpflanzen (*Nepenthes* ssp.) mit. Die anmutigen, mit Flüssigkeit gefüllten Kannen fangen und verdauen alles, was so klein ist, dass es hineinfällt.

Oben: Ausschnitt aus dem von James Veitch's Royal Exotic Nursery, London, 1886 herausgegebenen Samenkatalog. Die Gärtnerei wurde von den Veitch-Filialen außerhalb der Hauptstadt immer gut mit Nachschub versorgt.

Die wichtigsten Industriezweige – Kohle, Stahl und Baumwolle – boomten und machten Großbritannien zur »Werkstatt der Welt«. Die verbesserten Techniken, die man vor anderen entwickelten Ländern geheim hielt, lieferten Großbritannien sozusagen das Monopol für die Massenproduktion. Die Nachfrage regelte das Angebot, sowohl im Land selbst als auch durch die nahezu unbegrenzten Exportmöglichkeiten, die das Empire bot. Auch war das Empire aufgrund seiner beträchtlichen Vorräte an billigem Rohmaterial und Arbeitskräften von Bedeutung.

Ein blühendes, optimistisches Großbritannien begann die zweite Hälfte des 19. Jahrhunderts, und genau wie es im wirtschaftlichen Bereich große Veränderungen gab, so veränderte sich auch die Landschaft. Das industrielle Wachstum hatte bereits die Verstädterung eingeleitet: 1851 lebten über 50 Prozent der Bevölkerung in Städten mit mehr als 50 000 Einwohnern. Großbritannien war mittlerweile unbestreitbar »die erste städtische Gesellschaft der Welt« geworden. Die Städte waren nicht nur ein reger Markt für spekulative Häusermakler, sondern erzeugten einen Bedarf nach landwirtschaftlichen Produkten und schufen die Bedingungen für das »goldene Zeitalter der Landwirtschaft«. Andere Faktoren, die diesen außergewöhnlichen Boom anheizten, waren neue und verbesserte landwirtschaftliche Verfahren wie Entwässerung, Einsatz von Düngemitteln, Produktion qualitativ hochwertiger Samen und Mechanisierung.

Auch die Gartenbaukunst profitierte von den technologischen Neuerungen und arbeitssparenden Geräten, die die Gartenarbeit erleichterten. 1832 wurde der erste Rasenmäher von Mr. Budding patentiert und ersetzte schon bald die Sense. Mit diesem leicht zu bedienenden Gerät konnte man mühelos den Rasen zwischen dicht bepflanzten Beeten mähen, deren Pflanzen ihn zu überwuchern drohten. Der Rasen als Gartenelement wurde nun immer beliebter, besonders in den Vorstadtgärten. Düngemittel und Mist waren ein weiterer, viel diskutierter Bereich, denn unzählige Materialien »garantierten« verbessertes Pflanzenwachstum. Dazu gehörten beispielsweise »Poudrette« (mit Kohlenasche vermischte menschliche Exkremente), klein gehackte Tierinnereien, ja sogar riesige Mengen von Stichlingen, die über den Boden verstreut wurden. Am häufigsten wurde vielleicht Guano angepriesen, der nach seiner Entdeckung in Peru im Jahr 1842 einen großen Industriezweig ins Leben rief. Auch im Bereich Pestizide wurde experimentiert, und es läuft einem kalt über den Rücken, wenn man daran denkt, welche Chemikalien damals verwendet wurden. Mitleid verdienen die armen Gärtner, die Arsen, Nikotin oder mit Quecksilber vermengte Schmierseife benutzen mussten. Die allerwenigsten schienen sich Gedanken darüber zu machen, dass die Chemikalien, die Ungeziefer vernichteten, auch der menschlichen Gesundheit schaden könnten.

Daneben gab es auch Neuerungen, was die Verfügbarkeit von exotischen Pflanzen betraf. Bis dahin waren die neuen, von den Pflanzensammlern zurückgebrachten Arten zunächst einmal bei wissenschaftlichen Einrichtungen wie Kew oder bei einigen Auserwählten gelandet, die das nötige Geld und die Begeisterung aufbrachten, Privatexpeditionen zu sponsern. Aber so wie J. C. Loudon (siehe Seite 74) eine kommerzielle Möglichkeit für Neuveröffentlichungen ausfindig gemacht hatte, indem er den Gartenneulingen die Grundkenntisse des Gärtnerns beibrachte, so sahen viele Gärtnereien nun eine potenzielle Absatzmöglichkeit darin, die immer größer werdende Anzahl von Gärtnern mit Pflanzmaterial zu beliefern. Zum ersten Mal konnte sich die Öffentlichkeit exotische Pflanzen zu vernünftigen Preisen leisten. Dies war aus zwei Gründen möglich: Erstens verbesserten sich die Vermehrungstechniken, was bedeutete, dass neue Exoten in großer Menge produziert werden konnten; zweitens sandten die größeren Gärtnereien ihre eigenen Pflanzenjäger aus, um kommerziell Samen aus der Natur in rentablen Mengen zu sammeln.

Die Veitch-Dynastie war 1808 gegründet worden, als der Schotte John Veitch (1752–1839) von Jedburgh nach Süden gezogen war, um als Landverwalter für Sir Thomas Auckland in Killerton House, Devon, zu arbeiten, Land im nahe gelegenen Lower Budlake pachtete und eine Gärtnerei eröffnete, die hauptsächlich Bäume und Sträucher verkaufte. Das Geschäft florierte, und so pachtete er 1810 noch mehr Land, bevor er diesen Standort 1832 aufgab und auf ein größeres Gelände in Mount Radford in der Nähe von Exeter umzog. Daraus wurde die berühmte »Exeter Nursery«. John gründete mit seinem Sohn James (1792–1863) und später mit seinen Enkeln James junior (1815–1869) und Robert (1823–1885) eine Gesellschaft. Im Alter von achtzehn Jahren wurde James junior zur Ausbildung nach London geschickt, wo er ein Jahr lang in Mr. Chandlers Gärtnerei in Vauxhall und ein weiteres Jahr bei den Herren Rollisson of Tooting verbrachte. Bei seiner Rückkehr nach Devon begann er, die Exeter Nursery zu verbessern und zu erweitern, und schloss sich 1838 der Gesellschaft als Partner an. Bald merkte er, dass Veitch & Sons mit den großen Londoner Gärtnereien aus einer so großen Entfernung nicht wirkungsvoll konkurrieren konnte. Daher erwarb er 1853 das Royal Exotic Nursery-Geschäft der Herren Knight und Perry auf der Kings Road, Chelsea. Die Gärtnerei expandierte schnell, als James eine außerordentliche Sammlung exotischer Treibhauspflanzen züchtete.

Schließlich ließen sich beide Geschäfte nicht mehr gleichzeitig führen, und so wurden sie 1863 unabhängig. In Exeter wurde James senior von Robert abgelöst, und aus diesem Zweig des Familienbetriebs wurde Robert Veitch & Sons, wobei Peter (1850–1929) Roberts Stelle einnahm. Die Londoner Filiale erhielt den

Namen James Veitch & Sons, und hier folgten auf James junior John Gould (1839–1870), Harry James (1840–1924) und Arthur (1844–1880). In ihren besten Zeiten war die Gärtnerei in Chelsea die vielleicht größte ihrer Art in Europa. Sie war in elf Abteilungen untergliedert – Orchideen, Farne, Neueinführungen, Zierpflanzen, tropische Pflanzen, Weichhölzer, Harthölzer, Wein, Vermehrung, Samen und Glashaus –, die jeweils einen eigenen Leiter hatten. Weitere Gärtnereien wurden in Feltham (Gartenpflanzen, Floristenblumen und Samenproduktion), Langley (Baum- und Strauchobst und später Orchideen) und Coombe Wood (winterharte Pflanzen, Rhododendren und Azaleen) eingerichtet, die die Hauptgärtnerei belieferten.

Die Auswirkungen der Veitch-Dynastie auf das Gärtnern würden ein eigenes Buch füllen. Ihre Schlüsselrolle, soweit es dieses Buch betrifft, war die Aussendung von zweiundzwanzig Pflanzensammlern, die exklusiv für die Veitch-Gärtnereien tätig waren. James H. Veitch schrieb in *Hortus Veitchii* (1907): »Doch nahezu ein halbes Jahrhundert lang hatte jener Geist von Privatunternehmen sich bis auf wenige Ausnahmen den vereinten Bemühungen von Körperschaften und Regierungsbeamten gebeugt; und erst als der starke, energische Kurs, den ein Gärtner aus der englischen Provinz einschlug, übernommen wurde, begann eine neue Ära botanischer Entdeckungen, die dem Namen ›Veitch of Exeter‹ einen Platz unter den Größen der Wissenschaft unserer Zeit sicherte.«

Die einflussreichsten Sammler waren der vorletzte, Ernest Wilson, und die ersten, William und Thomas Lobb. Diese beiden Brüder aus Cornwall verbrachten ihre Jugend in Egloshayle, wo ihr Vater John Tischler auf dem Gut im nahe gelegenen Pencarrow war, einem bedeutenden, von Sir William Molesworth entworfenen Garten. John hatte eine besondere Liebe zur Naturkunde (die die beiden Jungen ganz eindeutig erbten), und als die Familie in finanzielle Nöte geriet, wandte er sich Hilfe suchend an den Vikar von Egloshayle, Mr. Carlyon, der ihm einen Posten als Wildhüter in Carclew, dem Anwesen von Sir Charles Lemon, verschaffte. Dieser gehörte zu den Allerersten, der Rhododendren aus Samen von Hookers Himalaja-Expedition zog, die er von Joseph Hooker selbst direkt aus Indien erhalten hatte.

Was die beiden Brüder bis zu diesem Zeitpunkt genau machten, ist etwas unklar, da die Erzählungen unterschiedliche Fakten anführen. Es scheint jedoch, dass beide eine solide Allgemeinbildung in Wadebridge erhielten, als sie in den Treibhäusern in Carclew arbeiteten, wo Sir Charles, ein freundlicher Arbeitgeber, die beiden bei ihren Gartenbau- und Botanikstudien ermutigte. Thomas blieb dort nicht lange, sondern schloss sich um 1830 im Alter von nur dreizehn Jahren Veitch in Killerton an. In *Hortus Veitchii* wird angedeutet, dass auch William zur damaligen Zeit für die Familie Veitch arbeitete, aber das ist bis heute nicht geklärt. In jedem Fall spielte

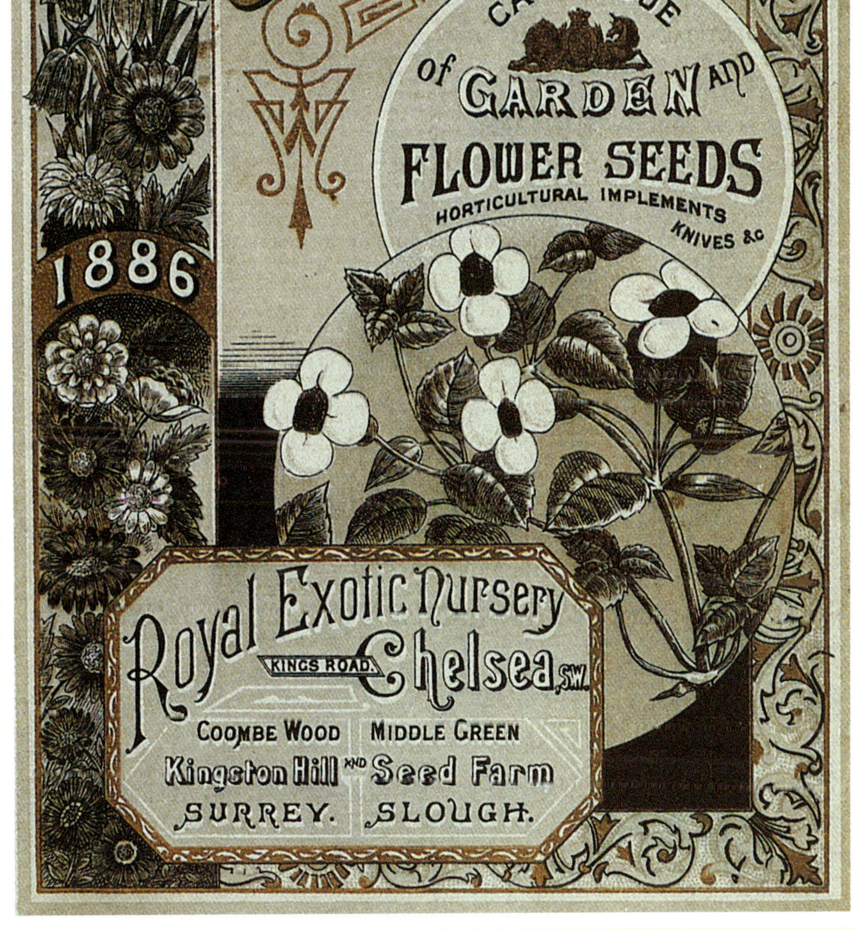

Die Veitch-Dynastie war mehr als fünfzig Jahre lang die treibende Kraft im britischen Gärtnereihandel. Ihren Erfolg verdankt sie zum Teil ihrer weitsichtigen Politik, eigene Pflanzensammler zu beschäftigen.

John Veitch, als er die Gärtnerei 1832 nach Exeter verlegte, mit dem Gedanken, seine eigenen Pflanzenjäger einzustellen, die Exoten ausschließlich für die Gärtnerei sammeln sollten. Hier bewies er geschäftlichen Spürsinn, denn wenn ein Sammler riesige Mengen Samen einer bereits eingeführten, doch seltenen Art zurückschickte, war die Gärtnerei in der Lage, die Exoten zu einem erschwinglichen Preis zu verkaufen. Eine sorgfältig geplante Expedition brachte sehr wahrscheinlich wertvolle neue Arten heim, mit denen man Höchstpreise erzielen und züchten konnte, da auch alle erfolgreichen Kreuzungen eine Menge Geld einbrachten.

Ende der 1830er Jahre wollte William Lobb ins Ausland reisen, und Thomas schlug ihn John Veitch vor, der ihn, von Williams botanischem Wissen und seinem Blick für eine gute Pflanze beeindruckt, als ersten Pflanzenjäger der Gärtnerei einstellte. Veitch hatte wegen eines geeigneten Reiseziels für eine Expedition mit Sir William Hooker Kontakt aufgenommen, und die Wahl fiel schließlich auf Südamerika. Am 7. November 1840 stach der einunddreißigjährige William Lobb daher von Falmouth an Bord der *HM Packet Seagull* mit Kurs auf Rio de Janeiro in See.

Veitch sorgte anders als andere Arbeitgeber dafür, dass seine Sammler bequem reisten und genügend Geld hatten: William machte sich mit einer Rücklage von 300 – 400 Pfund pro Jahr daran, verschiedene Großstädte auf seiner geplanten Reiseroute zu besuchen. Leider verlangten die Veitchs von ihren Sammlern nicht ausdrücklich, Tagebuch zu führen, und daher sind die Einzelheiten der Abenteuer, die Lobb und spätere Pflanzenjäger bestanden, etwas vage. Veitchs Pflanzenjäger wurden alle um häufige Rückmeldung gebeten, aber die Veitch-Archive sind heute verschwunden. Aus Johns Korrespondenz mit Sir William Hooker wissen wir, dass William Lobb den südlichen Winter 1841 in Brasilien und bei Buenos Aires in Argentinien verbrachte. Im Orgelgebirge entdeckte er *Begonia coccinea*, *Passiflora actinea* und eine Schwanenorchidee *(Cynoches pentadactylon)*, bevor er über Mendoza und den Upsallata-Pass über die Anden nach Chile reiste. Dieser aufreibende Marsch war William die Entbehrungen wert, weil er eine atemberaubende Andenlandschaft sah und ihm die gefährliche Seereise um Kap Hoorn erspart blieb.

Mehreren neueren Kommentaren zufolge soll William während seiner Überquerung des Upsallata-Passes die Chilenische Araukarie wieder entdeckt haben, allerdings führt der *Hortus Veitchii* an, dass Lobb von Concepción in Chile »auf seiner Weiterreise Richtung Süden durch die großartigen Araukarienwälder kam, wo er eine große Menge Samen von *Araucaria imbricata* (heute *A. araucana)* sammelte und so dazu beigetragen hat, diese bemerkenswerte Konifere als verbreitete Zierpflanze einzuführen«. Außerdem kommt *Araucaria araucana* in der Natur nur südlich des 37. südlichen Breitengrads vor, und der Upsallata-Pass liegt

Araukarienwälder *(Araucaria araucana)* ziehen sich unterhalb des brodelnden, schneebedeckten Vulkans Llaima in Chile hin. Die großen Samen der Chilenischen Araukarie waren einst das Grundnahrungsmittel der einheimischen Indios vom Stamm der Araukaner.

etwa 480 km nördlich davon. Daher darf man annehmen, dass William auf seiner Reise in den Süden die Araukarienwälder aufsuchte, um dort Samen zu sammeln.

Die Szene kann man sich leicht ausmalen: William, erholt von den Mühen seiner Andenüberquerung, reist von Valparaiso mit seinem milden, mediterranen Klima per Dampfer nach Concepción im Süden. Sein Ziel sind die großartigen Wälder der Region La Araucana. Es ist Spätsommer, als er die fruchtbaren Äcker überquert, auf denen die Ernte reift und die Weinberge mit Schmelzwasser aus den hoch aufragenden Anden bewässert werden. Auf seiner Reise in die Wälder, die sich über die Ausläufer erstrecken, begleitet ihn unablässig der patagonische Sommerwind, der die Blätter der smaragdgrünen Südbuchen *(Nothofagus spec.)* zum Rauschen bringt.

Hoch auf den Berghängen in der Ferne hofft William seine verdiente Belohnung einzuheimsen, und so verlässt er das kleine Bergdorf zusammen mit seinem Führer, Trägern und Maultieren beim ersten Tageslicht. Der Pfad ist trocken und gut begehbar, und nach einem mehrstündigen Marsch treten sie aus dem Wald heraus und befinden sich auf einem exponierten Bergrücken in knapp 1600 m Höhe. Von hier kann man die sich endlos aneinander reihenden, schneebedeckten mächtigen Berge und Vulkankegel bewundern, die sich, so weit das Auge reicht, im Norden und Süden erstrecken. Als William seinen Blick schweifen lässt, sieht er hoch oben an den Vulkanflanken sein Ziel – den beeindruckenden Bestand an Araukarien.

William vergisst seine Erschöpfung und marschiert weiter nach oben. Zum Schluss überquert er eine offene Wiese und betritt einen surrealen Wald. Um ihn herum stehen hohe, kerzengerade, zylindrische Stämme mit einer Schuppenborke, die so rau wie Elefantenhaut ist, und spinnenartigen Ästen mit steifen, spitzen Nadeln. Die Umrisse der Bäume wirken wie ein riesiger Schirm, daher auch ihr spanischer Name ›paragua‹ (Regenschirm), und zu seiner großen Erleichterung sind die enormen Zapfen noch voller Samen. Es ist mittlerweile Spätnachmittag, die Gruppe schlägt ihr Lager bei den Bäumen auf, William setzt sich hin und beobachtet den Sonnenuntergang durch den Araukarienwald hindurch: Die Sonne glitzert auf den Seen in der Tiefe und lässt die schneebedeckten Berggipfel zuerst orange, dann rosa erglühen, bevor diese in der kalten, klaren Nachtluft zu gespenstischen Schatten werden. Am nächsten Morgen sammeln alle eifrig heruntergefallene Nüsse, und William schießt prachtvolle Zapfen von den Bäumen herunter. Bis zum Mittag haben sie Hunderte gesunder Samen gesammelt und verpackt, und ein sehr zufriedener William kehrt ins Dorf zurück.

Von Valparaiso aus schickte William eine erste Lieferung von »3000 Samen« an Veitch & Sons, sodass Veitch bereits 1843 für 10 Pfund je 100 Sämlinge anbieten konnte. Dieser äußerst grazile, schlanke Baum mit seinen seltsamen Nadeln war sofort ein Renner, als Bereicherung für die Landschaft ebenso wie als Blickfang in einem kleinen Vorstadtgarten. Was Veitch & Sons betraf, so bestätigte diese einzelne Lieferung, dass sich die Politik, Pflanzensammler auszusenden, kommerziell lohnte.

William brach nun Richtung Norden auf, und zu seinen Entdeckungen, die er in Chile machte, gehörten *Desfontainia spinosa*, *Mandevilla splendens*, *Hindsea violacea* und *Tropaeolum azureum*. Von Chile aus reiste er über Ecuador nach Peru

Rechts: Ihren englischen Namen »monkey puzzle tree« verdankt *Araucaria araucana* einem Besucher der Gärten in Pencarrow (Cornwall), der, als er das erste Mal einen jungen Baum sah, meinte, die spitzen Nadeln würden jedem Affen Kopfzerbrechen bereiten, der versuchen wollte, in den Baum zu klettern (engl.: monkey – Affe; to puzzle – Kopfzerbrechen bereiten).

und ins südliche Kolumbien. Unterwegs sammelte er zahlreiche frostempfindliche Arten wie *Calceolaria amplexicaulis*, die wegen ihrer blassgelben Blüten sehr bald schon gern in Beete gepflanzt wurde, und *Passiflora mollissima*, eine Passionsblume für das Kalthaus. 1844 reiste er über Panama nach Cornwall zurück. Er war so erfolgreich, dass John Veitch darauf bestand, er solle noch einmal nach Chile fahren, und so machte er sich 1845 zu einer weiteren, dreijährigen Reise auf. Wieder unterbrach er seine Route in Brasilien und besuchte das Orgelgebirge. Diesmal reiste er dann auf dem Seeweg um das Kap nach Valparaiso. Da er sich auf winterharte und halbwinterharte Sträucher konzentrieren sollte, wagte er sich in südlicher Richtung bis Valdivia in Nordpatagonien vor. Zwar kennen wir nicht Williams eigene Worte, doch zeichnet ein späterer Sammler von Veitch & Sons, Richard Pearce, ein lebhaftes Bild von der dramatischen Szenerie dieser Gegend:

> *Es ist eine ganz bezaubernde Gegend – ringsum sanft gewellte, mit einem Grasteppich bedeckte Wiesen, friedliche Seen, auf deren glatter Oberfläche sich die Berge ringsum spiegeln, schäumende Kaskaden und sanft dahinplätschernde Bächlein, tiefe Schluchten und Furcht erregende Abgründe, über die zahlreiche dunkle, malerische Wasserfälle Gischt sprühend zu Boden fallen, und hohe felsige Gipfel und luftige Bergspitzen.*
>
> *Ebenso schön und interessant ist auch die Vegetation. In einer Höhe von 1200 m präsentiert sie sich völlig anders als an der Küste. Hier findet man Südbuchen* (Fagus antarctica *und* F. betuloides [*heute* Nothofagus antarctica *und* N. betuloides]), *die zusammen mit* Fitzroya patagonica *(heute* F. cupressoides, *Patagonische Zypresse, Alerce) zu den großen Waldbäumen gehören.* Embothrium coccineum, Desfontainea spinosa, Philesia buxifolia, *drei* Berberis-*Arten,* Pernettya *und* Gaultheria *gehören zu den blütenreichsten Sträuchern, während einem auf Schritt und Tritt zahlreiche hübsche kleine Steingartenpflanzen in unterschiedlichen Formen und Farben begegnen.*

William verbrachte auch einige Zeit auf der Insel Chiloe, wo er unter anderem *Berberis darwinii* und *Escallonia macrantha* var. *rubra* fand. Vom Festland stammten der Chilenische Feuerbusch *(Embothrium coccineum)*, *Crinodendron hookerianum*, die Chile-Glocke *(Lapageria rosea)*, die Kapuzinerkresse *Tropaeolum speciosus*, drei Myrten *(Myrtus luma, M. ugni* und *M. chequen)* und die heute wenig beachteten Koniferen *Saxegothaea conspicua* (Patagonische Eibe), *Pilgerodendron uviferum* und *Fitzroya cupressoides* (Alerce, Patagonische Zypresse). All diese neuen Funde wurden erst in der Baumschule in Exeter gezogen und dann an begierige Gärtner verkauft. Viele gediehen prächtig im milden Klima von Cornwall, wo man heutzutage ausgewachsene Exemplare bewundern kann. An anderen Orten brauchen diese etwas frostempfindlichen Pflanzen einen kühlen Wintergarten.

Unterdessen beschloss Thomas Lobb, angeregt durch die Abenteuer seines Bruders, ebenfalls Pflanzensammler zu werden, und sprach seinen Arbeitgeber darauf an. Er hatte genau den richtigen Zeitpunkt erwischt, weil James junior unbedingt eine Sammlung tropischer Gewächse, vor allem Orchideen, haben wollte. Sein Ziel war es, die immer größer werdende Nachfrage nach Gewächshauspflanzen auszunutzen und es einmal mit der Züchtung von Kreuzungen zu versuchen. Wieder einmal wurde Sir William Hooker zu Rate gezogen, und alle waren sich einig, dass Ostindien reiche Ausbeute versprach. Also wurde Thomas mit zweiunddreißig Jahren im Januar 1843 von Portsmouth auf eine Expedition geschickt, die alles in allem vier Jahre dauern sollte. Er musste seine Reise in Singapur unterbrechen, da er für Java ein Visum benötigte, und während er auf dieses wartete, erkundete er Singapur, Penang und den Berg Ophir (heute Gunung Ledang) auf der Halbinsel Malaysia.

Auch diesmal lässt sich die Reise aufgrund fehlender Aufzeichnungen nicht im Detail nachvollziehen, aber man kann sich lebhaft eine Expedition in die tropischen

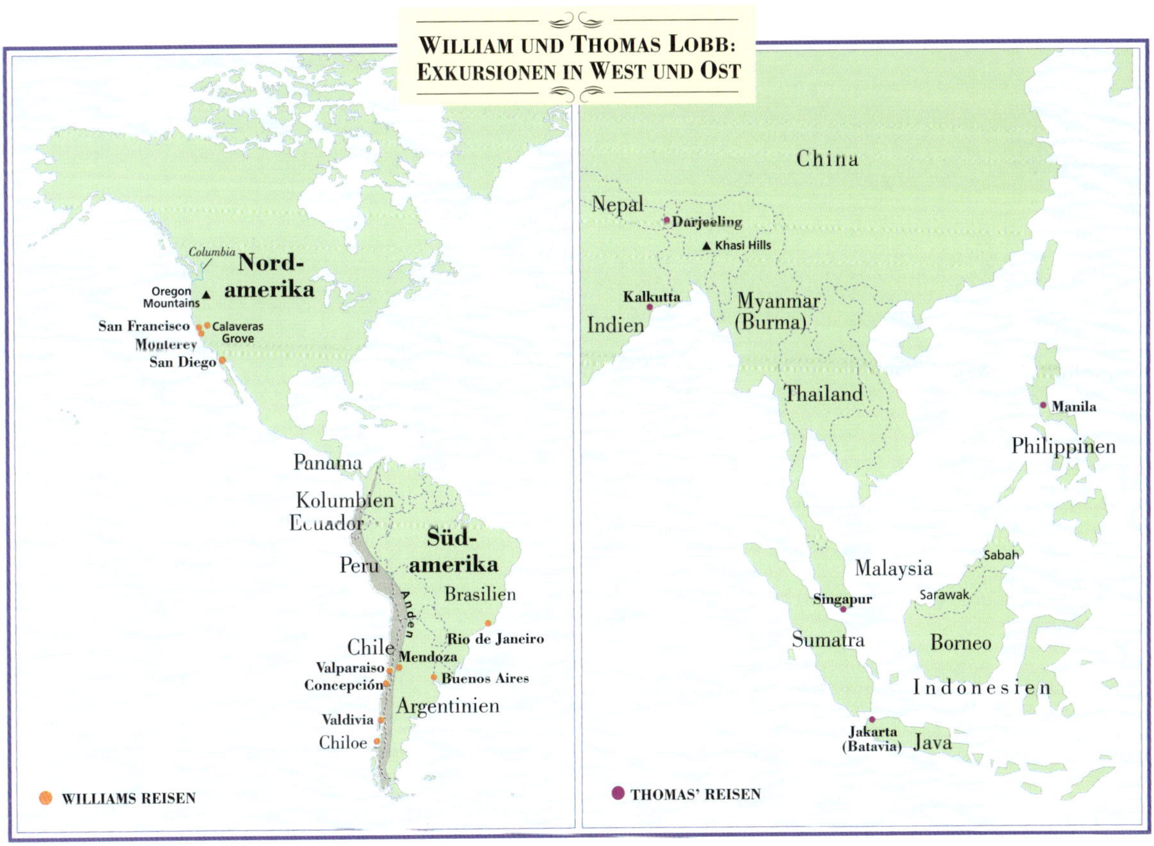

William und Thomas Lobb: Exkursionen in West und Ost

Thomas Lobb bahnte sich viele Monate lang seinen Weg durch die üppige Vegetation tropischer Regenwälder wie diesem in Sarawak, wo er im grünen Zwielicht des Dschungeldachs nach Orchideen und Kannenpflanzen suchte.

Regenwälder vorstellen: Thomas versammelt sein Team am Fuß des Gunung Ledang, den er zu besteigen hofft. Nach der Überquerung der ›ladangs‹ (Lichtungen), die die Eingeborenen geschlagen haben, um dort Feldfrüchte anzubauen, betreten sie einen Wald, deren 40 m und höher werdende Bäume einen dichten Baldachin bilden. Das Unterholz ist eine spärliche Mischung aus Palmen, Ingwergewächsen und anderen Schatten ertragenden Pflanzen. Die Gruppe sucht Schutz vor den Gewittern, die nach Mittag hereinbrechen, und zieht dann auf schlammigen Pfaden weiter. Durch den Regen ist nicht nur die Luftfeuchtigkeit unerträglich gestiegen, auch die Blutegel sind aus ihren Verstecken gekrochen, saugen sich überall fest und machen einem das Leben unerträglich. Nach einem eintägigen anstrengenden Marsch schlägt man das Lager unter einem aus Stäben und Palmblättern provisorisch gebastelten Unterschlupf auf, und Thomas hat Zeit zum

Nachdenken, während die Führer auf die Jagd gehen, um fürs Abendessen einen Eber oder Hirsch zu erlegen. Nach ganz kurzer Dämmerung bricht die Nacht herein und bringt die Zikaden für ein paar Stunden zum Schweigen, die jedoch von Grillen und Baumfröschen abgelöst werden – der Dschungel schläft nie.

Beim ersten Tageslicht wird die Gruppe von den widerhallenden Rufen der Gibbons begrüßt, und als sich Thomas umsieht, entdeckt er verlockende, aber unerreichbare Orchideen, Kannenpflanzen *(Nepenthes)* und Farne. Auf ihrem Marsch durch den Dschungel steigt die Gruppe immer höher, schließlich schlagen sich die Männer ihren Weg durch Bambus und betreten den Nebelwald. Hier verbergen die gespenstisch wirkenden Nebelschwaden kleinere, von herabhängendem Moos und Flechten überwucherte Bäume, auf deren Zweigen die unterschiedlichsten Orchideen als Epiphyten wachsen, darunter auch eine *Coelogyne* mit graziösen Trauben weißer Blüten. Überall wachsen üppige Farne, und weiter oben gibt es wunderschöne Rhododendren, deren welke Blüten den Boden des Dschungels wie ein Teppich überziehen. Zwischen den Sträuchern rankt die Insekten fressende *Nepenthes sanguinea*, deren blutrote Kannen ganz archaisch aussehen.

Oberhalb des Nebelwaldes auf dem exponierten Bergrücken genießt Thomas die Aussicht über den dichten Regenwald. Nahebei leuchten die goldgelben Blüten der erdbewohnenden Orchidee *Spathiglottis aurea* und der Teebäume *(Leptospermum spec.)*. Auf dem Gipfel (1260 m) geht er zwischen Büschen von *Rhododendron jasminiflorum* mit unzähligen weißen Blüten. Zum Nachmittag tauchen Wolken den Berg in kalte Nebel, und es nieselt pausenlos. Nach einer ungemütlichen Nacht steigt Thomas, zitternd und durchnässt bis auf die Knochen, in den dampfenden Wald ab, um die Tieflandarten einzusammeln, die er beim Aufstieg bemerkt hat.

Dies waren Thomas' erste Orchideen, Kannenpflanzen und Rhododendren. Auch Java und Myanmar (Burma) erwiesen sich später als wahre botanische Fundgruben: Aus Java kamen *Vanda tricolor* var. *suavis*, *Bulbophyllum lobbii*, die enorme *B. becari* (deren Blüten abscheulich nach verwestem Fisch stinken), *Phalaenopsis amabilis* und *Rhododendron javanicum*, aus Burma *Dendrobium*, *Paphiopedilum villosum* und *Rhododendron veitchianum*, das mit *R. jasminiflorum* später häufig für Kreuzungen genutzt wurde.

Thomas kehrte Ende 1847 in seine Heimat zurück. Im Verlauf des folgenden Jahrs baute er seine Sammlungen in der Gärtnerei auf, besuchte zum ersten Mal nach acht Jahren seinen Bruder wieder und machte sich dann am Weihnachtstag 1848 noch einmal auf die Reise. Im März 1849 landete er in Kalkutta, verpasste aber leider die Gelegenheit, ein freundliches Angebot von Joseph Hooker anzunehmen. In jener Zeit hütcten die Pflanzensammler ihre »Territorien« wie ihren Augapfel,

Gewächshäuser wurden ein nahezu unverzichtbares Element in größeren viktorianischen Gärten. Das beeindruckendste von allen war der Crystal Palace, der ausgefallene Mittelpunkt der Weltausstellung von 1851.

aber Sir Joseph, der soeben von seiner ersten Abenteuerreise wieder in Darjeeling eingetroffen war, hatte seinem Vater Anfang 1849 Folgendes geschrieben:

> *Sagen Sie Veitch unbedingt, Lobb wenn möglich noch vor Oktober nach Darjeeling zu schicken, ich werde ihm alle Chancen, alle Hilfsmittel und Informationen zur Verfügung stellen, sowohl was den Aufenthalt als auch das Sammeln angeht. Er kann meine Sammlung ganz nach Belieben benutzen, um daraus etwas für seine eigene zu lernen. Ich hoffe, im Oktober noch einmal zum Samensammeln in diese Gegend zu kommen, und ich werde ... Lobb mich begleiten lassen, wenn ich ihm alles gezeigt habe, und er wird von mir jede Hilfe bekommen, was Kew betrifft – es ist eine Chance, die Lobb womöglich nie wieder bekommt, auf jeden Fall nicht mehr so billig – Sie müssen ihm sagen, dass ich als armer Mann reise, und Lobb darf keine großartigen Zelte und Diener erwarten.*

Leider erhielt Thomas diesen Brief nicht und reiste weiter nach Sarawak, die Philippinen und Myanmar, wo er noch mehr Kannenpflanzen, unzählige Orchideen, zwei Medinillas und tropische Rhododendren fand. Irgendwann bekam er den Brief doch noch in die Hände und machte auf seiner Rückreise im März 1850 Halt in Kalkutta. Er begab sich nach Darjeeling, doch Hooker war bereits abgereist. Schließlich trafen sich die beiden Männer doch noch in den Khasi Hills, und Hooker notierte trocken in seinem *Journal*: »Gestern kam Thomas mit seinem ›Zirkus‹ vorbei.« Es scheint so, dass Hookers Reisebegleiter, Dr. Thomson, von Thomas keine besonders gute Meinung hatte, da er ihn als »sehr bescheiden und manierlich in seinem Benehmen, aber entsetzlich eingebildet« bezeichnete. »Er redete verächtlich über Sikkim und hatte keine hohe Meinung von Lindley und Wallich!!!« Vielleicht fühlte sich Thomas, ein einfacher Mann aus Cornwall, den James Veitch als »bescheiden und zurückhaltend, wortkarg« beschrieb, in so distinguierter Gesellschaft einfach nur unwohl.

Viele Pflanzen der wunderschönen *Vanda caerulea*, die Thomas Lobb sammelte, gingen unterwegs ein, aber jene, die die Reise überlebten, brachten ihm die gewaltige Summe von 300 Pfund ein. An solch einem Aufwand sieht man, wie modern solche Warmhausorchideen inzwischen geworden waren. Die Orchideenmanie nahm so zu, dass 1910 die Adlige Alicia Amherst bemerkte, der natürliche Lebensraum vieler Orchideen sei zerstört worden, damit die öffentliche Nachfrage befriedigt werden konnte, und dass erfolgreiche Bietende bei Auktionen mehr als 1000 Guineen für eine winzige Pflanze einer neuen Varietät zahlten. Das Gewächshaus war während der zweiten Hälfte des 19. Jahrhunderts zu einem wichtigen Element des Gartens geworden. Zwar gab es früher schon Orangerien und Treibhäuser, aber man kann durchaus sagen, dass der Crystal Palace in London zur

Beliebtheit und Verbreitung des Gewächshauses beigetragen hat. Sicher haben viele der über 6 Millionen Besucher auf der Heimfahrt davon geträumt, sich ihren eigenen kleinen »Crystal Palace« zu bauen, was dank neuer Technologien für Vorstadtgärtner und wohlhabende Landbesitzer gleichermaßen realisierbar gewesen wäre. Die Erfindung des Walzenglases durch Lucas Chance im Jahr 1832 ermöglichte es, breitere Platten herzustellen, und die Aufhebung der Glassteuer im Jahr 1845 hatte 1865 zu einer Senkung des Glaspreises um 80 Prozent geführt. Für die Verstrebungen verwendete man jetzt Gusseisen, sodass man exotische neue, geschwungene Strukturen (wie das Palmenhaus in Kew und das große Gewächshaus in Chatsworth) sowie Wasserkessel und Rohrleitungen für Heizsysteme konstruieren konnte, in denen Heißwasser (und später Dampf) zirkulierte. So ließ sich erstmals die Temperatur im Wintergarten und im Gewächshaus ganz genau kontrollieren. Nun konnte jemand mit genügend Geld und Begeisterung in unterschiedlichen Treibhäusern jeweils ideale Bedingungen für eine spezifische Pflanzengruppe schaffen, etwa für Orchideen, Epiphyten, Fleisch fressende Pflanzen, Farne und empfindliche Rhododendren. Mit diesen Heizsystemen heizte man auch das Haus, sodass man auch zarte Pflanzen drinnen dekorativ aufstellen konnte.

Zurück in Indien sammelte Thomas mehrere *Pleione*-Orchideen und *Hypericum hookeri* in den Khasi Hills, und nach einem Aufenthalt in den nepalesischen Bergausläufern, wo er *Cardiocrinum giganteum* fand, segelte er nach Großbritannien zurück. Nach einem kurzen Halt in Südwestindien, wo er noch weitere Orchideen in den Nilghiri Hills fand, traf er 1853 wieder in Cornwall ein.

Inzwischen war William zum dritten Mal nach Amerika aufgebrochen (1849–1853), diesmal nach Kalifornien, um dort in erster Linie große Mengen Samen der durch Douglas bekannt gewordenen Koniferen zu sammeln. Es sollte eine ereignisreiche Unternehmung werden, die schon merkwürdig genug begann. Als er in San Francisco eintraf, war der Hafen von 200 verlassenen Schiffen blockiert. Man schrieb das Jahr 1849, jeder war im Goldrausch, und alle Besatzungsmitglieder waren von Bord gesprungen, um wie viele tausend andere verrückte »Forty Niners« (Goldgräber) ihr Glück zu versuchen. Aus der gesetzlosen Stadt floh William rasch und machte sich auf die Suche nach »Gartengold«.

Auf dem Weg ins südlich gelegene San Diego fand er die Grannen- oder Santa Lucia-Tanne *(Abies bracteata)* und *Rhododendron occidentale*, eine Laub abwerfende Art mit duftenden, trichterförmigen, creme- bis blassrosafarbenen Blüten, die später ein Elternteil vieler schöner Kreuzungen wurde. Er reiste weiter nach Südosten und erkundete von seinem Standquartier im kalifornischen Monterey 1850 die Santa Lucia-Berge und 1851 die Gegend um den Fluss San Juan. Im

Herbst begab er sich nach Norden und sammelte unterwegs große Mengen von Samen der Montereykiefer *(Pinus radiata)*, der Zuckerkiefer *(Pinus lambertiana)* und der Westamerikanischen Weymouthskiefer *(Pinus monticola)*, außerdem Samen der Höckerkiefer *(Pinus attenuata)* und des höchsten Baums der Welt, dem Küstenmammutbaum *(Sequoia sempervirens)*. Dieser war 1794 von Archibald Menzies entdeckt, aber zum ersten Mal 1840 nach Russland (St. Petersburg) eingeführt worden, drei Jahre bevor Saatgut nach Großbritannien gelangte. Dieser Baum wird sehr alt, ein 1934 gefälltes Exemplar wurde auf 2200 Jahre geschätzt. Derzeit ist der höchste Baum der Welt der »National Geographic Society Tree« im Redwood National and States Park in Kalifornien, der 1995 unglaubliche 111 m hoch war.

Im darauf folgenden Jahr begab sich William noch weiter nordwärts in Douglas' Jagdgründe, die Oregon Mountains und am Columbia, wo er Samen der Edeltanne *(Abies procera)* und der Douglasie *(Pseudotsuga menziesii)* sammelte und drei neue Koniferen entdeckte, die Douglas übersehen hatte: den Riesenlebensbaum *(Thuja plicata)*, die Prachttanne *(Abies magnifica)* und die Koloradotanne *(Abies concolor)*. Auf der Rückreise nach San Francisco sammelte er Samen der Riesentanne *(Abies grandis)* und der Gelbkiefer *(Pinus ponderosa)*. In Nordkalifornien fand er zwei weitere Koniferen, den Kalifornischen Wacholder *(Juniperus californica)* und *Abies concolor* var. *lowiana*, eine Varietät der Koloradotanne. An Blütensträuchern und -stauden führte er den gelb blühenden Flanellstrauch *(Fremontodendron californicum)*, das rote *Delphinium cardinale* und die blau blühende Säckelblume *Ceanothus* x *lobbianus* ein. Wie bei der Araukarie sammelte William als Erster solche Mengen an Samen von Arten, die bisher kaum in Kultur waren, dass Veitch & Sons Tausende von Sämlingen züchten konnte.

Doch Williams dritte Reise ist uns besonders wegen eines anderen Riesen in Erinnerung. Im Sommer 1852 weilte er wieder in San Francisco, wo er vermutlich seine neueste Sammlung nach Großbritannien schickte und sich etwas wohlverdiente Ruhe gönnte. Eines Abends war er Gast bei der Sommerkonferenz der neu gegründeten Californian Academy of Science und hörte dort eine Geschichte, die ihn elektrisierte: Dr. Albert Kellogg, Gründer der Akademie und eifriger Amateurbotaniker, stellte einen Jäger names A.T. Dowd vor, der ihm ein Exemplar eines unbekannten Baums sowie eine merkwürdige Geschichte mitgebracht hatte: Dowd berichtete dem staunenden Publikum, er habe in diesem Jahr einen großen Grizzlybären in den Ausläufern der Sierra Nevada im Calaveras County gejagt. Während dieser langen und anstrengenden Jagd folgte Dowd dem Bären in einen bis dahin unbekannten Teil der bewaldeten Hügel. Zu seiner Verwunderung stand er unvermittelt in einem Hain aus riesigen Bäumen. Er verlor das Interesse an dem Bären und spazierte herum, ganz verblüfft von der Größe dieser Ungetüme vor ihm. Als er im Lager die Geschichte seinen Gefährten erzählte, glaubten ihm die meisten nicht und behaupteten, er sei betrunken. Ein paar nicht so skeptische ließen sich aber in den Hain führen, wo auch ihnen die Größe der Bäume die Sprache verschlug.

William muss sofort ganz klar geworden sein, was solch ein Baum für die britische Gartengemeinde bedeuten würde und wie wichtig es für Veitch & Sons wäre, ihn als erste Gärtnerei anbieten zu können. Gleich nach dem Treffen eilte er in die Ausläufer der Sierra. Trotz allem, was er bisher auf seinen ausgedehnten Reisen gesehen hatte, war er auf den Calaveras Grove nicht vorbereitet, aber leider wird sein Kommentar diesem Augenblick nicht gerecht: »80 bis 90 Bäume stehen im Umkreis von einer Meile, 75 –100 m hoch und mit einem Durchmesser von 3 – 6 m.«

Aufgeregt sammelte William Samen, Herbarexemplare, Schösslinge und zwei Sämlinge. Er kürzte seine vertraglich vereinbarte Reiseroute ab und kam mit dem ersten Schiff im Dezember 1853 nach England zurück. Er wusste, dass er Veitchs Unmut erregen würde, weil er früher zurückkam, aber auch, dass es schlimmer wäre, wenn jemand vor ihm mit dem Samen in England eintraf. Damit lag er richtig, und die beiden Brüder waren ja gerade durch ihr kritisches Auge für gute Gartenpflanzen zu so erfolgreichen Pflanzenjägern geworden. Veitch war über Williams neuen Fund ganz aus dem Häuschen, und bereits im Sommer 1854 bot die Gärtnerei Sämlinge für 2 Guineen das Stück oder 12 Guineen für das Dutzend an. Die Viktorianer verliebten sich in diesen Baum, der wie die Araukarie zu einer Modeerscheinung und als Solitärgehölz oder in Alleen gepflanzt wurde.

Veitch vertraute die Klassifikation und Benennung des Baums John Lindley bei

Calaveras Grove, wo William Lobb *Sequoiadendron giganteum* entdeckte, wurde zu einer großen Touristenattraktion. Auf diesem Holzschnitt sieht man eine Gruppe von Schaulustigen, die auf dem Stumpf eines gefällten Baums tanzt.

der Horticultural Society an, der ihn zu Ehren des kürzlich verstorbenen britischen Duke of Wellington *Wellingtonia gigantea* nannte. Natürlich war Dr. Kellogg außer sich vor Wut und forderte, dieser mächtige Baum solle nach George Washington, dem Kriegshelden und ersten amerikanischen Präsidenten, *Washingtonia* heißen. Der Streit tobte Jahre, bis der Baum endgültig den Namen *Sequoiadendron giganteum* erhielt, der die botanische Verwandtschaft mit dem Küstenmammutbaum *(Sequoia sempervirens)* zeigt. Zwar wird die Einführung dieser Art William Lobb zugeschrieben, da er sie als Erster beschrieben hatte, doch wurde er um Haaresbreite von dem Schotten John Matthew aus Perthshire geschlagen, der vier Monate vor ihm in Großbritannien eintraf und Samen an seine Gutsherrenfreunde verteilte.

Calaveras Grove wurde bald zu einer kalifornischen Touristenattraktion, ja es wurde sogar ein Hotel dort errichtet. Wie vorauszusehen war, wurden mehrere Bäume gefällt, weil man neue Attraktionen brauchte, unter anderem eine Tanzfläche auf einem Baumstumpf und einen zu einer Kegelbahn umfunktionierten Stamm. Die Borke eines 35 m langen Baums wurde nach England geschickt und im Crystal Palace ausgestellt. Heute ist Calaveras Grove Teil des Nationalparks, der wegen des »General Sherman« berühmt ist. Dieses Exemplar, das größte Lebewesen der Welt, dürfte etwa 3200 Jahre alt sein, ist 85 m hoch und hat in Brusthöhe 25 m Umfang; sein Stammvolumen beträgt 15 000 m^3, sein Gewicht an die 2500 Tonnen.

William kehrte im Herbst 1854 nach Kalifornien zurück, gegen den Willen seiner Freunde und Familie, die sahen, dass die entbehrungsreichen Reisejahre ihren Tribut gefordert hatten und es ihm nicht gut ging. Doch dickköpfig wie er war, blieb William für ihr Flehen taub und verpflichtete sich noch einmal für drei Jahre. Die Beliebtheit der Koniferen war auf ihrem Höhepunkt, und so verbrachte er einen Großteil seiner Zeit damit, Samen von seinen und Douglas' Koniferen zu sammeln. Nach Ablauf seines Vertrags blieb er dort, und nach 1860 hörte man nichts mehr von ihm. Er starb im St. Mary's Hospital und wurde am 5. Mai 1864 in San Francisco begraben. Williams Arbeitsgeber, James Herbert Veitch, formulierte in *Hortus Veitchii* prägnant: »Der einzigartige Erfolg, der seinen Forschungen beschert war, findet in der Geschichte botanischer Entdeckungen wohl nicht seinesgleichen; selbst David Douglas' Bemühungen können da nicht mithalten.«

Im August 1854 reiste Thomas Lobb noch einmal nach Java. Hier erstand er unter anderem zwei Sorten der Sicheltanne *(Cryptomeria japonica* 'Lobbii' und 'Elegans') und die Japanische Schirmtanne *(Sciadopitys verticillata)* vom Botanischen Garten der Dutch East India Company in Buitenzorg (heute Bogor). Thomas wollte nun am Mt. Kinabalu in Sabah, Nordborneo, nach der größten Kannenpflanzenart, *Nepenthes rajah*, suchen, deren Kannen angeblich nahezu 50 cm Umfang erreichten. Doch Probleme mit den Einheimischen vereitelten seine Pläne, sodass er seine Reise abkürzte und 1857 nach Hause fuhr. Die Kannenpflanze führten 1878 zwei andere Sammler von Veitch ein, Peter C. M. Veitch und F. W. Burbridge.

Thomas blieb ein Jahr in seiner Heimat und machte sich dann zu seiner, wie sich herausstellen sollte, letzten Reise auf, die ihn 1858 nach Nordborneo, Myanmar, Sumatra und auf die Philippinen führte. Dort wollte er Grünpflanzen sammeln, die Veitch als Zimmerpflanzen verkaufte. Mit ihnen schmückte man Fensterbänke oder stellte sie in dekorativen wardschen Kästen auf, die ein beliebtes Element für den Salon geworden waren. Zu seinen Funden aus Borneo gehörten die außergewöhnliche, preisgekrönte *Alocasia lowii* var. *veitchii* und mehrere *Davallia*, dazu aus Myanmar das wunderschöne *Lygodium polystachyum* und der erste panaschierte Farn, *Pteris argyraea*. James Veitchs Worten in seinem *Hortus Veitchii* zufolge verlor Thomas 1860 ein Bein infolge einer Unterkühlung, die er auf den Philippinen erlitten hatte. Nach einer anderen Geschichte soll die Amputation erst zu einem späteren Zeitpunkt stattgefunden haben, wobei die Operation angeblich auf dem Küchentisch seiner Schwester Jane in Cornwall durchgeführt wurde.

In jedem Fall kehrte Thomas mit dem Geld, das er mit seinen Herbarien und der Vermietung mehrerer von ihm erbauter Hütten verdient hatte, nach Devoran zurück. Im September 1869 hatte er zum letzten Mal Kontakt mit Veitch. Es ist nicht bekannt, worum es bei jenem Treffen ging, aber in der Nacht hatte James junior einen tödlichen Herzinfarkt, und Thomas kehrte endgültig nach Cornwall zurück, wo er fünfundzwanzig beschauliche Jahre in einer abgeschiedenen Hütte mit der Pflege seines Gartens und Malerei zubrachte. Er starb in Frieden und wurde am 3. Mai 1894 auf dem Friedhof von Devoran beerdigt. Nach den Worten von James Herbert Veitch »standen seine Bemühungen denen seines Bruders nicht nach«.

Was ihren Einfluss auf das Gartenwesen angeht, so sind die von William eingeführten winterharten Pflanzen größtenteils auch heute noch sehr beliebt. Dagegen sind viele von Thomas' empfindlichen Arten heute nur in botanischen Gärten und den Treibhäusern einiger weniger Begeisterter zu finden. Allerdings sorgten Thomas' Orchideen, nicht winterharte Rhododendren und Blattpflanzen bei ihrer Einführung für ebenso viel Wirbel wie Williams Chilenische Araukarie, Mammutbaum und Chilenischer Feuerbusch. Man könnte sogar behaupten, Thomas' Pflanzen waren wichtiger, weil sie die Stammarten vieler neuer, von Veitchs Pflanzenzüchtern kreierten Hybriden waren. In jedem Fall zahlte sich Veitchs Entschluss, Sammler in alle Welt zu schicken, schon von Anfang an kräftig aus, und die von William eingeführten winterharten und die von Thomas eingeführten empfindlichen Pflanzen ergänzten sich sehr gut.

Von William und Thomas Lobb eingeführte Pflanzen

Hinter jedem Pflanzennamen ist das Jahr angegeben, in dem die Art nach Europa eingeführt wurde.

WILLIAM LOBB

Tropaeolum speciosum (etwa 1845)
Tropaeolum (griech.) – *tropaion:* Siegeszeichen (wegen der schildförmigen Blätter)
speciosum (lat.) – prächtig

Den Sommer über öffnen sich die leuchtend roten, bis 2 cm großen Blüten dieser Kapuzinerkresse über den hellgrünen, fünffingrigen, behaarten Blättern. Später entwickeln sich die ungewöhnlich türkisblauen Früchte. Auch *T. lobbianum (T. peltophorum)* wurde von Lobb eingeführt.

T. speciosum stammt aus Chile, wo sie in Buschwerk bis zu 2 m hoch klettert.

Embothrium coccineum (1846)
Embothrium (griech.) – *en:* in; *bothrion:* Grube (da die Staubblätter in kleinen Gruben des Blütenkelchs sitzen)
coccineum (lat.) – scharlachrot

Von Mai bis Anfang Juni öffnen sich die zahlreichen, leuchtend scharlachroten Blüten, die etwas an die der Heckenkirschen erinnern. Gelegentlich findet man auch gelb blühende Exemplare. Der Chilenische Feuerstrauch ist ein halbimmergrüner, aufrecht wachsender Strauch oder kleiner Baum mit 10–15 cm langen, hellgrünen bis graugrünen Blättern.

Heimat Chile und Südwestargentinien, wo dieser 10–15 m hohe Großstrauch in offenen Waldgesellschaften niedriger Lagen wächst.

Berberis darwinii (1849)
Berberis – vermutlich latinisierte Form des arabischen Namens *barberis* für die Frucht der Pflanze
darwinii – nach Charles Darwin (1809–1882)

Ein mittelhoher Strauch mit leuchtend orangefarbenen, körbchenförmigen Blüten in vielblütigen, hängenden Trauben von April bis Mai. Die stachelspitzigen Blätter sind 1–2 cm lang und meist immergrün, färben sich aber zuweilen im Herbst leuchtend rot. Schon von Charles Darwin auf seiner Reise mit der Beagle in Patagonien gefunden und 14 Jahre später von Lobb eingeführt.

Ceanothus x veitchianus (1853)
Ceanothus – nach *keanothos:* altgriechischer Name einer Distelart, der von Linné für diese Gattung verwendet wurde
veitchianus – nach den Pflanzenzüchtern der englischen Familie Veitch

Alle Säckelblumen sind kurzlebige Sträucher. Dieser immergrüne, ausladende Strauch mit kleinen ovalen, glänzend grünen Blättern ist eine natürliche Kreuzung. Im Mai und Juni schmückt er sich mit rundlichen, dunkelblauen Blütenständen. Von Lobb eingeführt wurden außerdem 1853 *C.* x *lobbianus* und schon 1850 *C. papillosus* (blüht dunkelblau, Blätter länglich).

Ceanothus x *veitchianus* stammt aus Kalifornien (Monterey) und wird dort in küstennahen Strauchgesellschaften bis zu 3 m hoch.

Thuja plicata (1853)
Thuja (griech.) – *thya:* von Theophrast und Plinius verwendeter Name für ein Nadelgehölz (möglicherweise von *thyo:* opfern)
plicata (lat.) – gefaltet

Der Riesenlebensbaum wächst zu einem mächtigen Baum mit kegelförmiger Krone, überhängenden Ästen und einem Stamm mit rötlicher, längs gestreifter Borke heran. Die Blätter sind schuppenförmig, oberseits glänzend dunkelgrün, verfärben sich im Winter kaum und duften beim Zerreiben angenehm fruchtig. Untere Äste, die den Boden berühren, können anwurzeln und neue Stämme bilden.

Natürliche Verbreitung im Westen Nordamerikas, an der Küste von Südalaska bis Nordwestkalifornien, im Landesinneren von Britisch-Kolumbien bis nach Idaho, bevorzugt dort gute, sehr feuchte bis nasse Böden und wird über 50 m hoch.

Sequoiadendron giganteum (1853)
Sequoiadendron – nach Sequoiah (?1770–1843), einem Häuptling der Cherokee, der für sein Volk eine Schrift entwickelte; *dendron* (griech.): Baum
giganteum (lat.) – riesig

Gewaltige Stämme mit dicker, pelziger, rotbrauner Borke, kegelförmige Krone, mächtige, herabhängende Zweige machen den Riesen- oder Bergmammutbaum unverwechselbar. Die kleinen, frischgrünen Blätter stehen spiralförmig um den Trieb und riechen beim Zerreiben nach Anis.

Wenige natürliche Vorkommen in der westlichen Sierra Nevada in Kalifornien, streng geschützt. Kann über 3500 Jahre alt werden, 75–90 m hoch und fast 10 m dick. Wegen der nicht allzu hohen Qualität seines Holzes wurden in diesem Jahrhundert keine Bäume mehr geschlagen.

THOMAS LOBB

Phalaenopsis amabilis (1846)
Phalaenopsis (griech.) – *phalaina:* Nachtfalter; *opsis:* Aussehen
amabilis (lat.) – lieblich

Rein weiße, 10 cm breite Blüten, Lippen gelb, rot gefleckt, in bis 1 m langen Trauben. Tatsächlich erinnern sie an große weiße Nachtfalter. Blätter dieser epiphytischen Orchidee schön grün und rötlich gefleckt, breit und ledrig. Mit Hilfe dieser Art wurden zahlreiche, Aufsehen erregende Kreuzungen gezüchtet. Eine in der Natur entstandene *Phalaenopsis*-Hybride, *P.* x *intermedia (P. aphrodite* x *P. equestris)*, wurde 1852 ebenfalls von Lobb von den Philippinen eingeführt.

P. amabilis wächst in Regenwäldern und ist von Java, den Philippinen und Neuguinea bis nach Nordaustralien verbreitet.

Nepenthes sanguinea (etwa 1847)
Nepenthes (griech.) – *ne:* nicht; *penthos:* Kummer (also »Kummer lindernd«, die Flüssigkeit in den Kannen diente als Stärkungsmittel)
sanguinea (lat.) – blutrot

Ein Vertreter der Kannenpflanzen, deren Blätter zu Insektenfallen umgestaltet sind. Bis 3 m hoch kletternde Art mit zylindrischen Kannen, rötlich überhaucht, mit blutroten Flecken, der Rand um die Öffnung glänzend tiefrot; der hellgrüne, verbreiterte Blattgrund und die Triebe ebenfalls rötlich getönt. Eine weitere von Lobb eingeführte Art ist *N. albomarginata* aus Borneo.

N. sanguinea stammt von der Malaiischen Halbinsel, wo sie in Bergregenwäldern und Gebüschen oberhalb 1000 m Höhe wächst.

Aerides rosea (1850)
Aerides (lat.) – *aer:* Luft
rosea (lat.) – rosenrot

Im Frühjahr öffnet diese Orchidee ihre rosaroten, purpur gefleckten Blüten in bis zu 60 cm langen, hängenden Trauben. Triebe 10–25 cm lang, Blätter hellgrün, linealisch, ledrig, 15–35 cm lang. Auch *A. multiflora* wurde von Lobb aus Indien eingeführt.

Vorkommen: Nordostindien bis Nordvietnam und Südchina, wächst dort in Wäldern, häufig an von Menschen beeinflussten Standorten.

Rhododendron veitchianum (etwa 1850)
Rhododendron (griech.) – *rhodon:* Rose; *dendron:* Baum
veitchianum – nach den Pflanzenzüchtern der englischen Familie Veitch

Weiße, duftende, am Rand gewellte Blüten mit gelbem Schlund, bis 12 cm groß, von Februar bis Juli. Dieser kleine, immergrüne Strauch war in Viktorianischer Zeit eine beliebte Gewächshauspflanze. Von Thomas Lobb wurden noch andere, ebenfalls frostempfindliche *Rhododendron* eingeführt, zum Beispiel *R. malayanum* (1850) mit kleinen, rosa Blüten, *R. brookeanum* (1850, blüht goldgelb) und *R. javanicum* (1850).

Die Heimat von *R. veitchianum* sind die Eichenmischwälder und die trockeneren immergrünen Wälder in 900–2400 m Höhe vom südlichen und

Zu den wunderschönen Orchideen, die Thomas Lobb aus den üppigen Regenwäldern der Insel Java nach Europa brachte, gehört auch *Vanda tricolor* var. *suavis*.

zentralen Myanmar bis nach Thailand und Indochina. Wächst dort meist epiphytisch, wird kaum 1 m hoch.

Vanda caerulea (1850)
Vanda – nach der sanskritischen Bezeichnung für »epiphytische Orchidee«
caerulea (lat.) – blau

Prächtige blaue, 10 cm große Blüten mit dunkelblauer, mosaikartiger Zeichnung, in verzweigten Trauben, erscheinen im Winter. Die hellgrünen Blätter dieses Epiphyten werden bis zu 25 cm lang. Gehört zu den begehrtesten Orchideen, sehr häufig für Züchtungen verwendet. Lobb führte 1846 aus Java auch *V. tricolor* (Blüten blassgelb, braun gemustert, duftend, mit rosafarbenen Lippen) ein.

Herkunft: Indien über Myanmar bis Thailand, in Regenwäldern des Berglands bis 1,5 m hoch. Einst häufig, heute aber durch Übersammeln leider weitgehend verschwunden.

7

Chinesisches Verwirrspiel

Ernest Wilson

(1876–1930)

Im April 1899 wurde ein dreiundzwanzig Jahre alter, reiseunerfahrener Mann nach China geschickt mit dem Auftrag, einen bestimmten wunderschönen Baum zu suchen und mitzubringen. Der Pflanzenjäger war Ernest Henry Wilson, sein Auftraggeber James Veitch & Son, und bei dem begehrten Exemplar handelte es sich um den Taubenbaum *(Davidia involucrata)*. Bei früheren Gelegenheiten hatte sich das Veitch-Imperium durch seine Strategie, Sammler auszusenden, als innovativ erwiesen, aber diesmal reagierte Sir Harry Veitch eher auf die Umstände, als sie vorzugeben. Ende der 1890er Jahre wurde die Vielfalt von Chinas Flora immer deutlicher, vor allem durch die Arbeit dreier Amateurbotaniker, die Herbarexemplare aus Chinas unermesslichem, unerforschtem Innenland zurückschickten.

Links: Wilson führte Tausende von Gartenpflanzen ein, darunter *Clematis montana* var. *rubens*.

Oben: Ernest Wilson: ein Selbstporträt des produktivsten aller Pflanzensammler und Reisebotaniker.

Widerwillig hatte China 1860 nach den Kriegen mit Großbritannien den Zugang ins Land gewährt. Viele der ersten Reisenden waren französische Missionare, von denen zwei ihre Sammlungen getrockneter Pflanzen ans Musée d'Histoire Naturelle in Paris schickten. Abbé Jean Pierre Armand David (1826–1900) traf 1862 ein, aber erst auf seiner Reise nach Szechwan (heute Sichuan) und Mupin (heute Baoxing) im tibetischen Grenzland (1868–1870) fand er den Baum, der seinen Namen trägt. Er bekam als erster Westlicher den Riesenpanda in freier Wildbahn zu Gesicht und ließ ein ausgewachsenes Tier nach Paris bringen (wo es leider bald starb).

David kehrte 1874 mit 250 neuen Pflanzenarten und zehn bereits entdeckten, bisher aber nicht eingeführten Gattungen nach Frankreich zurück. Sein Werk setzte ein anderer Missionar fort, Jean Marie Delavay (1838–1895), der zehn Jahre den Nordosten Yunnans botanisch gründlich bearbeitete. Der dritte Amateurbotaniker war der Schotte Augustine Henry (1857–1930), assistierender Medizinalbeamter des Imperial Chinese Maritime Customs Service, der mit dem Pflanzensammeln 1882 begann, um sich die Langeweile an seinem Einsatzort Ichang (heute Yichang) zu vertreiben. Er schickte bis zu seiner Rückkehr 1899 etwa 158 000 Herbarexemplare nach Kew, die über 500 neuen Arten, fünfundzwanzig neuen Gattungen und einer neuen Familie, den Trapellaceae, angehörten. Von diesem reichhaltigen Material erfuhr Harry Veitch, und da Henry anbot, jedem Pflanzensammler zu helfen, beschloss Veitch, noch einen Sammler nach China zu schicken.

Ernest Wilson wurde am 15. Februar 1876 geboren und wuchs im Dorf Chipping Campden in den Cotswold Hills auf. Mit sechzehn begann er eine Lehre in der Gärtnerei von Hewitt in Solihull, wechselte dann zum Birmingham Botanic Garden in Edgbaston und erweiterte am Birmingham Technical College sein botanisches Wissen. Er gewann den Queen's Prize for Botany, der ihm ein Diplom in Kew ermöglichte. Wilson wollte eigentlich Botaniklehrer werden, aber der Direktor von Kew, Thiselton-Dyer, empfahl ihn auf Veitchs Bitte nach einem geeigneten Mann für China.

Bevor er Großbritannien verließ, vervollkommnete Wilson sechs Monate lang sein Wissen in der Veitch-Gärtnerei in Coombe Wood. Da Wilson ständig den Beweis vor Augen hatte, wie erfolgreich die Veitchs mit der Pflanzenjagd bisher gewesen waren, war es ihm vermutlich ein wenig mulmig zumute, aber er hatte mit seinen Vorgängern viel gemeinsam. Er war praktisch veranlagt, arbeitsam und hatte Organisationsgeschick sowie einen guten Blick für eine Gartenpflanze, war von Natur aus diplomatisch und klug genug, einen gut gemeinten Ratschlag zu beherzigen.

Er verließ Liverpool an Bord der *Pavonia* mit Kurs auf Amerika und unterbrach seine Reise beim Arnold Arboretum, wo er Charles Sargent traf, der in seiner

WILSONS' ABENTEUER IN SÜDOSTASIEN

späteren Karriere noch eine wichtige Rolle spielen sollte. Wilson reiste mit der Eisenbahn nach San Francisco und von dort aus am 6. Mai nach China weiter. Er wollte unbedingt den kleinen Vorposten Szemao (heute Simao) in der Provinz Yunnan erreichen, da er wusste, dass Augustine Henry bald in seine Heimat zurückkehren wollte. Doch als Wilson am 3. Juni in Hongkong eintraf, brach dort die Beulenpest aus; kein Chinese durfte die Kolonie verlassen, und so musste er notgedrungen ohne Dolmetscher nach Hanoi im französischen Indochina fahren. In Hanoi lernte er einen Englisch sprechenden Franzosen kennen, der ihn vor schwelenden Unruhen in der Gegend warnte, und als Wilson den Roten Fluss aufwärts nach Lao Cai fuhr, war er tatsächlich gezwungen, mehrere öde Wochen dort zu verbringen, in denen er unter der glühenden Hitze litt und jeden Augenblick an Malaria erkranken konnte. Am Ende der 1600 km langen Reise von Hongkong wurde der erschöpfte Wilson von Henry begrüßt. Es verschlug ihm allerdings die

Sprache, als er sah, was Henry mit seiner Hilfe gemeint hatte: Dieser gab ihm lediglich ein vergammeltes Stück Papier mit einer rudimentären Landkarte darauf. Auf dieser Karte, die einen so kleinen Maßstab hatte, dass sie ein Gebiet von fast 52000 km^2 umfasste, war grob der Standort einer einzeln stehenden *Davidia involucrata* eingezeichnet. Unverdrossen plante Wilson eine Expedition nach Sichuan, um diesen Baum zu finden. Er begann gleich bei seiner Ankunft in Ichang am Jangtse am 24. Februar 1900, sein Team zusammenzustellen. Für solch ein Unterfangen war ein großes Gefolge absolut notwendig – Wilson brauchte Dolmetscher, Führer und Träger, die seine Sammlerausrüstung, wissenschaftliche Instrumente sowie Nahrung und Medikamente trugen. Er reiste mit zwei Sänften, eine für ihn selbst, die andere für seinen Anführer, aber sie wurden selten benutzt.

Damit die Reise flussaufwärts leichter wurde, kaufte Wilson ein chinesisches Hausboot und brach am 15. April 1900 nach Badong auf. Dort hörte er von starken europafeindlichen Tendenzen, doch vertraute er darauf, dass sein Reiseziel so abgeschieden lag, dass er die schlimmsten Unannehmlichkeiten vermeiden konnte. Von Badong aus begab er sich in die Hügel, um die mit X bezeichnete Stelle auf Henrys Karte zu finden. Dort fand er zu seinem großen Entsetzen ein schmuckes, neues Holzhaus, das neben dem Stumpf einer *Davidia involucrata* stand. Wilson war am Boden zerstört – er war 21000 km umsonst gereist, und voller Verzweiflung schrieb er: »In der Nacht des 25. April 1900 tat ich kein Auge zu.«

Wilson zog sich nach Ichang zurück. Selbst die Entdeckung einer Kletterpflanze mit essbaren Früchten *(Actinidia chinensis,* die Kiwi) konnte seine Niedergeschlagenheit nicht vertreiben. Doch als er am 19. Mai durch dichte Wälder kraxelte, stieß er plötzlich auf einen großartigen Taubenbaum in voller Blüte. Obgleich Wilson dies wohl zu Freudentänzen veranlasst hat, schreibt er schlicht: »Meiner Meinung nach ist *Davidia involucrata* zugleich der interessanteste und schönste aller Bäume der gemäßigten nördlichen Breiten ... Die Blüten und die dazugehörigen Tragblätter hängen an ziemlich langen Stielen, und wenn nur die leiseste Brise hindurchweht, gleichen sie riesigen Schmetterlingen, die zwischen den Bäumen schweben.« Er sammelte zahlreiche der muskatnussähnlichen Samen und stürzte sich auf die vielen neuen Gehölze, darunter *Acer griseum* und *A. oliverianum*, *Abies fargesii*, *Betula albosinensis*, *Lonicera tragophylla*, *Viburnum rhytidophyllum*, *V. utile*, *Clematis armandii*, *C. montana* var. *rubens*, *Magnolia delavayi*, *Rhododendron decorum* und *R. fargesii*, *Camellia cuspidata* und *Rodgersia aesculifolia*.

Wilson verpackte seine Sammlungen behutsam, verschickte sie und fuhr zurück nach England, wo er im April 1902 eintraf. Sir Harry Veitch freute sich sehr über die zusätzliche Auswahl neuer Pflanzen, die er zu Höchstpreisen verkaufen konnte,

Die wunderschönen weißen Tragblätter des Taubenbaums *(Davidia involucrata)*, im Englischen zutreffend auch »handkerchief tree« (Taschentuchbaum) genannt, bilden einen schönen, auffälligen Kontrast zu den frischgrünen Frühlingsblättern.

und schenkte Wilson zur Belohnung für seine Leistungen eine goldene Armbanduhr. Doch Veitch hatte sich zu früh gefreut, denn es wurde ruchbar, dass ein Franzose, Paul Guillaume Farges, schon 1897 mit Samen der *Davidia involucrata* nach Paris zurückgekehrt war, von denen einer gekeimt war. Der Gärtnerei Veitch wurde das Attribut »Eingeführt von« abgesprochen, doch es sollte noch schlimmer kommen, denn Wilsons Samen wollten nicht keimen. Was Veitch nicht wusste, war, dass die Samen bis zu achtzehn Monate abwechselnd Kälte und Wärme brauchten, um zu keimen. Schließlich keimten zu ihrer großen Erleichterung aber dann doch Samen, und Tausende von Pflanzen konnten erfolgreich aufgezogen werden.

Wilson heiratete seine Liebe, Helen (Nellie) Ganderton, im Juni 1902, aber für lange Flitterwochen blieb keine Zeit. Wilson ließ sich von Veitch vertraglich verpflichten, erneut nach China zu reisen, und verließ Großbritannien am 23. Januar 1903 zu einer Reise, die zwei Jahre dauern sollte. Diesmal war sein Ziel, einen alpinen, gelb blühenden Scheinmohn *(Meconopsis integrifolia)* in den Bergen Tibets zu finden. In Shanghai stellte er erneut ein großes Helferteam zusammen:

> *Ich engagierte ungefähr ein Dutzend Bauern aus der Nähe von Ichang. Diese Männer blieben bei mir und leisteten mir während meiner ganzen Fahrten treue Dienste. Sobald sie einmal erfasst hatten, worum es ging, erledigten sie zuverlässig ihre Arbeit und sorgten obendrein noch dafür, dass meine zahlreichen Reisen vergnüglich und rentabel waren. Als wir uns schließlich voneinander verabschiedeten, war das Bedauern auf beiden Seiten wirklich groß. Diese Männer waren treu, intelligent, verlässlich, selbst unter widrigen Umständen fröhlich und immer bereit, ihr Bestes zu geben – niemand hätte mir bessere Dienste leisten können.*

Wilson kaufte wieder ein Hausboot, die *Ellena* (nach seiner Frau benannt), und fuhr den Jangtse hinauf nach Ichang, und zwar weiter als auf seiner ersten Reise. Sie führte ihn an prachtvollen Schluchten voll blühender Sträucher vorbei. »Die Szenerie hier ist einfach phantastisch und ehrfurchteinflößend«, notierte er, aber er hatte wenig Zeit, sie zu genießen, weil die tückischen Stromschnellen des Jangtse rasch näher kamen. Als sie die Yeh-Tan-Stromschnellen erreichten, sah Wilson entsetzt, wie drei Boote vor ihm auf den zerklüfteten Felsen zerschmettert wurden und die Mannschaften ertranken. Seine Leute versuchten in panischem Schrecken, die Wassergötter zu besänftigen. »Mein Kapitän redete beschwörend auf sie ein, man ließ Kracher explodieren, etwas Wein und Reis wurden unter Verbeugungen ins Wasser geschüttet, man verbrannte Räucherstäbchen, Kerzen und etwas Papiergeld – kurz, es wurde genauestens jeder Ritus durchgeführt, mit dem man den schrecklichen Wasserdrachen besänftigen konnte.«

Die Bitten wurden erhört, und mit vereinten Kräften zogen die 100 Mann das Boot an Bambusstricken in ruhigere Gewässer jenseits des Wasserfalls. Wilson wurde klar, wie viel Glück er gehabt hatte, als das nächste Boot kenterte und zwei Männer ertranken. Ein paar Tage später ertrank einer seiner Männer nach einem Zusammenstoß mit einem kleinen Boot. Dabei riss sich die *Ellena* los und konnte nur unter Aufbietung aller Kräfte vor einem Strudel in Sicherheit gebracht werden. Wilson jagte dem kleinen Boot hinterher und stellte den Besitzer wütend zur Rede – der Mann wurde beim örtlichen Schiedsgericht angezeigt und für seine Achtlosigkeit bestraft – nicht aber dafür, dass ein Mensch zu Tode gekommen war!

Nach seiner Ankunft in Kiating (heute Leshan) Mitte Juni erforschte Wilson das regenfeuchte Wa-Shan-Gebirge und sammelte 200 Arten, bevor er sich Richtung Westen nach Hanyuan aufmachte, das in seinem tiefen, feuchten Tal eingebettet lag. Er hatte sein Ziel jedoch nicht aus den Augen verloren und machte sich wieder auf die Suche nach dem gelben Scheinmohn in den Bergen nahe Kangding an der Grenze zwischen China und Tibet. Am 14. Juli 1904, nach drei Wochen langer, anstrengender Reise, traf er in der schmutzigen Stadt Kangding ein und reiste zwei Tage später auf der Straße nach Lassa (heute Lhasa) weiter. Unterwegs kam er an Lamaklöstern und erntereifen Feldern vorbei und überquerte dann den Ya-chia-Pass in knapp 3000 m Höhe. Wilson begann an Höhenkrankheit zu leiden, und zu allem Übel musste er eine sehr unbequeme und stürmische Nacht in einer zugigen Hütte verbringen. Um 2 Uhr früh wachte er auf – ohne sein Laken: »Als ich es wieder über mich ziehen wollte, schreckte ich vier halb ertrunkene Hühner auf, die meine Männer gedankenlos an einen Pfosten neben meinem Bett festgebunden hatten. Diese Hühner merkten, dass das Laken nicht mehr da war, versuchten, ihm zu folgen, was ihnen auch gelang, und dabei geriet mir Schmutz in die Augen, sodass ich fast nichts mehr sehen konnte.«

Am nächsten Morgen stieß Wilson auf den umliegenden Hügeln auf einen leuchtenden Teppich gelber *Meconopsis integrifolia*, deren papierdünne Blüten sich in der sanften Brise hin und her bewegten: »Von 3500–4000 m die liebliche, 1 m hohe *M. integrifolia*, mit ihren päoniengleichen, hellgelben Blüten mit einem Durchmesser von 20–30 cm.« Durch seinen Erfolg angespornt, beschloss er, nach einem roten Scheinmohn *(M. punicea)* zu suchen, verließ Kangding am 23. Juli und schlug über das Tal des Min den Weg nach Songpan ein. Irgendwo in diesem trockenen Tal fand er zuerst die Königslilie *(Lilium regale)*, die bei ihrer Einführung

Folgende Doppelseite: Die artenreiche Vegetation solcher nebelverhangener Täler wie diesem in Sichuan öffnete Wilson ein reiches Betätigungsfeld zum Sammeln von Pflanzen.

eine so große Sensation war, dass sie das Ziel einer weiteren Expedition wurde. Als Wilson am 27. August in Songpan eintraf, erfuhr er von den Einheimischen, die von ihm heiß begehrte Pflanze sei vielleicht am Kung-lung-Pass zu finden, und so reiste er mit fünf berittenen Soldaten 30 km weit in die Berge, wo er in über 3500 m Höhe eine Fülle zarter roter Mohnblumen auf den exponierten Berghängen fand. Inzwischen hatte Wilson innnerhalb von zehn Wochen 1050 km zurückgelegt, über 19 Kilo abgenommen und litt an Erschöpfung. Aber er war optimistisch, als er nach Ichang zurückkehrte, wo er den Winter verbringen wollte. Bei weiteren Besuchen in Kangding im Mai und Juni 1904 fand er *Meconopsis henrici*, *Cypripedium guttatum*, *C. tibeticum* und viele alpine Pflanzen, und auf einem letzten Exkurs in der Nähe von Leshan im November wurde er mit der hübschen *Dipelta floribunda* belohnt.

Im März 1905 traf Wilson wieder in Großbritannien ein und brachte Samen von 510 Arten mit, darunter *Primula pulverulenta*, *Viburnum davidii*, *Rhododendron calophytum*, *R. lutescens*, *Rosa moyesii*, dazu 2400 Herbarexemplare. Diesmal schenkte Sir Harry ihm eine goldene Anstecknadel in Form einer Scheinmohnblüte, besetzt mit einundvierzig Diamanten. Im Winter 1905/1906 suchte ihn Charles Sargent auf, der immer noch sehr darauf drängte, dass das Arnold Arboretum seinen ersten Reisebotaniker nach China schicken sollte. Sargent setzte alle seine Überredungskünste ein, und schließlich gab Wilson nach, aber erst, nachdem er gute Bedingungen ausgehandelt hatte – einen Lohn von 750 Pfund jährlich für zwei Jahre und die Möglichkeit, bei seiner Rückkehr am Arnold Arboretum zu arbeiten. Am 21. Mai 1906 brachte Helen eine Tochter zur Welt, die auf den Namen Muriel Primrose getauft wurde. Schon im Herbst traf Wilson Reisevorbereitungen, denn er wollte gern im darauf folgenden April bereits in Ichang sein. Sargent drängte ihn, unbedingt einen Fotoapparat mitzunehmen, da die Extrakosten für den notwendigen Träger »kein besonders wichtiger Posten« wären. Wilson besaß ganz eindeutig Talent zum Fotografieren, und die Bilder, die er von Menschen und Landschaft mit seiner Sanderson-Großformatkamera aufnahm, sind auch heute noch sehr eindringlich.

Auf dieser seiner dritten Expedition kehrte Wilson zu den wissenschaftlichen Wurzeln des Pflanzensammelns zurück. Sargent hatte ihn angewiesen, »das Wissen um die Holzgewächse des (chinesischen) Reiches zu erweitern und so viele wie möglich davon in Kultur einzuführen«. Hierin folgte er Banks und Hooker, die zur Förderung der Botanik sammelten und dabei auch auf ein paar wundervolle Gartenpflanzen stießen. Wieder überquerte Wilson den Atlantik und reiste mit der Bahn durch die Staaten. Diese Reise war fast noch riskanter als die in China – am 7. Januar 1907, kurz vor seiner Abreise aus Amerika, schrieb er an Sargent:

Oben: Auf diesem Foto von Wilson sieht man, wie viele Hände man brauchte, um in einem fernen Land Pflanzen zu sammeln. Rechts ist die Sänfte abgebildet, mit der er seinen Status zeigte – für Fremde in China besonders wichtig.

Rechts: Ein entspannt wirkender Wilson und sein Team bereiten sich auf die Fahrt auf der *Harvard* flussaufwärts vor. Mit Hilfe des Bootes konnte er seine Pflanzensammlungen und Führer effizient und komfortabel transportieren.

Direkt außerhalb von Omaha stieß eine Rangierlok mit uns zusammen, wobei unsere Lok entgleiste und der Tender beschädigt wurde, ebenso das Gepäck und die Speisewagen ... nach beträchtlicher Verzögerung ... reisten wir weiter. Später am selben Tag kamen wir an zwei Expresszügen vorbei, die auf ihrer Fahrt nach Osten zusammengestoßen waren. Am nächsten Tag fuhren wir an zwei Güterzugwracks vorbei. Alles in allem kann ich Ihnen versichern, dass ich jetzt für eine Weile genug von amerikanischen Zügen habe.

Am nächsten Tag segelte Wilson an Bord der *Doric* von San Francisco ab und kam am 4. Februar in Shanghai an. Er reiste sogleich ins Binnenland weiter und erreichte Ichang am 26. Wiederum erwarb er ein Hausboot, die *Harvard*, und stellte seine Mannschaft zusammen. Viele der Auserwählten hatten ihn schon auf seinen früheren Reisen begleitet und machten ihn ausfindig, um ihm ihre Dienste anzubieten. Leider sollte diese Reise nicht so vergnüglich wie seine früheren werden.

Anfangs ging noch alles gut. Im Sommer sammelte Wilson in den Lushan-Bergen der Provinz Jiangxi Pflanzen und fand das beeindruckende, lilienähnliche *Cardiocrinum cathayanum*. Im September erkrankte er schwer an Malaria, und nachdem er sich den Winter über erholt hatte und genesen war, verhinderten Reparaturen an der *Harvard* einen zeitigen Aufbruch im Frühjahr. Schließlich erreichte er im Frühsommer die blühende Stadt Chengdu im westlichen Sichuan. In der Stadt gab es viele geschulte Kunsthandwerker, die Luxusgüter herstellten, und Wilson bestaunte die Tempel und Hofgärten mit ihren zahlreichen geschnittenen Pflanzen, zu denen auch »zwei großartige Exemplare der Kreppmyrte *(Lagerstroemia indica)* gehörten, die fächerförmig ungefähr 7,5 m hoch und 4 m breit wuchsen und angeblich älter als 200 Jahre und eleganter sind als alle derartigen Pflanzen, die ich je gesehen habe«. Nachdem Wilson Guan Xian im Nordwesten und Kangding im Südwesten erkundet hatte, schickte er im Winter seine ersten Funde aus Ichang. Dabei gab es ein Missgeschick: Wilson hatte Ecken ausgeschnitten, als er eine Lieferung mit 18 237 Lilien verpackte (aus Kostengründen hatte er nicht jede einzeln mit Lehm umhüllt), und über 95 Prozent der Zwiebeln waren dadurch unterwegs verschimmelt.

1907 fand Wilson mehrere neue Koniferen, musste aber 1910 nochmals dorthin reisen, um neue Samen zu sammeln. Als er hörte, dass Charles Sargent und Harry Veitch gemeinsam einen anderen Sammler, William Purdom, nach China geschickt hatten, war er wütend, weil er nicht gefragt worden war, doch gab er im April 1809 in Peking (heute Beijing) großherzig sein Wissen über das Pflanzensammeln in China an Purdom weiter. Am 25. April schickte er seine Fotonegative nach London und seine beeindruckende Pflanzensammlung nach Boston. Darunter fanden sich

Acer wilsonii, *Clematis tangutica* var. *obtusiuscula*, *Ceratostigma willmottianum*, ein Hartriegel *(Cornus kousa* var. *chinensis)*, mehrere Magnolien *(Magnolia wilsonii*, *M. sinensis* und *M. dawsoniana)*, *Picea likiangensis* und *Rhododendron mouipinense*.

Mit der Transsibirischen Eisenbahn fuhr Wilson nach Europa zurück und machte unterwegs Halt, um für das Arnold Arboretum Gärtnereien in St. Petersburg, Berlin und Paris zu besichtigen. Sargent hielt sein Versprechen und bot Wilson eine befristete Stelle (die Überwachung der Organisation seiner Herbarsammlung) an, und am 21. September 1909 siedelten Wilson und seine Familie von England nach Boston um. Wilson stellte überrascht fest, dass er in der Bostoner Gesellschaft eine Berühmtheit und ein sehr gefragter Mann war. Die Bostoner gaben ihm den Spitznamen »Chinese Wilson«, auf den er in aller Bescheidenheit stolz war.

Der wortgewandte Sargent war jedoch nicht gewillt, seinen besten Sammler im Arnold Arboretum versauern zu lassen, und überredete Wilson zu einer vierten

Der Chinesische Blumenhartriegel *(Cornus kousa* var. *chinensis)* sieht in voller Blüte wie frisch gefallener Schnee aus.

Reise nach China, um wieder Koniferensamen und noch mehr Zwiebeln der prachtvollen Königslilie zu sammeln. Wir wissen nicht, was Helen davon hielt, dass sie nun wieder allein war, diesmal sogar in der Fremde; doch man einigte sich auf einen Kompromiss, und die Familie kehrte im Februar 1910 nach England zurück.

Wieder reiste Wilson auf dem Landweg über Russland und Peking und kam am 1. Juni 1910 in Ichang an. Bereits drei Tage später brach er mit einigen seiner erfahrensten Männer in die entlegene Region Hubei im Nordwesten auf, wobei er durch Wälder mit Eichen, Kiefern und blühenden Sträuchern und Täler voller *Parthenocissus henryana* kam. In der Nähe der kleinen, abgelegenen Dörfer war Wilson von den von Menschenhand angelegten Terrassenfeldern an den Berghängen beeindruckt. Im Gegensatz dazu war die Stadt Xiantang mit ihren überquellenden, offenen Abwasserleitungen (Xiantang bedeutet ironischerweise »duftender Strom«) erbärmlich. Sie reisten schnellstens ab und machten ein paar Tage später für die Nacht in Peh-yang-tsai Halt. Dort notierte Wilson, dass »die Landbevölkerung überall in dieser Gegend äußerst freundlich und zuvorkommend war und es wirklich ein Vergnügen war, unter ihnen zu weilen«. Am nächsten Morgen bestieg er den Kalksteingipfel des Wan-taio Shan, der über dem Dorf aufragte, und sammelte auf dem steilen Anstieg durch den Wald aus Chinesischen Buchen und *Davidia involucrata* vierzig Arten, darunter *Syringa julianae* auf dem Gipfel. Auf dem Pfad fand er den eigentümlichen »ohrenförmigen, gallertigen« Ohrpilz, der auf Eichenholzscheiten kultiviert wurde und als Delikatesse galt, doch »ich kostete davon, fand ihn aber nicht besonders schmackhaft und bekam darauf heftige Magenschmerzen«.

Anfang Juni hatte Wilson bereits den Weiler Li-erh-kou erreicht. Nach einem steilen Aufstieg erreichte er einen Bergkamm, »wo *Viburnum rhytidophyllum* prächtig gedeiht ... mit seinen langen, dicken, runzligen Blättern«. Drei Wochen lang kämpfte er sich durch Moorland, Rhododendren- und Bambuswälder, bis er endlich die Große Salzstraße erreichte. Diese war zwar besser ausgebaut, doch das Vorwärtskommen war eine Strafe und die Hitze groß. Im winzigen Dörfchen Hsao-pungtze machte der ermüdete Wilson eine Pause. Er war umgeben von »Reihen um Reihen kahler, baumloser, scharfkantiger Bergrücken mit einer durchschnittlichen Höhe von 1500–1800 m und herausragenden höheren Gipfeln und dahinter noch mehr Bergketten ... Niemals habe ich eine wildere, ungezähmtere und unwirtlichere Gegend gesehen ... Sie flößte einem tatsächlich Ehrfurcht und Schrecken ein. Solche Szenen verankern sich tief im Gedächtnis, und die eindrucksvolle Stille erzeugt eine Wirkung, die man noch jahrelang empfindet«.

Anfang Juli erreichte Wilson die große Stadt Xuanhan und reiste nach einer

Verschnaufpause Richtung Westen nach Paoning (heute Langzhong) weiter. An der Straße lagen viele Dörfer, und mehrmals wurde er beim Einkaufen auf dem Markt wie ein seltsames Kuriosum bestaunt – riesige Menschenmengen versammelten sich und starrten ihn stundenlang mit ausdruckslosen Gesichtern und unverhohlener Neugier an. Am 20. August 1910, nach einer anstrengenden Wanderung,

sichteten wir die Stadt Sungpan, die in einem engen, lächelnden Tal liegt. Ringsum ist sie von Feldern mit goldenem Korn umgeben, durch die sich der Min, ein klarer, lauterer Strom, nicht weit von seiner Quelle entfernt in anmutigen Windungen dahinschlängelt. Auf den Feldern waren die Erntearbeiter fleißig, Männer, Frauen und Kinder, meistens Stammesangehörige in origineller Tracht, alle vor Gesundheit strotzend, die während der Arbeit lachten und sangen. Unter einem klaren, tibetblauen Himmel erfreute … das ganze, in warmes Sonnenlicht getauchte Land unser aller Herzen.

Beim Betreten des ariden Mintals, wo »im Sommer die Hitze entsetzlich, im Winter die Kälte gewaltig ist, und wo diese Täler zu jeder Jahreszeit plötzlichen, heftigen Windstürmen ausgesetzt sind, gegen die weder Mensch noch Tier ankommen kann«, sah Wilson riesige chinesische Schriftzeichen in den Fels gemeißelt, die vor drohenden Erdrutschen warnten. Der schmale Pfad war die Hauptstrecke nach und von Sungpan, auf dem sich Mulikarawanen in der Hitze dahinschleppten. Hier

ist die Königslilie zu Hause. Dort im Juni, am Wegrand, in Felsspalten an Wildbachufern und hoch oben auf den Bergen und in den Abgründen grüßt diese in voller Blüte stehende Lilie den ermatteten Wandersmann. Nicht in Zweier- oder Dreiergruppen, sondern zu Hunderten, zu Tausenden, ja wirklich, Zehntausenden. Ihre schlanken Stängel, ein jeder 60–120 cm hoch, biegsam und fest wie Stahl, ragen über das grobe Gras und Gesträuch hinaus und sind von einer bis mehreren trichterförmigen Blüten gekrönt. Jede ist außen mehr oder weniger weinfarben, rein weiß und schimmernd, innen hellkanariengelb, und auf jedem Staubgefäßfaden sitzt oben ein goldener Staubbeutel. Die Luft in der Kühle des Morgens und Abends ist mit dem köstlichen Duft von jeder Blüte geschwängert. Für kurze Zeit verwandelt diese Lilie eine einsame Halbwüste in ein wahres Märchenland.

Nach einem einwöchigen Marsch schlug Wilson sein Lager auf und machte sich daran, die Lage von mehr als 6000 Zwiebeln zu markieren, die im Oktober ausgegraben werden sollten. Als sie das Lager am 3. September abbrachen, beschloss Wilson, erschöpft, aber glücklich, seinen Erfolg zu feiern, indem er sich in seiner Sänfte den schmalen Trampelpfad entlangtragen ließ:

Unsere Herzen jubelten, da bemerkte ich plötzlich, dass mein Hund nicht mehr mit dem Schwanz wedelte, zurückwich und dann einen Satz nach vorn machte, und ein kleines

Die Königslilie *(Lilium regale)* trägt ihren Namen zu Recht. Diese wunderbar duftende, elegante Lilie war eine von Wilsons begehrtesten Einführungen und ist auch heute noch beliebt.

Felsstück schlug auf den Pfad und prallte dann in den Fluss 90 m unter uns. Ich rief einen Befehl, und die Träger setzten die Sänfte ab. Die beiden vorderen rannten voraus, und ich versuchte, ihnen zu folgen. Gerade als ich die Sänftengriffe aus dem Weg räumen wollte, krachte ein gewaltiger Felsbrocken in die Sänfte und riss sie mit in den Fluss hinunter. Ich duckte mich instinktiv, als etwas über meinen Kopf wischte und mein Sonnenhut fortgeweht wurde. Wieder rannte ich – ein paar Meter weiter, und ich wäre unter zentnerschwere harte Felsbrocken geraten. Dann hatte ich das Gefühl, ein heißer Draht würde durch mein Bein gezogen, ich wurde umgeworfen, versuchte aufzuspringen, erkannte, dass mein rechtes Bein den Dienst versagte, und so kroch ich auf den Unterstand auf der Klippe zu, wo sich zwei erschrockene Sänftenträger zusammengekauert hatten.

Als er an sich herabsah, bemerkte er, dass sein Bein an zwei Stellen gebrochen war und zusätzlich eine offene, blutende Fleischwunde aufwies. Der Felsen hatte außerdem das Ende seines Stiefels und den Nagel seines großen Zehs abgerissen. Obwohl er heftige Schmerzen hatte, blieb er bei Bewusstsein und wies rasch seine Männer an, sein lädiertes Bein mit Hilfe eines Kamerastativs zu schienen. Wie er da so hilflos quer über dem Pfad lag, musste ein Zug von Maultieren, der an dieser Stelle nicht mehr zurückweichen konnte, über den Verletzten laufen. Sardonisch notierte Wilson: »Erst in diesem Moment wurde mir klar, wie groß so ein Mulihuf ist«, doch keines der Tiere berührte ihn.

Wilson wurde in einer zweiten Sänfte von seinem besorgten Team in aller Eile nach Chengdu gebracht. Bis er nach drei Tagen dort ankam, hatte sich das Bein infiziert. Er hatte großes Glück, denn er wurde zu Dr. Davidson von der Friend's Mission gebracht, der »unter Chloroformbetäubung über eine Stunde« operierte, das Bein rettete und wieder in Ordnung brachte. Wilson konnte seine Erkundungen zwar nicht fortsetzen – es dauerte drei Monate, bevor er wieder unter Schmerzen auf Krücken herumhumpeln konnte –, aber sein Team fand aufgrund seiner Erfahrung einige schöne Arten wie die Min-Tanne *(Abies recurvata)*, die Schuppentanne *(A. squamata)*, einen Ahorn *(Acer maximowiczii)* und einen Bambus, den Wilson nach seiner geliebten Tochter Muriel *Sinarundinaria murielae* nannte *(Fargesia murielae, Thamnocalamus spathaceus)*. Die Männer gruben auch mit Erfolg die Lilien aus und verpackten sie für den Versand in Lehm.

Sobald sich Wilson wieder rühren konnte, schickte er Sargent 50 000 Herbarexemplare und 1285 Päckchen mit Samen (Purdom brachte es in derselben Zeitspanne nur auf 304). Nachdem diese identifiziert waren, war die Liste von Gehölzen aus China um weitere vier neue Gattungen, 382 neue Arten und 323 neue Varietäten bereichert. Wilson bekam bei seiner Rückkehr nach Großbritannien im März 1911 von Sargent wieder ein Arbeitsangebot, aber bevor er die Stelle antrat, unterzog er sich noch einmal einer Operation an seinem Bein. Es wurde ein zweites Mal gebrochen und wieder in Ordnung gebracht; obwohl es gut verheilte, war es von jetzt an kürzer, sodass er hinkte und orthopädische Schuhe tragen musste.

Zweieinhalb Jahre lang arbeitete Wilson in Boston an seinem Herbar und schrieb das zweibändige Werk *A Naturalist in Western China*, das er 1913 veröffentlichte. Noch im selben Jahr bedrängte ihn Sargent erneut, für das Arnold Arboretum zu sammeln. Mit seiner Verletzung konnte Wilson unmöglich eine Expedition veranstalten, und so schlug Sargent eine längere Reise nach Japan vor, bei der er vorrangig nach Koniferen und Kirschbäumen Ausschau halten sollte. Auch in diesem Fall bleiben die Auseinandersetzungen zwischen den Eheleuten reine Spekulation, aber offenbar konnte Helen genauso überzeugend auftreten wie Sargent, und sie wurde die erste Ehefrau eines britischen Pflanzensammlers, die ihren Mann auf einer Expedition begleitete.

Ernest, Helen und Muriel trafen am 3. Februar 1914 in Japan ein und erkundeten ein Jahr lang die Wälder, machten Fotos und durchforsteten die japanischen Gärtnereien. Im Februar und März hielten sie sich im Süden, zwischen April und Juni in Zentraljapan auf und kehrten für Juli und August nach Hondo und Sachalin zurück. Den Herbst verbrachten sie in der Zentralregion, danach einige Monate auf der Insel Shikoku. Wilson brachte es auf 2000 Herbarpflanzen und machte 600 Aufnahmen. Bis zu ihrer Rückkehr nach Boston im Februar 1915 war der Erste Weltkrieg ausgebrochen, aber seine Verletzung (die er seinen Lilien-Hinkefuß nannte) bewahrte ihn vor dem Kriegsdienst. Weitere Reisen wurden bis 1917 aufgeschoben, in der Zwischenzeit arbeitete Wilson in Boston und schrieb zwei Bücher, eines über die Kirschbäume Japans und das andere über Japans Koniferen.

Zusammen mit seiner Familie machte sich Wilson im Januar 1917 zu seiner sechsten und letzten Reise als professioneller Reisebotaniker auf, und zwar wiederum nach Japan. Diesmal erkundete er im Februar und März die Wälder auf der Insel Ryukyu, die Bonin-Inseln im April und brach im Mai nach Korea auf. Den Rest des Jahres erkundete er die Festlandhalbinsel und die Inseln Quelpar (heute Cheju-Do) und Warrior Island (heute Ooryongto). Ausbeute dieser Reise waren zwei Ahornarten *(Acer pseudosieboldianum* und *A. triflorum)*, zwei Flieder *(Syringa dilitata* und *S. velutina)*, eine Scheinkamelie *(Stewartia koreana)*, ein Spierstrauch *(Spiraea trichocarpa)*, *Astilbe koreana*, *Forsythia ovata*, der Koreanische Lebensbaum *(Thuja koraiensis)* und *Rhododendron weyrichii*. Im Januar 1918 reiste er weiter nach Formosa (Taiwan) und stieg auf den höchsten Berg der Insel, den Mt. Morrison, wo er den größten Baum Südostasiens, *Taiwania cryptomerioides* (ein Nadelbaum) und eine Varietät der Philippinenlilie *(Lilium philippinense* var. *formosanum)* fand. Im April kehrte er nach Japan zurück und besichtigte die Stadt Kurume auf Kyushu, wo er eine berühmte, jahrhundertealte Sammlung von 250 Namensorten von Azaleen sah. Als er in die Gärten zweier führender Spezialisten eingeladen wurde, fand er ...

> *wahrhaftige Märchenländer, und ich war erstaunt, als ich merkte, dass Gartenliebhaber in Amerika und Europa praktisch nichts von diesem Reichtum an Schönheit wissen. Die meisten Pflanzen waren zu niedrigen Hochstämmchen von etwa 50 cm Höhe gezogen, die eine abgeflachte oder gewölbte Krone von etwa 60 cm Durchmesser trugen – ein Sinnbild für die Geduld und das gärtnerische Können des japanischen Gärtners. Die Blüten, von denen jede einen Durchmesser von 1,2 – 2 cm hatte, blühten so verschwenderisch, dass sie die Blätter beinahe verdeckten. Es sind die spitzbübischen Augen lachender, errötender Blüten mit Grübchen.*

Wilson hatte die Azaleen von Kurume bereits 1914 in einer Gärtnerei nördlich von Tokio entdeckt, aber dies hier war ihr Hauptverbreitungsgebiet. Nachdem er sich in einem alten Garten die angebliche Ursprungspflanze angesehen hatte, stieg er auf den heiligen Berg Kirishama, wo er *Rhododendron kiusianum* zusammen mit

R. kaempferi und massenhaft Hybriden beider Arten stehen sah. Diese gelten als Eltern der Kurume-Hybriden, und Wilsons Entdeckung bestätigte ihre Herkunft.

Diese wunderschönen Pflanzen waren der Höhepunkt von Wilsons Zeit als Entdecker und Pflanzensammler, und überwältigt schrieb er: »Ich bin stolz, der Glückliche zu sein, der diese holde Maid in die Gärten des östlichen Nordamerikas einführen darf.« In Großbritannien wurde die Sammlung als »Wilson's Fifty« bekannt, doch eigentlich waren es einundfünfzig Varietäten der Kurume-Azalee.

Im März 1919 kehrte Wilson als zufriedener Mann ins Arnold Arboretum zurück. Die Kurume-Azaleen kamen in die Kisten mit den Pflanzen und Samen, und er hatte inzwischen viel von der Flora der bisher schlecht erforschten koreanischen Halbinsel entdeckt. Als man ihm die Stelle des zweiten Direktors des Arnold Arboretums anbot, beschlossen er und seine Familie, sich für immer in Boston niederzulassen. Für das Arboretum unternahm er eine zweijährige Werbetour und schrieb noch mehrere Bücher, von denen das erlesenste vielleicht *Plant Hunting – Smoke That Thunders* ist. Er schrieb regelmäßig Beiträge für die *Gardeners' Chronicle* in Großbritannien und das *Journal of the Arnold Arboretum* und *Horticulture* in Amerika. Seine Ratschläge muten aber zuweilen ein wenig seltsam an, etwa der, Pflanzlöcher für Bäume mit Dynamit anzulegen, statt sie auszuheben.

Als Charles Sargent 1927 starb, wurde Wilson sein Nachfolger. Er schmiedete Pläne, sich in sein geliebtes Gloucestershire zurückzuziehen, aber am 15. Oktober 1930 kamen er und Helen bei einem Autounfall ums Leben, als sie von einem Besuch bei der frisch vermählten Muriel zurückkehrten. Die Welt wurde vorzeitig um einen außergewöhnlichen Botaniker ärmer, der Vision, Leidenschaft, Humor und Menschlichkeit besaß. Wilson verdanken wir die Einführung von mehr als 1000 Arten, und es gibt wohl kaum einen Garten, in dem nicht wenigstens eine davon steht. Mit der Wirkung der von ihm eingeführten Pflanzen auf das frühe 20. Jahrhundert werden wir uns im folgenden Kapitel näher befassen, aber vielleicht sollten wir abschließend am besten ihn selbst zu Wort kommen lassen:

Einige Freunde haben gesagt: »Du hast auf deinen Wanderungen in die Winkel der Welt bestimmt eine Menge Entbehrungen ertragen müssen.« Das stimmt. Aber die zählen nicht, denn ich habe in den grenzenlosen Hallen der Natur gelebt und ihre Freuden reichlich genossen. Durch tropischen oder gemäßigten Regenwald mit Baumstämmen zu wandern, die würdevoller sind als gotische Säulen, unter Blätterbaldachinen, die in ihren unterschiedlichen Formen lieblicher sind als das Dach jedes von Menschen errichteten Gebäudes, die angenehme Kühle, die Musik eines murmelnden Baches, den Duft von Mutter Erde und die vermischten Gerüche von Abertausenden von Blüten – was machen da Entbehrungen aus, wenn man derart belohnt wird?

Von Ernest Wilson eingeführte Pflanzen

Hinter jedem Pflanzennamen ist das Jahr angegeben, in dem die Art nach Europa eingeführt wurde.

Clematis armandii (1900)
Clematis – nach dem griechischen »Klematis« (von *klema:* Ranke), eine Bezeichnung für verschiedene Kletterpflanzen
armandii – nach Père Armand David (1826–1900), französischer Missionar und Naturforscher

Eine reich blühende Waldrebe mit Büscheln cremeweißer, duftender Blüten von 5–8 cm Durchmesser, die im April und Mai erscheinen. Blätter immergrün, dreiteilig, dunkelgrün, ledrig und auffallend gerippt, bei der Sorte 'Apple Blossom' Blüten rosa überhaucht und Blätter im Austrieb bronzefarben, bei 'Snowdrift' rein weiß.

Die Art klettert bis 6 m hoch. Sie stammt aus China (Yunnan, westliches Sichuan und Hubei, Guizhou und Gansu), wo sie zwischen Sträuchern und an Flussufern bis 2400 m Höhe vorkommt.

Acer griseum (1901)
Acer (lat.) – altrömischer Name für den Ahorn (möglicherweise von *acer:* scharf, spitz, wegen der Blattform vieler Ahornarten)
griseum (lat.) – grau

Den deutschen Namen Zimtahorn verdankt die Art ihrer auffallend zimtbraunen, in großen Streifen abrollenden Borke. Auch die dreizähligen Blätter sind wunderschön, wenn sie sich im Herbst leuchtend scharlachrot und orange färben. Aus den gelben, zu dritt stehenden Blüten im Mai entwickeln sich die bekannten, zweiflügeligen Ahornfrüchte.

Heimat ist Zentralchina, wo der langsam wachsende Großstrauch in Mischwäldern mit Kirschen und anderen Ahornarten vorkommt und etwa 15 m hoch wird.

Davidia involucrata (1901 bzw. 1897)
Davidia – nach Père Armand David (s.o.)
involucrata (lat.) – eingehüllt (von Hüllblättern umgeben)

Kleine, kugelige Blütenköpfe im Mai, umgeben von je zwei ungleich großen, weißen Hochblättern, die an weiße Tauben oder Taschentücher erinnern. Der Taubenbaum (im Englischen auch »handkerchief tree« – »Taschentuchbaum« genannt) ist ein wunderschöner, mittelhoher Baum mit ausladenden Ästen und grob gezähnten, unterseits behaarten Blättern, die sich im Herbst orange färben. In Kultur ist fast nur *D. i.* var. *vilmoriniana* mit kleineren, unbehaarten Blättern, rötlich brauner Rinde und ohne einen Ring am Fruchtstiel zu finden (schon 1897 von Farges eingeführt).

Wächst in seiner Heimat Zentral- und Westchina in Mischwäldern mit Ahorn und Buchen und wird dort etwa 15 m hoch.

Dipelta floribunda (1902)
Dipelta (griech.) – *dis:* doppelt; *peltos:* Schild (wegen der zwei schildförmigen Hochblätter vor den Blüten)
floribunda (lat.) – reich blühend

Das Vielblütige Doppelschild ist ein aufrecht wachsender, Laub abwerfender Strauch mit dunkelgrünen Blättern und auffälligen geflügelten Früchten. Die im Mai zahlreich erscheinenden, 3 cm großen Blüten sind blassrosa mit gelbem Schlund und duften. *D. ventricosa* (flieder- bis rosafarbene Blüten) wurde 1904 ebenfalls von Wilson aus Westchina eingeführt, und durch George Forrest gelangte 1910 auch *D. yunnanensis* (cremefarbene, rosa überlaufene Blüten) nach Europa. Eine verwandte Art ist die Kolkwitzie *(Kolkwitzia amabilis)*, die 1901 wiederum von Wilson eingeführt wurde. Dieser anspruchslose Strauch wird bis 2,5 m hoch und ist im Mai voller hellrosa Blüten.

D. floribunda stammt aus Zentralchina (westliches Hubei und Shaanxi). Der Strauch wächst dort in bewaldeten Gebieten und Gebüschen und wird bis 5 m hoch.

Viburnum davidii (1904)
Viburnum – altrömischer Name für diese Gattung
davidii – nach Père Armand David (s.o.)

Wertvoller, immergrüner Schneeball mit glänzend grünen, ledrigen Blättern, deren Adern deutlich hervortreten. Im Juni stehen flache Doldenrispen weißer Blüten über dem Laub. Die Pflanzen sind etwas veränderlich und entwickeln entweder vorwiegend männliche oder weibliche Blüten. Aus Letzteren entwickeln sich bis zum Oktober auffallend türkisblaue, längliche Früchte. Durch Wilson wurde 1901 auch *V. betulifolium* (sommergrün, im Herbst Massen an johannisbeerartigen, roten Früchten) eingeführt. *V. henryi*, eine Art aus Westhubei und -sichuan mit duftenden, weißen Blüten und immergrünen, dicken Blättern, war zwar schon 1887 von Augustine Henry entdeckt worden, kam aber ebenfalls erst 1901 durch Wilson nach Europa.

V. davidii ist in seiner Heimat Westsichuan ein etwa 1 m hoher Strauch, der in Waldgebieten in 1800–2600 m Höhe vorkommt.

Lilium regale (1905)
Lilium (lat.) – altrömischer Name der Gattung
regale (lat.) – königlich

Blütezeit Juli und August, bis zu 20 intensiv duftende Blüten auf einem gut 1,5 m hohen, schlanken Trieb zwischen grünen bis purpurfarbenen Blättern. Einzelblüten trompetenförmig, innen weiß, außen purpur und rötlich. Aus anderen Tälern in Westsichuan brachte Wilson *L. sargentiae* mit, deren Blätter etwas breiter sind und deren Blüten ähnlich duften, außen aber grünlich purpurn sind.

Die Königslilie wächst in ihrer Heimat Westsichuan in abgelegenen Tälern in 800–2000 m Höhe an offenen, felsigen Hängen.

Primula pulverulenta (1905)
Primula (lat.) – Verkleinerungsform von *primus:* der Erste, wegen der frühen Blütezeit vieler Arten
pulverulenta (lat.) – bepudert

Im Juni und Juli an bemehlten Trieben in bis zu 10 Quirlen übereinander angeordnete, tiefrote oder purpurfarbene Blüten mit dunklem Auge. Die größte der Etagenprimeln, an den Rhizomen bis zu 30 cm lange, grüne, gekräuselte Blätter.

P. pulverulenta stammt aus dem westlichen Sichuan, wo sie an Wasserläufen und feuchten Stellen in bis zu 2000 m Höhe wächst.

Cornus kousa* var. *chinensis (1907)
Cornus – lateinischer Name für die Kornelkirsche (von *cornu*: Horn, wegen der Härte des Holzes)
kousa – japanischer Name für die Art
chinensis: aus China

Im Juni schmückt sich dieser Blumenhartriegel mit auffälligen, bis 12 cm großen, anfangs weißen, später rosa überlaufenen Hochblättern, die zu viert um die kleinen zentralen Blütenköpfe angeordnet sind. Im Herbst reifen dann erdbeerartige, essbare Früchte. Die Äste dieses Laub abwerfenden Großstrauchs sind häufig etagenförmig angeordnet. Von der Art unterscheidet sich die var. *chinensis* durch die fehlende Behaarung der Blattunterseite.

Der Japanische Blumenhartriegel kommt in Japan und Korea vor; die var. *chinensis* stammt aus dem mittleren und westlichen China. Dort wächst das bis 6 m hohe Gehölz an Waldrändern und in Gebüschen in 1200–3400 m Höhe.

Magnolia sinensis (1908)
Magnolia – nach dem französischen Botanikprofessor Pierre Magnol (1638–1715)
sinensis (lat.) – aus China

Sommergrüner Strauch, im Mai und Juni an weit ausladenden Zweigen hängende, über 10 cm breite, schalenförmige, weiße Blüten, nach Zitronen duftend, auffallend karminrote Staubblätter. Blätter dunkelgrün, unterseits dicht seidig behaart. Ähnlich ist *M. wilsonii* mit kleineren Blüten und schmaleren Blättern, sie stammt aus den feuchten Wäldern in Nordyunnan und Westsichuan, wird 8–10 m hoch, 1908 von Wilson nach Europa eingeführt.

Heimat ist der Nordwesten Sichuans, wächst in Wäldern und Dickichten in 2000–2600 m Höhe und kann dort über 5 m hoch werden.

8

Im Rhododendrenwald

George Forrest

(1873–1932)

Schon als kleines Kind liebte es George Forrest, im Freien zu spielen. Er streifte wie David Douglas vor ihm tagelang in der Umgebung seiner schottischen Heimat Kilmarnock herum, hatte seine wahre Freude an der Wildnis und entdeckte ihre Geheimnisse. Dieser Drang, im Freien zu leben und zu arbeiten, hielt sein ganzes Leben lang an, war aber zugleich der Grund dafür, dass er leider niemals einen vollständigen Bericht über seine achtundzwanzig Jahre als Pflanzensammler in Westchina schrieb. Er wollte sich diese Arbeit für seinen beschaulichen Lebensabend aufheben, der ihm aber leider nicht vergönnt war. Er starb am 5. Januar 1932 mit nur neunundfünfzig Jahren, vielleicht aufgrund der Anstrengungen, die er auf seinen sieben Expeditionen auf sich genommen hatte. Aber er starb

Links: Von seiner sechsten Reise im Jahr 1924, die von der Rhododendron Society gesponsert wurde, brachte Forrest die prächtige *Camellia saluensis* mit.

Oben: George Forrest, ein einfallsreicher Schotte, der sich auf mehreren entbehrungsreichen Reisen die wunderschönen Berge Yunnans eroberte.

auf eine Weise, die er wohl selbst gewählt hätte – nach erfolgreichem Abschluss seiner letzten Reise brach er in der Nähe von Tengyueh (heute Tengchung) auf der Jagd, einer seiner Lieblingsbeschäftigungen, inmitten der wundervollen Landschaft tot zusammen.

George Forrest wurde am 13. März 1873 in Falkirk geboren und begann nach einer Ausbildung an der Kilmarnock Academy, bei einem Apotheker zu arbeiten. Hier erfuhr er etwas über die medizinischen Wirkungen und Anwendungen vieler Pflanzen und über einfache chirurgische Eingriffe, und hier lernte er auch, wie man Herbarexemplare trocknete, etikettierte und präparierte – eine Fähigkeit, die sich später als nützlich erweisen sollte. Offenbar war er mit seiner Arbeit relativ zufrieden, aber als er eines Tages eine kleine Erbschaft machte, packte er seine Koffer und reiste – unter dem Vorwand, Verwandte besuchen zu wollen – 1891 nach Australien. Dort traf er auf dem Höhepunkt des Goldrausches ein und versuchte sein Glück als Goldsucher; offenbar blühte er unter den harten Bedingungen auf und machte sogar einen kleinen Profit. Schon mit achtzehn Jahren zeigte er Überlebenswillen, Tapferkeit, Entschlossenheit und ein unverdrossenes Gemüt – Eigenschaften, durch die er später zu einem erfolgreichen Pflanzensammler wurde.

Nach einer Zeit auf einer Schaffarm und einem Zwischenstopp in Südafrika kehrte Forrest 1902 nach Großbritannien zurück. Es gibt zwei Versionen darüber, wie er beim Royal Botanic Garden in Edinburgh eine Anstellung fand. Dem ersten, eher nüchternen Bericht zufolge schrieb er einfach an Professor Isaac Bayley Balfour, den Inhaber des Lehrstuhls. Romantischer ist aber die Geschichte, dass Forrest eines Tages an der Gladhouse-Schleuse angelte, als er plötzlich wegen eines heftigen Schauers Unterschlupf finden musste. Als er sich umsah, sah er die Ecke eines Steinsargs aus einem Grabhügel ragen, und es zeigte sich, dass in dem Sarg ein Skelett lag. Fasziniert von seinem Fund und beseelt von dem Wunsch, mehr darüber zu erfahren, besichtigte Forrest das Antiquarian Museum. Hier freundete er sich mit dem Museumspersonal an und lernte so den Professor kennen.

Die einzige freie Arbeitsstelle im Botanischen Garten war im Herbar, und so nahm Forrest diese an, »bis sich etwas Besseres ergab«. Zwei Jahre lang erweiterte er sein Wissen über blühende Pflanzen und offenbarte immer wieder ein paar andere exzentrische Charakterzüge. Die Arbeit im Büro entsprach nicht seinem Temperament, daher arbeitete er zum Ausgleich eine Zeit lang im Stehen, lebte außerhalb der Stadt und legte täglich die 19 km lange Strecke zu Fuß zurück. Die Wochenenden verbrachte er immer in den Bergen, wo er wanderte, angelte oder auf die Jagd ging. Er war humorvoll und konnte unzählige Anekdoten erzählen, obwohl er ziemlich reserviert war und sich nur in Gesellschaft von Freunden wohl fühlte.

Forrests großer Durchbruch kam 1903, als Professor Balfour von Arthur Kilpin Bulley (1861–1942) gebeten wurde, einen professionellen Pflanzensammler zu empfehlen, der nach China reisen sollte. Bulley, ein vermögender Kaufmann, war ganz begeistert von den vielen neuen Pflanzen, die aus China ins Land kamen, und wünschte sich eine Sammlung für seinen neuen Garten in Mickwell Bow, Ness, in der Nähe von Neston (heute sind es die Liverpool University Botanic Gardens). Er hatte schon mit Augustine Henry Kontakt aufgenommen, aber keine Pflanzen bekommen können, und beschloss daher, die Sache selbst in die Hand zu nehmen. Er wurde der erste und letzte Förderer groß angelegter Sammelexpeditionen des 20. Jahrhunderts. Im Mai 1904 reiste Forrest mit dem Auftrag ab, Südosttibet und Nordwest-Yunnan in Westchina zu erforschen. Außerdem hielt er, obwohl er für verschiedene Auftraggeber arbeitete, die Verbindung zu Professor Balfour aufrecht, dem er umfangreiche Herbarsammlungen von seinen vielen Expeditionen schickte.

Drei Monate nach seiner Abreise traf Forrest in Tengyueh in Yunnan ein. Der dortige britische Konsul, George Litton, erwies sich als sehr hilfreicher, lebhafter Gefährte. Die Landschaft in dieser Gegend Chinas wird von den drei großen Flüssen Mekong, Jangtse und Saluën beherrscht. Alle entspringen im Hochland von Tibet und fließen parallel durchs Land, bevor sie sich trennen und Tausende von Meilen voneinander entfernt in verschiedene Meere münden. Dieses Gebiet ist für Botaniker und Pflanzensammler so besonders ergiebig, weil die tiefen Täler und hohen Vorsprünge, die die Flüsse und ihre vielen Nebenflüsse einschneiden, ökologisch voneinander isoliert sind und jeweils ihre eigene Flora aufweisen. Außerdem ist das Spektrum an Wuchsformen aufgrund der geologischen und topografischen Verhältnisse dieser Gegend sehr breit gestreut: Auf den Talhängen gibt es viele Sträucher, auf den grasbewachsenen Hochebenen krautige Arten, und auf den hohen Kalksteinkämmen der Wasserscheide von Sheweli und Saluën gedeihen üppige Rhododendren. Dem Gärtner mag Letzteres etwas merkwürdig vorkommen, doch anders als im alkalischen Boden ist der »Kalk« des Kalksteins im Felsen gebunden, steht den Pflanzen nicht zur Verfügung und kann diesen Heidekrautgewächsen nicht schaden. Forrest berichtete als Erster über dieses Phänomen, und es dauerte viele Jahre, bis seine Beobachtungen anerkannt wurden.

Forrest verfügte über sehr viel Selbstdisziplin und Organisationstalent – beides sollte sich für den Erfolg seiner Expeditionen als lebensnotwendig herausstellen. Obwohl er in erster Linie Pflanzensammler war, verkörperte er in vieler Hinsicht den typischen viktorianischen Naturkundeforscher. Wie Sir Joseph Hooker vor ihm sammelte er Exemplare von Säugetieren, Insekten, Vögeln (darunter dreißig neue Arten) und geologische Proben. Ende August 1904 machte er sich von Tengyueh

Links: Diese aus Lianen und Bambus gefertigte Brücke über den Jangtse in der Provinz Yunnan ist ein typisches Beispiel dafür, wie unsicher das Überqueren eines Flusses damals war. Das Foto stammt aus dem Jahr 1905.

Rechts: George Forrest: Dieses Foto wurde im Gelände aufgenommen und zeigt ihn in seiner typischen Kleidung, einer Tweedjacke und Knickerbockers.

aus auf den Weg nach Talifu (heute Dali). Hier, in der größten Stadt der Provinz Yunnan, war Forrests Hauptlager für seine Erkundung der Berge im Norden und Westen. Da es aber bereits spät im Jahr war, verbrachte er das erste Jahr hauptsächlich damit, sich an Land und Leute zu gewöhnen und sein Wissen über die Flora dieser Gegend zu erweitern. Er freundete sich mit den Einheimischen an, lernte ganz gut Chinesisch und half ihnen mit seinem Apothekerwissen, ihre Beschwerden zu heilen. Auf eigene Kosten ließ er Tausende von Yunnan-Chinesen gegen Pocken impfen. Die chinesischen Sammler, die er zu Helfern ausbildete, wurden ergebene Freunde, die seine Ehrlichkeit und harte Arbeit respektierten.

Im Sommer des Jahrs 1905 unternahm Forrest seine erste richtige Pflanzenexpedition in den nordwestlichen Zipfel Yunnans. Die wilde Landschaft, die zuvor erst wenige Europäer bereist hatten, barg Mühen und Gefahren zugleich: Die Hälfte des Jahres waren die Pässe zwischen den Tälern verschneit, die holprigen Pfade verliefen oft am Rand von Abgründen, und die unschiffbaren Flüsse konnte man nur auf wackligen Bambushängebrücken überqueren. Zu allem Überfluss herrschten im gesamten Gebiet politischer Aufruhr und Bürgerunruhen. Die Lamas (tibetische Priester), die mit Gewalt und List die zahlreichen verarmten, abergläubischen einheimischen Stämme beherrschten, schürten eine starke Fremdenangst unter ihnen. Erzürnt über die unerlaubte Invasion der tibetischen Heiligen Stadt Lassa (heute Lhasa) durch die Briten unter Colonel Younghusband und über die Bestrebungen der chinesischen Behörden, die strategisch wichtige Stadt Patang (heute Batang) zu kontrollieren, schworen die Lamas Rache. Zuerst revoltierten die Lamas aus Patang und ermordeten den hochrangigen chinesischen Regierungsbeamten mitsamt seinen Gefolgsleuten. Dann exekutierten sie alle französischen Missionare, die in der Stadt stationiert waren, mit all ihren Konvertierten und zerstörten die Missionsgebäude. Der Aufstand breitete sich bis nach Atuntse, eine Handelsstation an der chinesisch-tibetischen Grenze, aus. Chinesische Truppen wurden dorthin gesandt, um die Aufständischen zu bezwingen, sahen sich aber plötzlich selbst von wütenden Einheimischen belagert.

Inzwischen sammelte Forrest nichts ahnend in aller Ruhe Pflanzen in den Bergen, nur drei Tagesmärsche südlich von Atuntse. Er weilte als Gast von Pater Dubernard, dem Oberhaupt der französischen katholischen Missionsstation, im kleinen Dorf Tzekou. Die am rechten Ufer des Mekong in etwa 1500 m Höhe gelegene Mission

Folgende Doppelseite: Das Gelände von Dali (früher Talifu) in China mit seinen breiten Flüssen und hohen Bergen machte das Reisen beschwerlich, aber die botanischen Entdeckungen entschädigten für alle Mühen.

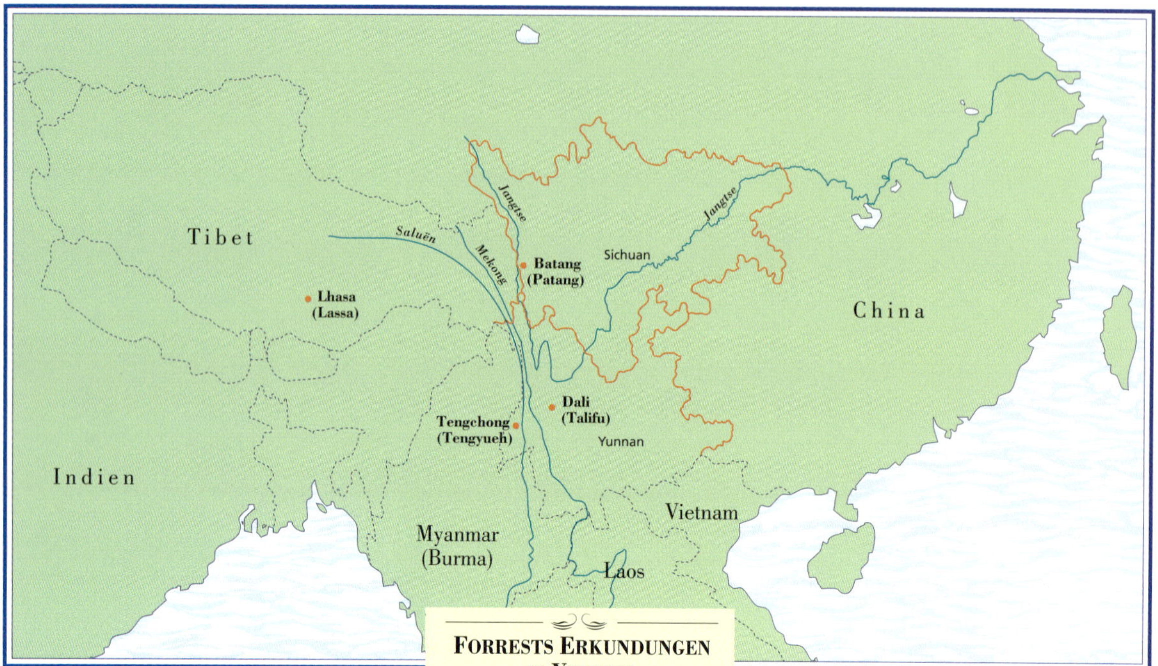

Forrests Erkundungen in Yunnan

war das Zuhause zweier älterer Priester und einiger einheimischer Familien, die zum Christentum konvertiert waren. Bald gab es im Dorf Gerüchte von den durch die Lamas verübten Grausamkeiten, die bei der Bevölkerung für Verwirrung und Schrecken sorgten. Obwohl fest etabliert, war klar, dass die Mission den Lamas ein Dorn im Auge war. Am 19. Juli traf die mit Schrecken erwartete Kunde ein – die chinesischen Truppen in Atuntse waren vernichtet worden, kriegerische Lamas rückten auf die Mission zu. Es blieb nur die sofortige Flucht ins nächste freundlich gesinnte Dorf, Yetche, etwa 50 km südlich. Den beiden Priestern und Forrest folgten auf dem mondbeschienenen Pfad seine Helfer und etwa sechzig Männer, Frauen und Kinder von der Mission. Sie gerieten beinahe sofort nach dem Aufbruch in Schwierigkeiten. Als sie sich am Lamakloster in Patong vorbeischleichen wollten, machte einer aus der Gruppe ein Geräusch. Sofort ertönte ein schriller Pfiff ringsum im Tal, sodass an eine heimliche Flucht nicht mehr zu denken war. Am frühen nächsten Morgen teilte ihnen ein Dorfbewohner mit, die Lamas hätten sie in der Nacht überholt und nun vor ihnen eine Blockade errichtet.

Zur Mittagszeit erreichte die Gruppe eine höhere Lage, von wo aus sie eine große schwarze Rauchwolke sah, die über der Mission aufstieg. Die beiden Priester beobachteten entsetzt, wie ihr Zuhause völlig niedergebrannt wurde, und ihr letztes bisschen Mut verließ sie, als sie den Hügel hinunterstiegen. Forrest wollte unbedingt möglichst schnell weitergehen, weil er hoffte, die Falle der Lamas zu durchbrechen, bevor diese sie richtig aufgebaut hatten, aber die beiden Priester waren völlig verzweifelt und wollten am Fluss im Tal eine Pause einlegen. Forrest beobachtete voller Wut, wie sie sich mit ihren Bekehrten hinsetzten, um etwas Proviant zu essen und sich auf den Tod vorzubereiten. Er verließ die Gruppe und kletterte auf einen Vorsprung in der Nähe, um die Umgebung auszukundschaften. Kaum hatte er den Gipfel erreicht, sah er einen großen Trupp bewaffneter Männer den Pfad hinunterrennen, auf dem sie gerade abgestiegen waren. Er stieß einen Warnschrei aus, und in panischem Schrecken zerstreute sich die Gruppe in alle Richtungen bei dem verzweifelten Versuch, zu entkommen. Doch es war zu spät: Die Lamas schlossen ihre Opfer ein. Einer der Priester, Vater Bourdonnec, rannte auf den Wald im Süden des Tals zu und achtete nicht auf Forrests Schreie, er solle in die andere Richtung laufen. Er war noch keine 200 m weit gekommen,

da durchbohrten ihn vergiftete Pfeile und er fiel hin. Die Tibeter stürzten sich sofort auf ihn und gaben ihm mit ihren riesigen doppelseitigen Schwertern den Rest. Unser kleines Häufchen von etwa 80 Leuten wurde der Reihe nach aufgegriffen oder gefangen genommen, nur 14 konnten entkommen. Zehn Frauen, Ehefrauen und Töchter von einigen unseres Gefolges, begingen Selbstmord, indem sie sich ins Wasser stürzten, um Sklaverei und Schlimmerem zu entgehen, das sie, wie sie wussten, erwartete, wenn man sie gefangen nahm. Von meinen eigenen 17 Sammlern und Dienern entkam nur ein einziger.

Forrest befand sich in einer schrecklichen Lage. Das Tal war 6,5 km lang und 2,5 km breit. Im Westen wurde es von einer hohen Bergkette und im Osten von dem schnell fließenden Mekong begrenzt. Auf den stark bewaldeten Kämmen im Norden und Süden wimmelte es inzwischen von blutrünstigen Lamas und deren Anhängern. Forrest beschloss, nach Osten auszubrechen, und rannte einen gefährlichen Klippenpfad aus Ästen und rutschigen Holzstämmen hinunter:

Und los gings nach unten auf den Hauptfluss zu, wo ich mich an einer der schärfsten Kanten plötzlich einer Bande feindlicher, gut bewaffneter Tibeter gegenübersah, die dort postiert waren, um den Durchgang zu blockieren. Sie waren knapp 100 m entfernt und nahmen sofort die Verfolgung auf, als sie mich erblickten. Für einen Augenblick zögerte ich – ich hatte ein Winchester-Repetiergewehr mit 12 Schuss, einen schweren Revolver und zwei Patronengürtel bei mir und hätte mich mühelos zur Wehr setzen können, aber ich befürchtete, mir den Weg nicht rechtzeitig freischießen zu können, bevor die, die sich, wie ich wusste, hinter mir befanden, auftauchten. Deshalb kehrte ich um und konnte nach einem verzweifelten Wettrennen meine Spuren verwischen, indem ich jedes Mal, wenn ich um eine

Ecke bog, vom Pfad heruntersprang. Ich fiel in dichtes Dschungelgestrüpp, in dem ich 60 m weit einen Steilhang hinunterrollte, bevor ich zum Stehen kam. Dabei zerfetzte ich meine Kleidung und holte mir ganz fürchterliche Prellungen. Dann gelangte ich hinter einen geeigneten Felsbrocken und bereitete mich auf die Gegenwehr vor, falls sie meine List entdeckten, wovon ich fest überzeugt war.

Doch das Glück war auf seiner Seite, und die Tibeter gingen an ihm vorbei. Forrest blieb bis zum Abend in seinem Versteck und versuchte dann, aus dem südlichen Ende des Tales zu entfliehen. Er kletterte über Felsen und durch dichten Wald bis in 900 m Höhe, musste aber feststellen, dass sein Weg von Lamagruppen blockiert war, die mit ihren Jagdhunden an den Lagerfeuern Wache hielten. Bei Tagesanbruch kehrte er niedergeschlagen zu seinem Versteck zurück. So ging das die folgenden acht Tage und Nächte. Solange es hell war, ruhte er sich an abgeschiedenen Stellen aus und entging seinen hartnäckigen Verfolgern, und nachts versuchte er, die südliche Barriere zu durchbrechen. In all dieser Zeit ernährte er sich notgedrungen nur von einer Hand voll Weizen und getrockneter Erbsen, die er auf dem Boden gefunden und geistesgegenwärtig eingesteckt hatte. Am zweiten Tag musste er seine Stiefel in einem Flussbett vergraben, weil sie klar erkennbare Spuren hinterließen:

An einem anderen Tag musste ich eine ganze Meile hüfthoch stromaufwärts waten, um einer Gruppe zu entgehen, die mir dicht auf den Fersen war; einmal kamen einige von ihnen ganz nah heran und schossen auf mich, wobei zwei Giftpfeile meinen Hut durchbohrten; ein andermal wurde mein Schlupfwinkel von einer Tibeterin entdeckt, eine von den vielen, die auf meine Verfolgung angesetzt worden waren. Einmal, als ich schlafend, erschöpft von meiner ergebnislosen nächtlichen Reise auf die Berghänge, unter einem Baumstamm im Flussbett lag, weckten mich Stimmen, und eine Gruppe aus 30 Lamas in voller Kriegsbemalung überquerte den Fluss ein paar Meter oberhalb von mir. Mit meinen Waffen hätte ich die meisten niederstrecken können, doch obwohl ich damals wütend war, riss ich mich zusammen, denn ich wusste, dass ich ein Hornissennest gegen mich aufbringen würde, wenn ich auch nur einen erschoss. Meine einzige Chance war es, mich ruhig zu verhalten.

Erschöpfung und Hunger forderten schließlich ihren Tribut, und am neunten Tag begann Forrest zu halluzinieren. Als er sich von seinem Delirium erholt hatte, wurde ihm klar, dass er körperlich am Ende war und es Zeit war, ein letztes Mal mutig Widerstand zu leisten. In der Mitte des Tales stand eine kleine Gruppe von Hütten, die dem örtlichen Stamm der Lissoo (Lissu) gehörten. An jenem Abend näherte sich der heruntergekommene Forrest mit Schnittwunden und Prellungen und vorsichtig auf geschwollenen Füßen laufend dem Dorf mit der Absicht, sich gewaltsam Nahrung zu verschaffen. Zum Glück waren die Dorfbewohner freundlich, sodass er von seinen Waffen keinen Gebrauch zu machen brauchte. Ihr einziges Nahrungsmittel war ein einfaches Gerstengericht, aber Forrest war so ausgehungert, dass er es gierig verschlang. Da er aber so lange nichts gegesssen hatte, bekam er eine Magenentzündung, die ihm monatelang Schmerzen bereitete. Unter großer Gefahr für sein eigenes Leben brachte ihn das Dorfoberhaupt nach vier Tagen Erholungspause in den Umkreis eines anderen freundlich gesinnten Dorfes hinunter. Da eine Gruppe Tibeter auf der Jagd nach Forrest am Abend zuvor in diesem Dorf genächtigt hatte, versteckte man den Schotten in einem etwa eine Meile entfernten Bauernhaus und bereitete in der Zwischenzeit seine Flucht vor. Er sollte hoch in die westliche Bergkette aufsteigen, sich dann nach Süden wenden und so die Gefahrenzone umgehen. Für den eifrigen Pflanzensammler war es betrüblich, dass sie »über Berge wanderten, die buchstäblich mit Primeln, Enzianen, Steinbrech, Lilien usw. bedeckt waren, denn diese unbekannten Hänge sind ein wahres Paradies für Botaniker«. Es herrschte jedoch gerade Regenzeit, und Forrest und seine Führer wurden völlig durchnässt. Nachdem sie sich mit Messern ihren Weg durch Bambus und Rhododendrenwälder gebahnt hatten, erreichten sie schließlich die Schneegrenze in etwa 5500 m Höhe. Forrest notierte:

> *Nachts hatten wir keine Decken; keine Nahrung außer ein paar Mund voll trockener Gerste, und es regnete und schneite so heftig, dass wir kein Feuer entzünden konnten. Als wir den Gipfel erreicht hatten, wandten wir uns nach Süden und reisten sechs Tage lang in dieser Richtung, über Gletscher, Schnee und Eis und schräge, zerklüftete Kalksteinschichten, die mir meine Füße zerfetzten.*

Auf dieser beschwerlichen Route konnte Forrest den Lamas entkommen, aber als die Gruppe über noch kantigere Felsen in die bebaute Ebene in 2700 m Höhe abstieg, trat er, »um meinem Unglück noch das i-Tüpfelchen aufzusetzen«, auf eine gemeine Bambusspitze. (Die Dorfbewohner versteckten diese im Feuer gehärteten, geschärften Bambusstücke rund um ihre Felder, um die Ernte vor Plünderern zu schützen.) Die 2,5 cm breite Spitze durchbohrte geradewegs den Fuß des Unglücksraben und stand oben mehr als 5 cm heraus. Forrest litt entsetzliche Schmerzen, und die Wunde heilte erst nach vielen Monaten.

Forrest humpelte in fürchterlichem Zustand weiter und erreichte Yetche ohne weitere Zwischenfälle. Nachdem er seine Wunden versorgt, ein herzhaftes Mahl zu sich genommen und sich ausgeruht hatte, machte er sich auf den Weg in die chinesische Stadt Hsias Wei Hsi. Wie Fortune verkleidete er sich als Tibeter, um unnötiges Aufsehen zu vermeiden. In Hsias Wei Hsi schloss er sich einer Kompanie 200 chinesischer Soldaten an und marschierte in neunzehn Tagen nach Talifu, wo er Ende August eintraf. Während seiner Flucht war Forrest als vermisst gemeldet und für tot erklärt worden. Das Auswärtige Amt hatte diese Information klugerweise so lange wie möglich zurückgehalten, in der Hoffnung, er möge irgendwie überlebt haben: »So trauerte meine Familie nur eine Woche lang um mich.«

In Talifu musste Forrest zu seinem Kummer erfahren, welch grausames Ende Pater Dubernard gefunden hatte. Zwei Tage nach dem Massaker im Tal hatten ihn die Lamas in seinem Versteck in einer Höhle aufgespürt. Sie zerrten ihn heraus, brachen ihm beide Arme, banden sie ihm auf den Rücken und schleiften ihn dann zu der niedergebrannten Mission in Tzekou zurück. Sie banden ihn an einen Pfahl und folterten ihn drei Tage lang systematisch zu Tode. Sie schnitten ihm Nase und Ohren ab, stachen ihm die Augen aus und rissen ihm die Zunge heraus. Jeden Tag schnitten sie ihm ein Finger- und Zehenglied ab und rissen zum Schluss seine Eingeweide heraus, schlugen ihm den Kopf ab und hauten ihn in Stücke. Teile seines und des Leichnams von Pater Bourdonnec wurden an verschiedene Lamaklöster in der Gegend verteilt und dort als Trophäen ausgestellt.

Forrest war zwar dankbar, am Leben zu sein, beklagte aber den Tod so vieler Freunde. Auch beunruhigte ihn der Verlust seiner gesamten Habe und …

> *… nahezu aller Ergebnisse der Arbeit einer ganzen Saison, eine Sammlung höchst kostbarer Pflanzen, insgesamt 2000 Exemplare, Samen von 80 Arten und 100 Fotonegative. Der Wert eines solchen Verlustes lässt sich nur schwer ermessen; da die Pflanzen aus einem völlig unerforschten Gebiet stammten, einem der artenreichsten der Welt, befand sich darunter vermutlich ein hoher Prozentsatz neuer Arten. Ich hatte in meinen Briefen ein paar Stücke nach Hause geschickt, und ungefähr ein Dutzend oder ein Drittel davon erwiesen sich als neue Arten.*

Eine derartige Erfahrung hätte einen verzagteren Mann sicher entmutigt, doch der robuste Forrest begleitete nach nur wenigen Ruhetagen seinen Freund George Litton nach Tengyueh, und am 11. Oktober 1905 brachen sie mit zahlreichen Trägern in den oberen Saluën-Distrikt auf. Für Forrest war dies so kurz nach einer sorgenvollen Zeit ein Probelauf. Die schmalen Pfade, oft nah am Abgrund und mit üppiger Vegetation bestanden (darunter einer Art Brennnessel, so groß wie ein Lorbeer), waren gefährlich rutschig und holprig: »An einigen Stellen mussten wir uns an überhängenden Ästen über Felsen hangeln oder an Stufen im Fels an den Klippen entlangkriechen, die für Lissoos, Affen oder andere Kreaturen, die bessere Greiffüße als Europäer haben, geeigneter gewesen wären.«

Sie hatten wenig Aussicht, ihren Speisezettel um Wild oder Vögel zu bereichern, und da in den Tälern ein fast tropisches Kleinklima herrschte, fand er, dass …

... es sehr viele und zugleich lästige Insekten gibt. Wesen mit unangemessen langen Beinen fallen einem plötzlich in die Suppe; große Raupen in prächtigen, aber giftigen Uniformen aus langen, farbenfrohen Haaren krabbeln auf die Laken mit der geschäftigen Miene eines Gastes, der sich einnisten möchte. Marienkäfer und andere Arten von Coleoptera fallen einem aus dem Dschungel ins Genick, während andere unerwünschte Viecher einem in die Unterwäsche krabbeln. Das Licht in den Zelten zieht eine ganze Armee von Kreaturen an, die kriechen, summen, fliegen, kriechen und stechen. Zikaden lassen den ganzen Tag lang ihr schrilles Gezirpe hören, und durch die Nähe von Lissoo-Kulis kommen auch andere fremde Gäste herein, von denen Pulex irritans (der Menschenfloh) bei weitem der am wenigsten schädliche ist.

Die Schönheit des Landes entschädigte Forrest mehr als alles andere für jegliche Unannehmlichkeiten. Später pflegte er sich lyrisch über die Szenerie am Saluën auszulassen und rief aus, dass ...

... sie unvergesslich bleibt für jeden, der sie im strahlenden Sonnenschein bewundert hat, der sich einstellt, nachdem die herbstlichen Regenfälle dem ersten Winter gewichen sind. Die große Vielfalt der Felsformationen, die üppigen Wälder und die Vegetation, und die Vielfalt der Lichteffekte zwischen den Gipfeln von Bergketten (3000–3900 m hoch) und der Abgrund, in dem der Fluss fließt, lassen ein gewaltiges Panorama von ständig sich wandelnder Schönheit entstehen. Am Morgen sendet die Sonne, wenn sie auf die Spitze der Mekong-Wasserscheide trifft, breite türkisfarbene Lichtstrahlen die seitlichen Schluchten zum Fluss hinunter, der sich in Silber zu verwandeln scheint. Die Kiefern oben auf den Bergkämmen ragen auf, als hätte sie die Hand eines japanischen Künstlers dort aufgereiht. Abends werden alle weitläufigen Hänge des Mekongufers von rotem und orangem Licht überflutet, die einen Fotografen herausfordern und einen (Maler wie William) Turner zur Verzweiflung bringen würden.

Obwohl die Gruppe vor dem kriegerischen Wesen der Ortsansässigen gewarnt worden war (eine Gruppe Deutscher war wenige Monate zuvor massakriert worden) und immer wieder Zeuge kriegerischer Auseinandersetzungen zwischen den Stämmen wurde, konnte sie alle ernsthaften Konfrontationen vermeiden. Eine surreale Begegnung hatten sie mit einer Gruppe von Kriegern, die von einem Propheten angeführt wurde, der ein Stück Papier umklammert hielt. Der Prophet teilte ihnen mit, sie hätten himmlische Anweisungen erhalten, jemanden zu töten, und dachten, das Oberhaupt des benachbarten Stammes eigne sich als Opfer, doch er würde gern die Meinung des Fremden zu seiner Wahl hören. Etwas verdutzt legte Forrest »ihm wärmstens ans Herz, nach Hause zu gehen und sich darum zu kümmern, dass sein Mais gemahlen werde«. Bei anderer Gelegenheit wurden sie

Forrests Lager in den Lichiang-Bergen im Nordwesten Yunnans. Im Vordergrund sieht man einige Mitglieder des Teams, das Forrest auf all seinen Erkundungen half.

versehentlich in einen Streit verwickelt, in dem es darum ging, wer der Besitzer einer Hängebrücke war. Die Dörfer zu beiden Seiten des Flusses beanspruchten diese für sich (und wollten deshalb beide Wegegeld erheben), und als das Dorfoberhaupt vom gegenüberliegenden Ufer aus einen Giftpfeil abschoss, beschlossen Forrest und Litton, Partei zu ergreifen. Sie feuerten mit ihren Winchesterflinten auf die Klippe, die dem Dorfvorsteher am nächsten lag, sodass er, als der Fels um ihn herum zerbarst, zu der Überzeugung gelangte, Vorsicht sei doch die Mutter der Porzellankiste. Die Expedition nahm ein trauriges Ende, als Litton nach ihrer Rückkehr nach Tengyueh an Malaria erkrankte und am 9. Januar 1906 an Schwarzwasserfieber (einer besonders schweren, meist rasch zum Tod führenden Form der Malaria) starb.

Ein melancholischer Forrest machte sich im März auf, um die Lichiang-Bergkette (heute Likiang) an der Stelle zu erkunden, wo sie den Jangtse zu einer gewaltigen Biegung zwingt. Monatelang durchkämmte er diesen »einzigen ausgedehnten Blumengarten« mit seinem Team von geschulten Pflanzensammlern, erkrankte aber an der Saluën-Malaria, die schon in ihm geschlummert hatte. Er musste zur ärztlichen Behandlung nach Talifu zurück, aber kaum war er dort, ignorierte er die inständigen Bitten des Arztes, nach Großbritannien zurückzukehren. Die Angst, noch eine Saison zum Sammeln zu verpassen, überwog seine Sorge um die eigene Gesundheit, und er brauchte mehrere schmerzvolle Wochen, um sich zu erholen, wobei er gleichzeitig seine kleine Armee von einheimischen Arbeitern organisierte, die für ihn sammeln sollten. Schließlich zahlte sich Forrests Hartnäckigkeit aus, und er fuhr 1906 mit einem beeindruckenden Schatz von Samen, Wurzeln und Pflanzen nach Hause, zu denen auch *Lilium langkongense*, *Rhododendron dichroanthum*, *Primula bulleyana* und *P. vialii* gehörten.

Trotz der Traumen seiner früheren Reisen unternahm Forrest in den folgenden sechsundzwanzig Jahren noch sechs andere Expeditionen in sein geliebtes Yunnan. Seine späteren Besuche waren nicht ganz so gefährlich wie sein erster, aber immer noch wurden sie durch die Feindseligkeit der Bewohner und Bürgerunruhen erschwert. In China zu leben war, wie Forrest ahnungsvoll schrieb, als zelte man auf einem aktiven Vulkan. Auf seiner dritten Reise traf er 1912 in Tengyueh ein und fand das Land in Aufruhr. Im vergangenen Herbst hatte es eine Revolution gegeben, die bald auf alle Distrikte übergriff und dort für Chaos und Verwirrung sorgte. Alte Rechnungen wurden auf die für dieses Gebiet typische grausame Art beglichen, und es wurden,

Die Orchideenprimel *(Primula vialii)* gehört zu den beeindruckendsten Stauden, die Forrest von seiner ersten Reise aus Yunnan mitbrachte.

Trotz der Revolution, die seine dritte Reise nach Yunnan im Jahr 1912 überschattete, fand Forrest viele Juwelen, darunter das großartige *Rhododendron sinogrande*.

angeblich im Namen des Friedens, neue Abscheulichkeiten begangen. Forrest musste sich notgedrungen über die Grenze nach Burma (Myanmar) zurückziehen und schickte von dort aus seine Truppe Einheimischer zum Sammeln los. Nach einigen Monaten erzwungener Untätigkeit konnte er nach Yunnan zurückkehren und nahm das Pflanzensammeln in den Tali- und Lichiang-Bergen wieder auf. Zu den vielen anderen botanischen Glücksmomenten, die er in dieser Zeit erlebte, gehörte auch die Entdeckung des großartigen *Rhododendron sinogrande*. Im Oktober 1913 kehrte er nach Talifu zurück, aber »an dem Tag, an dem ich die Stadt betrat, meuterten die örtlichen Soldaten, ungefähr 3000 Mann, erschossen ihre

Offiziere bei der Morgenparade und nahmen die Stadt ein«. Forrest und sein Freund Reverend Hanna wurden gefangen genommen und gezwungen, der örtlichen Miliz drei Wochen lang ärztlichen Beistand zu leisten. Schließlich wurde Talifu von loyalen Truppen aus der Provinzhauptstadt Yunnanfu gestürmt und die Stadt nach großem Blutvergießen zurückerobert.

Forrests vierte Reise von 1917–1919 und seine folgenden (1921–22, 1924–25, und 1930–32) wurden von der Rhododendron Society gesponsert, die ihn als Reaktion auf das wachsende Rhododendrenfieber losschickte. Er fand über 300 neue Arten, darunter *R. griersonianum*. Diese Fülle an neuem Material machte eine Neubewertung der Gattung *Rhododendron* notwendig, eine Aufgabe, die Forrests Mentor, Professor Balfour, übernahm. Im November 1930 schiffte Forrest sich zu seiner »letzten« Reise ein, auf der er all seinen alten Jagdgründen einen Besuch abstatten wollte. Besonders begierig war er darauf, all jene Arten zu sammeln, die nach ihrer Ersteinführung in Großbritannien eingegangen waren. In einem seiner letzten Briefe schrieb er triumphierend nach Hause:

Ein solcher Überfluss an Samen, dass ich gar nicht weiß, wo ich anfangen soll – fast alles, was ich mir gewünscht habe, und das heißt eine ganze Menge. Primeln im Überfluss, von einigen 3–5 Pfund Samen, dasselbe bei Meconopsis, Nomocharis, Lilium sowie Zwiebeln der Letztgenannten. Wenn ich mit allen fertig bin und sie verpackt habe, rechne ich damit, dass sie zwei, wenn nicht mehr Muliladungen mit gutem, sauberem Samen ergeben, das entspricht 400–500 Exemplaren, und eine Muliladung bedeutet 130–150 Pfund. Das heißt ungefähr 300 Pfund Samen ... Wenn alles gut geht, ist dies der ruhmreiche und zufrieden stellende Abschluss all meiner vergangenen, entbehrungsreichen Jahre.

Das war das würdige Ende einer bemerkenswerten Karriere. Forrest starb am 5. Januar 1932 an Herzversagen und wurde auf dem kleinen Friedhof in Tengyueh, ganz nah bei seinem alten Freund George Litton, begraben. Es ist ein passender Ort für einen Mann, dessen Herz immer in den wilden Bergen des Himalaja schlug.

Wenn der Reichtum und die Schönheit der Flora des Fernen Ostens Reisebotaniker und Pflanzensammler wie Fortune, Forrest, Wilson und Kingdon-Ward in Erstaunen versetzte, so war die Wirkung der Pflanzen bei ihrer Rückkehr nach Großbritannien nicht minder groß. Was allerdings die Veränderungen im Garten betrifft, so muss man ihr Werk gemeinsam betrachten. Nach mehr als einem halben Jahrhundert, in dem in den Gärten das Künstliche dominierte, musste unweigerlich die Kehrtwendung erfolgen – die Natur, die so lange Zeit verbannt worden war, wurde nun wieder herzlich begrüßt. Die Abwendung von den viktorianischen Exzessen gipfelte im edwardianischen Garten.

Der hitzköpfige Ire William Robinson (1838–1935) war der glühendste Verfechter einer Rückkehr der Natur und winterharter Pflanzen im Garten; 1883 wurde erstmals *The English Flower Garden* veröffentlicht. Die viktorianische Mode für künstlich geschaffene Pflanzenarrangements wich der Gruppierung von Pflanzen als szenische Zurschaustellung. In den Gewächshäusern wurden die Stufengestelle entfernt, die Schaustücke aus ihren Töpfen genommen und in Beete gepflanzt. Ein Beispiel dieser Art Zurschaustellung bietet noch heute das Palmenhaus in Kew.

Im Freiland verloren die Koniferen an Beliebtheit und mussten wieder den Laubbäumen weichen. Viele der neuen Bäume und großen Sträucher aus dem Osten liebte man wegen ihrer interessanten Form, ihrer exotischen Blüten oder ihres bunten Laubs. Besondere Faszination übte panaschiertes, purpurfarbenes und goldenes Laub aus. Unter die Bäume pflanzte man zusätzlich noch fernöstliche Stauden, Zwiebelpflanzen und kleine Büsche. In den 1880ern kam ein neuer Trend auf – die Nachahmung fremdländischer Szenerien, die möglichst natürlich wirken sollte. Ein besonders beliebtes Thema war der Wald aus Himalaja-Rhododendren, angeregt durch Hookers *Himalayan Journals*, in Cragside in Northumbria beispielhaft umgesetzt, wo Lord Armstrong in den 1890er Jahren »mehrere Hunderttausend« Rhododendren setzen ließ.

Gegen Ende des 19. Jahrhunderts wurden Robinsons dogmatische Vorgaben den Architekten John Dando Sedding und Sir Reginald Blomfield zu viel, die sich für eine formalere Gartengestaltung einsetzten. Dies wurde als »Battle of Styles« bekannt, und während die Diskussion noch erbittert hin und her ging, tauchte ein neuer Stil auf – der heimische »Arts and Crafts«-Garten, mit dem man zum Englischen zurückkehrte.

Forrest war hingerissen von den azurblauen Blüten von *Gentiana sino-ornata*, der vielleicht hübschesten alpinen Pflanze Südwestchinas, die er 1910 entdeckte.

In den Jahren vor dem Ersten Weltkrieg wurden zum letzten Mal große Reichtümer angehäuft und riesige Häuser gebaut, und es war Sir Edwin Lutyens (1869–1944), der mehr als jeder andere Architekt die edwardianische Ausdrucksform der Architektur der Arts-and-Crafts-Bewegung verkörpern sollte. Seine Art, eine Symbiose des Standorts mit ein-heimischen Materialien und traditionellen Techniken, war ohnegleichen. Nach dem Häuserboom folgte ein Gartenboom. Die anerkannte Führerin der neuen Gartenbewegung war Gertrude Jekyll (1843–1932). Sie setzte die Prinzipien der Farbtheorie ein, um mit Pflanzen Gartenbilder zu malen. Brent Elliott formulierte es in *The Country House Garden* (1995) folgendermaßen: »Die erste von Jekylls Erneuerungen, die allgemeine Akzeptanz erlangen sollte, bestand darin, ein gemischtes Beet oder eines mit Stauden zu bepflanzen ... Beete wurden traditionell in Reihen oder Blöcken bepflanzt: Jekyll empfahl stattdessen, sie in breiten, unregelmäßigen Massen zu bepflanzen und somit die Pflanzen in pseudonatürlichen Haufen zu gruppieren.«

Gertrude Jekyll und Sir Lutyens waren geistige Verwandte. Gemeinsam erschufen sie eine neue Art von Garten: Der Rahmen des Gartens war eine Erweiterung der Architektur des Hauses, dessen Entwurf auf einfallsreich eingesetzter Geometrie beruhte, wobei Mauern oder eine gestutzte Eibenhecke eine Unterteilung und Umfriedung bildeten. Die Bepflanzung im Garten war zugleich diszipliniert und verschwenderisch, winterharte blühende Pflanzen wurden sorgfältig zusammengestellt, wobei man ihre Blütezeit, Farbe, Form und Duft mit einbezog. Nicht jeder konnte sich einen Garten à la Jekyll leisten, aber durch ihre zahlreichen Bücher und Artikel verbreitete sie ihre Botschaft. So kam eine neue Gartenmode auf, die uns bis heute beeinflusst. Innerhalb dieses Gartentyps wurden die neuen winterharten Pflanzen aus dem Osten von den »altmodischeren« Bewohnern herzlich und freundlich aufgenommen. Rhododendren, Koniferen, Zierbäume und Blütensträucher verschönerten Waldlandschaft und Wildgarten, während alpine Stauden sich in die Ritzen des Steingartens und die Spalten von Trockensteinmauern schmiegten. Im formalen Garten rund ums Haus wurden Beete und Rabatten mit neuen Ein- und Zweijährigen, Zwiebelblumen und Stauden belebt.

Die Partnerschaft zwischen Lutyens und Jekyll verkörpert der edwardianische Garten – »Gardens of a Golden Afternoon«, wie Jane Brown es in ihrem gleichnamigen Buch treffend beschrieb. Aber 1914 ging die Sonne unter und sollte nie mehr so hell scheinen. Das Landhaus und der Landgarten, die hohen Arbeitsaufwand erforderten und von niedrigen Brennstoffkosten und -steuern abhängig waren, waren nicht in der Lage, die gewaltigen gesellschaftlichen und wirtschaftlichen Veränderungen zu überstehen, die der Erste Weltkrieg herbeiführte.

Von George Forrest eingeführte Pflanzen

Hinter jedem Pflanzennamen ist das Jahr angegeben, in dem die Art nach Europa eingeführt wurde.

Primula bulleyana (1906)
Primula (lat.) – Verkleinerungsform von *primus*: der Erste, wegen der frühen Blütezeit vieler Arten
bulleyana – nach dem englischen Gärtner und Pflanzenzüchter Arthur Killin Bulley (1861–1942) von der Baumschule Bees

Bis zu 70 cm lange Blütentriebe, im Juni und Juli farbenprächtige Quirle von anfangs roten, im Abblühen orangefarbenen Blüten. Die Blätter dieser Kandelaberprimelart werden bis 35 cm lang. Im selben Jahr wurden von Forrest *P. beesiana* (Blüten karmin bis rosa mit orangefarbenem Auge) und *P. poissonii* (Blüten tiefrot und purpur) eingeführt.

P. bulleyana wächst in ihrer Heimat, dem Nordwesten Yunnans und dem südwestlichen Sichuan, auf feuchten Bergwiesen und an Flussufern in Höhen von 2500–3300 m.

Primula vialii (1906)
vialii – nach Paul Vial, einem französischen Missionar

Den Namen Orchideenprimel verdankt diese Art den Blütenständen, die tatsächlich an die mancher einheimischer Orchideen erinnern. Blüten klein, duftend, rosa bis fliederfarben, im Juli und August, dicht gedrängt an der Spitze der 30–60 cm langen Stiele, in schönem Kontrast zu den leuchtend scharlachroten Knospen. Blätter schmal, 20–30 cm lang, weich behaart, erscheinen erst im Mai, viel später als bei anderen Primeln. Weicht von allen anderen Primeln sehr ab. 1885 von Delavay entdeckt, aber damals nicht eingeführt. Forrest führte auch *P. secundiflora* (Blüten nickend, glockenförmig, rötlich purpur) und *P. forrestii* (Blüten leuchtend gelb, in Kultur schwierig) ein.

Die Orchideenprimel kommt in China im Nordwesten Yunnans und Südwesten Sichuans vor, wo sie in nassen Wiesen in 2800–3400 m Höhe wächst.

Gentiana sino-ornata (1910)
Gentiana – nach Gentius (laut Plinius um 500 v. Chr. [?] König von Illyrien)
sino-ornata (lat.) – *sino:* China-; *ornata:* geschmückt

Ein herbstblühender Enzian für den alpinen Steingarten. Über Matten hellgrüner Triebe und Blätter entfalten sich aus langen, spitzen Knospen bis 5 cm große, himmelblaue, trompetenförmige Blüten.

Die Art stammt aus Südwestchina und wächst dort an felsigen Hängen und auf Wiesen zwischen 3600 und 5500 m Höhe.

Rhododendron haematodes (1911)
Rhododendron (griech.) – *rhodon:* Rose; *dendron:* Baum
haematodes (griech.) – blutähnlich

Im Mai und Juni öffnen sich die intensiv scharlachroten, glockenförmigen Blüten dieses kompakten, immergrünen Strauchs. Blätter dunkelgrün, unterseits dicht wollig rotbraun behaart. Von Forrest wurden außerdem 1910 *R. neriifolium* (scharlachrote Blüten) und 1918 *R. h.* ssp. *chaetomallum* (blüht im April und Mai blutrot) eingeführt.

R. haematodes wächst in seiner Heimat Westyunnan in 3400–4000 m Höhe in alpinen Wiesen und Gebüschen und wird 0,5–1,5 m hoch.

Rhododendron sinogrande (1913)
sinogrande (lat.) – *sino:* China-; *grande:* groß, stattlich

Über großen, glänzend dunkelgrünen Blättern öffnen sich im April große Trauben cremegelber, glockenförmiger Blüten mit karminroten Flecken. Hat unter allen Rhododendren die auffälligsten Blätter, bis zu 90 cm lang, 30 cm breit, unterseits silbergrau filzig behaart. Forrest führte 1919 auch das bis 30 m hohe *R. protistum* ein (Blätter über 50 cm lang, Blüten Februar bis April, rosa bis purpurrot).

Die Heimat von *R. sinogrande* reicht von Yunnan in China über das nördliche Myanmar bis ins indische Arunachal Pradesh und Südosttibet. Der Baum wächst dort in regenfeuchten, temperierten Mischwäldern zusammen mit Bambus und anderen Rhododendren in Höhenlagen von 2100–4300 m und kann 12 m hoch werden.

Rhododendron griersonianum (1917)
griersonianum – nach R. C. Grierson, Zollbeamter in Yunnan und ein Freund von Forrest

Die leuchtend scharlachroten, glockigen Blüten über dem dunkelgrünen Laub öffnen sich im Juni. Der reich blühende, anfangs schwachwüchsige Strauch ist eine der bedeutendsten Arten für die Züchtung.

Die bis zu 3 m hohe Art kommt im westlichen Yunnan in China sowie im oberen Myanmar vor. Sie wächst dort in Lichtungen und Gebüschen von Nadel- und Mischwäldern in 2100–2700 m Höhe.

Camellia reticulata (1924)
Camellia – nach Georg Josef Kamel (1661–1706), einem Jesuitenmissionar aus Brünn, der die ersten Kamelien überhaupt nach Europa brachte
reticulata (lat.) – netzartig

Prachtvolle, ungefüllte Blüten bis 10 cm Durchmesser mit rosafarbenen Blütenblättern und hellgelben Staubfäden öffnen sich im Mai. Auch die ledrigen, auffallend netznervigen immergrünen Blätter haben hohen Zierwert. Bis diese ungefüllte Wildform der Netzkamelie entdeckt wurde, galt die heute 'Captain Rawes' genannte, halb gefüllte Sorte als Typus der Art. 'Trewithen Pink' (intensiv rosa, halb gefüllt) und 'Mary Williams' (Caerhays, 1942, rosa bis karminrot, einfach) sind weitere Sorten. Aus Kreuzungen mit anderen Kamelien entstanden 'Salutation' *(C. r.* x *C. saluensis*, blassrosa) und 'Leonard Messel' *(C. r.* x *C. x williamsii*, intensiv rosa, halb gefüllt.

In ihrer Heimat Westyunnan wächst die Netzkamelie ursprünglich in Kiefernwäldern und Gebüschen bis 2000 m, wird aber in China schon sehr lange kultiviert, vor allem in der Nähe von Tempeln. Am natürlichen Standort wird sie bis 10 m, in Gärten jedoch kaum über 3 m hoch.

Camellia saluensis (1924)
saluensis – nach dem Saluën (Fluss in Myanmar und China)

Im Mai verschwindet das dunkelgrüne Laub unter einem Meer ungefüllter, blassrosa Blüten von bis zu 6 cm Durchmesser. Besondere Bedeutung besitzt dieser mittelhohe, immergrüne Strauch für die Züchtung. Durch Kreuzung mit *C. japonica* entstand 1925 bei J. C. Williams in Caerhays Castle (Cornwall, Großbritannien) die wertvolle *C.* x *williamsii*. Sehr schöne, reich blühende Sorten dieser Kreuzung sind 'Anticipation' (karminrot), 'Debbie' (kirschrosa), 'Donation' (rosa, halb gefüllt) und 'J. C. Williams' (phloxrosa).

Die Art stammt aus dem Nordwesten der chinesischen Provinz Yunnan (Vulkanberge am Fluss Shweli und Tal des Jangtse). Der 2–6 m hohe Strauch wächst dort an Felshängen und Flussläufen in Höhen von 1800–2700 m.

Magnolia campbellii* ssp. *mollicomata (1924)
Magnolia – nach dem französischen Botanikprofessor Pierre Magnol (1638–1715)
campbellii – nach Dr. Archibald Campbell (1805–1874), Gouverneur in Nordindien
mollicomata (lat.) – weich behaart

Im Februar oder März entfalten sich an den noch kahlen Zweigen prächtige rosa bis purpurfarbene Blüten, die von ihrer Form an die der Seerosen erinnern. Diese Unterart ist weniger frostempfindlich als *M. campbellii* selbst. Sie unterscheidet sich von der Art eigentlich nur durch die Blätter, die unterseits meistens behaart sind, sowie durch die silbergraue Rinde.

Stammt aus den Regenwäldern der gemäßigten Gebiete im Nordosten von Myanmar und dem chinesischen Yunnan. Der bis 20 m hohe Baum kommt dort in Höhen um 2400 m vor, zusammen mit Eichen, anderen Magnolien und Rhododendren (*R. grande*, *R. arboreum* und das epiphytische *R. dalhousiae*). Das Verbreitungsgebiet der Art selbst reicht vom Osten Nepals über Sikkim und Bhutan bis in den Südwesten Chinas.

9

Im Königreich des blauen Mohns

Frank Kingdon-Ward

(1885–1958)

Auf zweiundzwanzig Reisen innerhalb von fünfundvierzig Jahren botanisierte Frank Kingdon-Ward in den entlegensten Winkeln Burmas (Myanmar), Tibets und Assams. Außerdem veröffentlichte er etwa vierzehn Bücher, in denen er von seinen Abenteuern berichtete. Er wurde am 6. November 1885 in Withington, Lancashire, geboren. Kurz zuvor war sein Vater, Harry Marshall Ward (1854–1906), zum Professor für Botanik am Royal Indian Engineering College in Cooper's Hill in Surrey ernannt worden, zehn Jahre später hatte dieser den Lehrstuhl für Botanik in Cambridge inne. Angeregt durch seinen Vater, erwarb sich Frank eine Liebe zur Natur, ausgenommen Schlangen, vor denen er große Angst hatte. Er war ein

Links: Dieser blau blühende Scheinmohn *(Meconopsis betonicifolia)* wurde 1924 von Kingdon-Ward wieder eingeführt, wobei die große Menge an Saatgut, das er gesammelt hatte, dafür sorgte, dass seine Einführung von Erfolg gekrönt war.

Oben: Frank Kingdon-Ward war der am längsten tätige professionelle Pflanzensammler. Er erkundete Asiens Gebirge fünfundvierzig Jahre lang und war außerdem ein leidenschaftlicher Geograf, auf den der Himalaja eine unermessliche Faszination ausübte.

unabhängig denkendes Kind, das oft allein im Freien zeltete. Durch die Lektüre von Schrimpers *Plant Geography* wurde sein Reisefieber geweckt: »Diese Bilder hinterließen bei mir einen tiefen Eindruck und brannten in mein Herz den sehnlichen Wunsch, die Tropenwaldgebiete mit meinen eigenen Augen zu sehen.«

Nach dem Besuch der St. Paul's School in Hammersmith, London, schrieb sich Kingdon-Ward mit neunzehn Jahren ins Christ's College in Cambridge für Naturwissenschaften ein, doch durch den frühen Tod seines Vaters im Jahr 1906 und die schlechten finanziellen Verhältnisse seiner Familie sah er sich gezwungen, Arbeit zu suchen. Er beendete sein Studium sehr rasch, wobei er sich einen Ehrengrad der zweiten Klasse in zwei statt – wie üblich – drei Jahren erwarb, und nahm die erste Arbeit an, die Überseereisen anbot. 1907 wurde er in China Lehrer an der Public School in Shanghai. Während eines zweitägigen Stopps in Singapur erfüllte er sich seinen Traum: den Besuch eines Regenwaldes. Er wandelte wie verzaubert inmitten des Dschungels, und am Abend schlief er unter den Sternen ein.

Noch mehr angespornt durch die abenteuerlichen Berichte Joseph Hookers *(Himalayan Journals)*, Alfred Russel Wallaces *(Island Life)* und Henry Bates' *(Naturalist on the Amazon)*, erforschte Kingdon-Ward in den Sommerferien Java und Borneo. Zurück in Shanghai betrieb er seine Lehrtätigkeit etwas nachlässiger, da sie für ihn nur noch Mittel zum Zweck war. Zwei Jahre später kündigte er, um quer durch China zu reisen. Malcolm P. Anderson, ein amerikanischer Zoologe, hatte über einen gemeinsamen Freund von Kingdon-Ward gehört und lud ihn ein, an seiner Expedition teilzunehmen, deren Ziel eine Reise quer durch Mittel- und Westchina nach Kansu im Süden war, auf der unterwegs Tiere gesammelt werden sollten. Die Gruppe brach im September 1909 auf, und der unerfahrene Kingdon-Ward machte sich als Helfer nützlich. Es gelang ihm, eine kleine Sammlung Pflanzen zusammenzustellen, die er der Botany School in Cambridge präsentierte.

Ein Jahr später, zurück in Shanghai, nahm er seine Lehrtätigkeit wieder auf, aber »das Reisen hatte meine Seele zu stark infiziert«, und ungeduldig wartete er darauf, wieder reisen zu können. Wie es das Schicksal fügte, erhielt er im Januar 1911 einen Brief von Arthur Kilpin Bulley, der ihn bat, eine Pflanzenexpedition nach Yunnan durchzuführen. Bulleys früherer Sammler, George Forrest, war von J. C. Williams aus Caerhays in Cornwall »einkassiert« worden, sodass sich Builley nach einem Ersatz umsehen musste. Kingdon-Ward, den Neuling unter den Reisebotanikern, dem noch die entsprechende Erfahrung fehlte, erwartete seine Feuertaufe.

Anfang 1911 verließ er Shanghai für die erste Etappe, die lange Reise zu seiner Basis in Talifu (heute Dali) in Yunnan. Nach zwei Bootsfahrten, einer Zugfahrt und einer langsamen Dampfschifffahrt trottete sein Maultierzug am 26. Februar schließ-

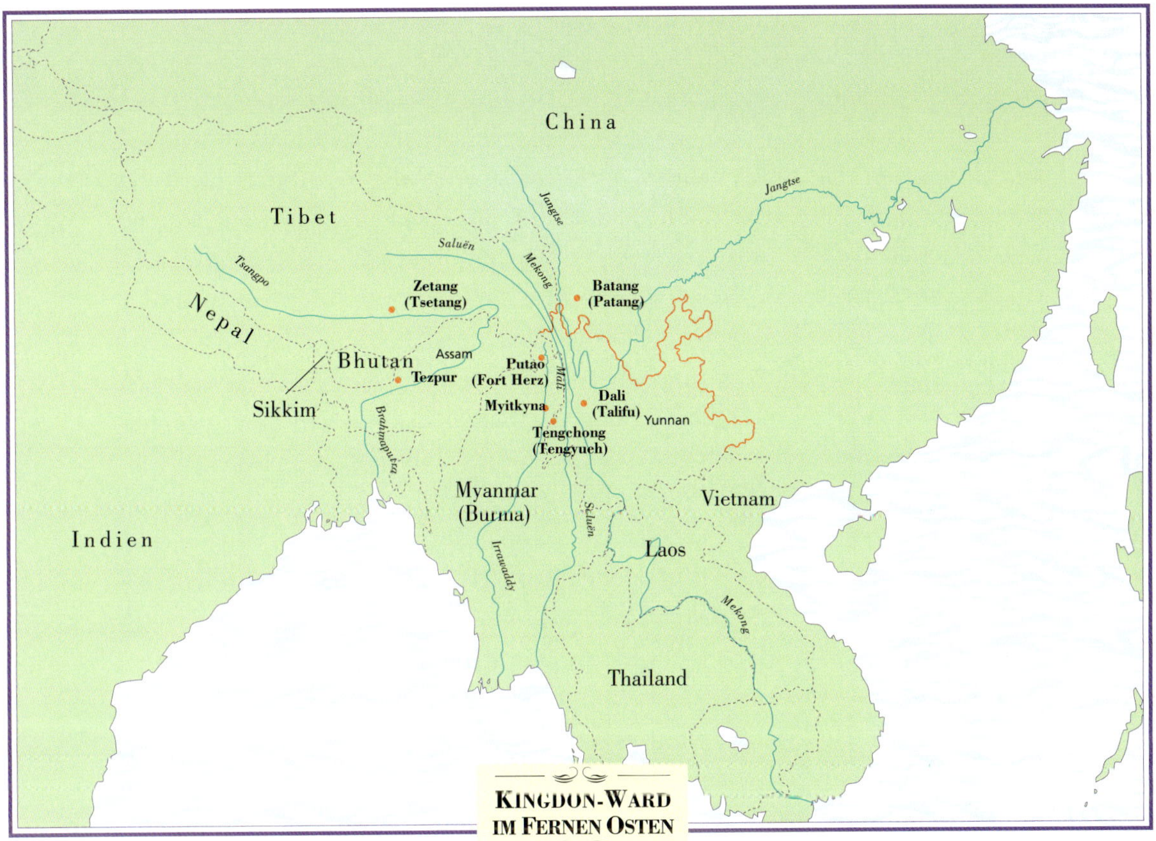

Kingdon-Ward im Fernen Osten

lich hinauf zur chinesischen Grenze. Ob der Größe seiner Aufgabe ängstlich und einsam, notierte er: »Niemals habe ich das Gefühl lähmender Isolation intensiver erlebt als in jener ersten Nacht, als alle Herausforderungen, die mich erwarteten, Gestalt anzunehmen und sich drohend vor mir aufzubauen schienen, um sich über meine Unwissenheit und Schwäche lustig zu machen.«

Auf der Reise nach Tengyueh verirrte sich Kingdon-Ward, nachdem er eine Route abseits der Hauptstrecke erforscht hatte, und wurde obendrein von seinem störrischen Maulesel dreimal abgeworfen. In Tengyueh versorgte er seine Prellungen, während er Gast eines gewissen Mr. Rose war, der ihm Atuntse als Reiseziel empfahl. Damit vermied er jegliches Vordringen in das Gebiet, in dem der eifersüchtige George Forrest unterwegs war (die beiden Männer lernten sich im Juli 1913 im Beima-Shan kennen). An einem hellen Frühjahrsmorgen brach Kingdon-Ward auf. Nach zwei Wochen betrat er entlegene Täler mit Rhododendren und Kamelien, Primeln und Iris. Fremde bekam man dort nicht oft zu Gesicht, und so zog er immer eine Schar Schaulustiger an, die teilweise mehr als nur flüchtiges Interesse zeigten: Es wurden Dinge aus seinem Zelt gestohlen, besonders erboste ihn der Verlust seiner heiß geliebten Teethermoskanne.

Am 31. März erreichte er Talifu. Dort heuerte er zwei Chinesen an, Kin und Sung, die für den Rest des Jahres bei ihm blieben. Am 7. April reiste das kleine Team nordwärts zum Oberlauf des Jangtse und dann nach Westen nach Atuntse in der Nähe des Mekong. Am zweiten Tag ihres Wegs über die Mekong-Wasserscheide verirrte sich Kingdon-Ward ein zweites Mal hoffnungslos. Nach einem steilen Aufstieg zum Li-ti-ping-Plateau begab er sich mit Kin in die nahe gelegenen Wälder auf Fasanenjagd. Kin fühlte sich unwohl und kehrte zur Karawane zurück, sodass Kingdon-Ward allein weitergehen musste. Immer wieder kam er ob der wundervollen Blumen um ihn herum vom Weg ab. Nach ein paar Stunden ziellosen Umherirrens meinte er, wieder auf dem Hauptweg zu sein. Als er seinen Irrtum bemerkte, wollte er Zeit sparen, indem er einem Fluss abwärts zur Stadt Wei-shi folgte. Er stürzte sich in den Wald, traf auf dichten Bambus und hatte sich spätnachmittags hoffnungslos verlaufen. Er musste in seinem verschlissenen Regenmantel im Freien schlafen, hatte in seiner Schrotflinte nur eine Patrone, um sich vor Wölfen zu schützen, und nicht mal ein Streichholz dabei, um ein Feuer zu entzünden.

Vom Regen durchnässt, bahnte er sich nach einer schlaflosen Nacht seinen Weg ein breites Tal hinab, das er am Vortag gesehen hatte. Dort folgte er drei Stunden einem ausgetretenen Pfad zu einem Aussichtspunkt, wo er feststellte, dass er in eine völlig falsche Richtung gegangen war! Hungrig, durchnässt und unglücklich kehrte er klugerweise auf demselben Weg zurück. Er aß Rhododendrenblüten, was ihm heftige Magenschmerzen einbrachte (einige Arten sind recht giftig), bevor er einen armen Fink aus nächster Nähe erlegte: »Als ich ihn aufheben wollte, merkte ich, dass die Patrone Größe 6 ihn nicht nur getötet, sondern so gut wie gerupft hatte. Ich verzehrte ihn ganz, allerdings ohne Federn, Eingeweide und Schnabel.«

Kingdon-Ward fand schließlich eine Schafkoppel, an der er schon tags zuvor vorbeigekommen war. Nachdem er erneut vergebens eine Abkürzung gesucht hatte, erreichte er endlich den Hauptweg und kämpfte sich nach Wei-shi. Nach Sonnenuntergang klopfte er an die Tür eines Hauses: »Vor mir stand eine alte Frau, die, eine brennende Kiefernfackel hoch über ihren Kopf haltend, ins Dunkel hinausspähte. ›Oh, es ist Seine Exzellenz!‹, rief sie verwundert aus und lief hinein, um ihren Mann zu holen. Mein Ruf war mir vorausgeeilt!«

Kingdon-Ward erreichte Atuntse Mitte Mai und hatte sich schon für die Saison eingerichtet, da erreichte ihn Ende Juli die Nachricht, dass die Briten in Lassa (heute Lhasa) einmarschiert waren und nun zur Vergeltung die Chinesen alle

Engländer umbrächten. Vorsichtshalber reiste er die 290 km nach Norden nach Patang (heute Batang), wo andere Europäer stationiert waren. Doch er hatte sich umsonst geängstigt, denn es handelte sich um einen Fehlalarm. Also kehrte er, verärgert über drei vergeudete Wochen, nach Atuntse zurück. Im Oktober gab es Gerüchte über eine »echte« Revolution im Süden, daher verließ er Atuntse am 1. November in Richtung Tengyueh. Er nahm aber eine westlich gelegene Route, um am Saluën Samen zu sammeln. Die chinesischen Behörden hatten ihm Reisen in diesem Gebiet verboten, und angesichts der erheblichen Unruhen an anderen Orten forderte er das Schicksal damit heraus. Unweigerlich traf er auf Mitglieder der Revolutionsarmee, doch zu seiner großen Erleichterung gaben sie sich gleichgültig, ja höflich, und sicherten ihm sogar zu, er könne die Dörfer unbehelligt passieren.

Erschöpft traf er Mitte Dezember 1911 im sicheren Tengyueh ein. Der inzwischen anerkannte Pflanzensammler stand völlig im Bann der wilden chinesischen Landschaft, was aus seinem Buch *Land of the Blue Poppy* deutlich hervorgeht:

> *Überzeugt, wie ich bin, dass sie mit ihrem wunderbaren Reichtum an alpinen Pflanzen, ihren wilden Tieren, ihren merkwürdigen Stämmen und ihrer komplexen Struktur eine der faszinierendsten Gegenden Asiens ist. Ich glaube, ich könnte dort jahrelang glücklich und zufrieden herumstreifen. Ihre zerklüfteten Gipfel zu besteigen, in ihrem tiefen Schnee zu stapfen, gegen ihre Wind- und Regenstürme anzukämpfen, in der Wärme ihrer tiefen Abgründe zu ziehen und dabei ihre tosenden Flüsse zu sehen und zu hören, und vor allem sich unter ihre wintererprobten Stammesangehörigen zu mischen, bedeutet zu spüren, wie das Blut durch die Adern fließt, dass jeder Nerv gespannt, jeder Muskel gestrafft ist.*

Von den vielen Arten wie *Saxifraga wardii*, *Gentiana wardii*, *Androsace wardii* und *Meconopsis*, die er an Arthur Bulley schickte, überlebten zu seiner großen Enttäuschung nur wenige in Kultur. Im Jahr darauf aber, 1912, besuchte er dieselbe Gegend nochmals und fand unter anderem *Rhododendron wardii*, das auf dem Dokar-la-Pass in Tannenwäldern und auf Wiesen wuchs. »An einigen Stellen bestand das Buschdickicht ganz und gar aus Rhododendren – *R. wardii* mit zitronengelben Bluten ... ist aus meinen Samen in England zur Blüte gekommen, und man spricht voller Ehrfurcht davon, wegen seines edlen Laubs und wegen seiner Blüten.«

1914 reiste Kingdon-Ward nach Hpimaw im Grenzgebiet im Nordosten Myanmars (Burmas) in der Nähe der Nmai-Saluën-Wasserscheide, von wo er Richtung Norden an der Bergkette entlang und dann westlich nach Assam reisen wollte. Die

Folgende Doppelseite: Terrassenfelder, steile Täler und dahinrauschende Flüsse sind typisch für die atemberaubende Landschaft der Provinz Yunnan.

Expedition war unerfreulich. Im Dauerregen krochen ganze Heerscharen von »Blutegeln buchstäblich in jede Öffnung außer meinen Mund«; die Bisse entzündeten sich und brauchten Monate, um richtig zu heilen. Er hatte wiederholt Malariaschübe, das Kämpfen durch dichte Bambuswälder zehrte seine Reserven auf, ein Haus stürzte über ihm ein, und zweimal fiel er einen Abgrund hinunter. Es ist nur unglaublichem Glück zuzuschreiben, dass ein Baum den ersten Sturz, ein schmaler Felsvorsprung hoch über dem Abgrund den zweiten aufhielt. Der zähe Kingdon-Ward kämpfte weiter und wollte nicht aufgeben. Als er beim ersten Versuch, den Mt. Imaw Bum zu besteigen, mit Fieber abstieg, kehrte er später noch einmal zurück, um dann ihn und den Berg daneben, den Lacksang Bum, zu ersteigen.

Als sich seine Gesundheit zusehends verschlechterte, war Kingdon-Ward so vernünftig, das Gebiet zu verlassen und sich über den Wu-law-Pass und ins Laking-Tal hinein Richtung Assam zu bewegen. Da die Vorräte knapp wurden, musste er seine Gruppe für die Reise über den Shingrup-Kyet-Pass zum Tal des Mali und nördlich zum Fort in Konglu verkleinern. Ausgeruht, sauber und satt brach er flussaufwärts nach Fort Herz (heute Putao) auf, wo er am 24. September 1914 eintraf. Am nächsten Tag aber brach er mit Malaria zusammen, und an Assam, das nun nur ein paar Meilen weiter westlich lag, war nicht mehr zu denken. Nach sechswöchiger Genesung hatte er sich so weit erholt, dass er zu Weihnachten nach Myitkyna am Irrawaddy reisen konnte.

Diese traumatische Expedition ließ Kingdon-Ward seine gewählte Berufung neu überdenken, als man ihm eine Dauerstelle als Botaniker in England anbot. Doch wenigstens hatte ihm die Reise die wunderschöne *Primula burmanica* eingebracht und das gewaltige Potenzial des Gebiets offenbart, das sich Pflanzensammlern darbot. Er lehnte das Angebot ab und suchte weiterhin nach Pflanzen, wobei er nur eine Pause einlegte, um sich bis zum Ende des Ersten Weltkriegs der indischen Armee anzuschließen, wo er es sogar bis zum Hauptmann brachte.

Seine dritte und letzte Reise nach China führte ihn 1921 nach Yunnan, Sichuan, Südosttibet und Nordmyanmar. Lohn dieser Reise war der Venusschuh *Paphiopedilum wardii* (den er um 1932 einführte). Wieder in Großbritannien, heiratete er Florinda Norman-Thompson. 1924–25 trat er seine schönste Reise an – in die geheimnisvolle Region an den Tsangpo (heute Yarlung Zangbo Jiang) im Osthimalaja, die ihn als kundigen Geografen besonders faszinierte. In seinem Oberlauf in Tibet ist dieser Fluss langsam und schiffbar, ebenso an seinem Unterlauf in Assam, wo er Brahmaputra heißt. Dazwischen lagen 80 km unbekannte Landschaft, in der Gerüchten zufolge hohe Wasserfälle und ein tosender Wildbach, verborgen in steilwandigen, abgrundtiefen Schluchten, herabdonnerten.

Kingdon-Ward wollte über Sikkim nach Südosttibet gelangen. Obwohl seit Joseph Hookers Reise ein Dreivierteljahrhundert vergangen war, blieb der Zutritt nach Sikkim nach wie vor schwierig. Für Sikkim und Tibet war eine Erlaubnis erforderlich, die man beim Political Officer, Oberstleutnant F. M. Bailey, erhielt, der die Tsangpo-Schluchten bereits im Vorfeld erkundet und nützliche Informationen gewonnen hatte. Am 23. März 1924 überquerte die Gruppe den Nathu-La-Pass nach Tibet, wo noch tiefer Winter herrschte. Der gewaltige, schneebedeckte Himalaja erstreckte sich, so weit das Auge reichte, am Horizont. Sie zogen durch eine trostlose, herbe Halbwüste, die von staubbeladenen eisigen Winden erbarmungslos gepeitscht wurde, und dachten an die Wärme des kurzen Sommers, den sie in den geschützten und bewaldeten Tälern im Osten zu genießen hofften.

Die kleine Gruppe zog gen Osten weiter und erreichte am 21. April Tsetang (heute Zetang) am Tsangpo. Nun bewegten sie sich zur Abwechslung nicht durch gefrorenes Ödland, sondern flussabwärts nach Tsela Dong durch schwere Regenfälle. Die Anstrengung, schlechte Ernährung, feuchte Unterkünfte und die Insekten, die sie umschwirrten, hatten ihren Tribut gefordert, sodass die Gruppe ein paar Wochen in Tsela blieb, um sich zu erholen, bevor sie nach Nordosten aufbrach, um über den Temo-La-Pass nach Tumbatse am Rong-chu zu gelangen. Dieses in einem grünen Tal gelegene, von Tannenwäldern und Felshängen mit üppigem Rhododendrenbewuchs umgebene Dörfchen sollte für die nächsten fünf Monate ihr Hauptquartier werden. Einmal hatte Kingdon-Ward seinen Begleiter Lord Cawdor auf eine Gruppe leuchtender Blätter aufmerksam gemacht:

Und er nahm sein Teleskop heraus, betrachtete sie lange und gründlich. »Oh«, sagte er, »das sind gar keine Blätter, sondern Blüten – ich glaube, es ist ein Rhododendron.« »Was!«, rief ich aus und riss ihm vor Aufregung beinahe das Glas aus der Hand … auf dem nackten Felsen stand stolz ein einzelner, scharlachrot blühender Rhododendron … Der Neuschnee spielte mit dem heißen Scharlachrot, breitete ein blutiges Laken über den gemarterten Felsen.

Auf den sumpfigen Wiesen standen haufenweise Primeln, darunter auch *Primula alpicola* und die von Kingdon-Ward nach seiner Frau benannte *P. florindae*:

Die Attraktion ist dieser Wald von Blütentrieben, der über den geschwungenen Blättern aufragt wie zerbrechliche Masten in aufgewühlter See. Ein Bach, blockiert von Kolonien von blühenden P. florindae, *ist ein unvergessliches Stückchen der tibetischen Hochebene … die Blüten selbst stehen so dicht gedrängt, dass man, während sie ihre Mähne schütteln, den Eindruck gewinnt, die übrigen müssten wie eine Rakete explodieren und eine Wolke duftender gelber Sterne auf den Boden schütteln.*

Am 9. August unternahm die Gruppe eine fünfwöchige Expedition den Tonkyuk (heute Dyongjug) aufwärts über Hochpässe in unbekanntes Land rund um den Atsa-Tso-See auf der Saluën-Wasserscheide. In diesem unberührten Land fand Kingdon-Ward in den Kiefernwäldern *Lilium wardii*, »ein wunderschöner Rosaton, dicht und gleichmäßig kastanienbraun gefleckt«. Den Herbst über sammelten sie systematisch Samen von Pflanzen, die sie gefunden hatten, wobei sie auch im tiefen Schnee gruben, wo es notwendig war. Eine der vielen Fähigkeiten, die Kingdon-Ward zu einem so erfolgreichen Pflanzensammler machten, war sein außergewöhnliches Gedächtnis für Fundorte. Er konnte sich mit absoluter Präzision erinnern, wo eine bestimmte Pflanze wuchs, sodass er die Stelle Monate später wieder fand und Samen sammeln konnte. Zu ihrer Ausbeute gehörte eine große Anzahl von Samen des sagenhaften, blau blühenden Scheinmohns *Meconopsis betonicifolia*, den Delavay 1886 erstmals in Yunnan gefunden hatte: »Unter den Büschen, an den Flussufern ... wuchs dieser hübsche Mohn ... die Blüten flattern wie blau-goldene Schmetterlinge aus den meergrünen Blättern hervor.«

Die Samenernte endete Mitte November, und die Gruppe begann mit der Erkundung der Tsangpo-Schluchten. Beim Abstieg in die obere Schlucht leuchtete der Wald in herbstlichen Tönen. Unten war der Fluss, den die Gruppe in kleinen, mit Fell bespannten Ruderbooten überquerte. Sie machte Halt in Gyala, dem letzten Dorf vor den steileren Abschnitten, wo »wir uns immer noch einen Weg zum Flussbett hinunter bahnen konnten, wo die Felsen aussahen, als glimmten sie wie rot glühende Lava; bei genauerem Hinsehen ergab sich, dass dies von Lagen von *Cotoneaster conspicuus* herrührte, der mit Tausenden roter Beeren bedeckt war«.

Ziel war es, am Kongbo Tsangpo entlang zu einem kleinen Kloster im Wald zu reisen und von dort aus die tiefste Schlucht zu betreten. Eine dreiundzwanzigköpfige Gruppe brach in Gyala am 16. November mit einem Schaf und zwei Hunden in die Wälder auf, in denen Baumrhododendren und Bambus standen. Auf dem unebenen Boden ließ sich kein Zelt aufstellen, so bauten sie sich aus an Bäumen befestigten Leinwänden einen Unterstand und schliefen auf Bambus. Nach einer unbequemen Nacht wanderte Kingdon-Ward am nächsten Morgen in den Wald:

> *Auf meinem Weg zurück ins Lager bemerkte ich ein Gewirr von Rhododendren, deren Triebe nur 30 cm über den Boden hinauswuchsen ... mit kleinen dicken Blättern, und ich war sicher, sie nie zuvor gesehen zu haben ... es gab auch Blütenknospen, und die Knospenschuppen hatten silberne Ränder aus Härchen, so fein wie gesponnenes Glas.*

Das seltene *Rhododendron leucaspis* sah er nie wieder. Am vierten Tag erreichten sie das Kloster Pemakochung und gönnten sich einen Tag lang die wohlverdiente Ruhe.

Primula florindae war eine von Kingdon-Wards erfolgreichsten Entdeckungen. Er benannte sie nach seiner ersten Frau Florinda.

Das Kloster lag an einem magischen Flecken im Rhododendrenwald, der die Klippen verdunkelte. Trotz des kalten, nassen Wetters war Kingdon-Ward in seinem Element und sammelte alle Samen, deren er habhaft werden konnte. Zu seinen neuen Funden dort gehörten *Rhododendron auritum*, eine frostempfindliche Art mit blassgelben bis cremefarbigen Blüten, die von einem gewaltigen Felsblock in einer sandigen Bucht herabwuchs, *R. exasperatum* mit seinen borstigen Blättern und *R. venator* mit »zarten scharlachroten Blüten«. Und auf einem hohen Bergrücken

Rechts: Frank Kingdon-Ward: Porträt eines professionellen Pflanzensammlers und -entdeckers.

Unten: Kingdon-Wards Expeditionsteam des Jahres 1933 macht eine Pause inmitten der großartigen Landschaft von Südosttibet.

oberhalb des Klosters fand er das zwergstrauchige *R. pemakoense*, das trichterförmige, rosa-purpurne Blüten hat.

Unterhalb des Klosters erwartete Kingdon-Ward die 50 m hohen, legendären Wasserfälle zu finden, doch enttäuscht musste er feststellen, dass sie in Wirklichkeit nur 9–15 m hoch waren. Als die Schlucht immer steiler überhing, wurde die Spur undeutlich, und sie kamen nur noch langsam voran – sie schlugen sich Pfade durchs dicke Unterholz, kletterten auf schmalen Leitern über steile Klippen und überquerten tiefe Rinnen auf wackligen Hängebrücken. Kingdon-Ward, der entsetzliche Höhenangst hatte, wappnete sich inzwischen für die Überquerungen, indem er die unmittelbare Gegend nach weiteren Samen durchkämmte. Auf diese Weise sammelte er *R. taggianum*, das wunderhübsche, weiße duftende Blüten hat.

Beim weiteren Abstieg bestätigte Kingdon-Ward den Verlauf des Flusses und entlarvte schließlich den Mythos von den riesigen Wasserfällen: Der Fluss fiel über mehrere kleinerer Kaskaden. Die Gruppe wandte sich am 18. Dezember vom Kongbo Tsangpo ab und kehrte entlang der Po-Tsangpo-Schlucht nach Tumbatse zurück. Diese Schlucht war voller großblättriger Rhododendren, Magnolien, Kirschbäumen und Tränenkiefern, und Kingdon-Ward fand *Rhododendron montroseanum* mit rosa Blüten und großen Blättern ähnlich wie die von *R. sinogrande*. Nach ihrer Ankunft am 26. Dezember klaubten sie ihre Sachen zusammen und zogen weiter nach Assam. Kingdon-Ward war höchst zufrieden: Schließlich hatte er nicht nur viele neue Pflanzen wie *Berberis calliantha*, *Primula cawdoriana* und *Rhododendron cinna-barinum* ssp. *xanthocodon* gesammelt, sondern auch das Geheimnis um die Tsangpo-Schlucht lüften können. Das Einzige, was er vielleicht bedauerte, war die Jahreszeit:

> *Wie muss es dann erst im Frühling sein, wenn der Wald eine Meile lang und eine Meile hoch in voller Blüte steht, Tausende und Abertausende von Bäumen alle in Blüte stehen und riesige Kleckse, Haufen und Bänder von Farbe in der dunklen Schlucht bilden! … Wie würden sie Licht in die Schatten bringen! Es ist ein Schauspiel, das später vielleicht ein anderer botanischer Forscher genießen wird … Er wird nicht umsonst sammeln! Ihm wird kein Rhododendron verborgen bleiben!*

Es folgten mehrere andere Besuche im Norden Myanmars. Die Expedition von 1926 an den Seingku wurde von einer Gruppe wohlhabender Gärtner gesponsert, zu denen auch Lionel de Rothschild gehörte. Im darauf folgenden Jahr kehrte Kingdon-Ward zu den Mishmi Hills und ins Nagaland in Assam zurück und bestieg den Japvo Peak (ca. 3000 m), den er bereits 1918 erklommen hatte. Auf halbem Weg fragten ihn seine »Führer« und Träger, wo die nächste Wasserstelle liege. Da wurde ihm klar, dass sie ihm folgten und nicht er ihnen! Trotz seines hoffnungslos schlechten Orientierungssinns verließ er sich auf sein gutes Gedächtnis und seine jahrelange Reiseerfahrung, und zwei Tage später standen sie auf dem Gipfel, wo »ich die ersten Exemplare des großartigen *R. macabeanum* sah, das Sir George Watt entdeckt hatte. Es erreicht unglaubliche Ausmaße, nämlich über 12 m Höhe, hat ca. 40 cm lange Blätter und bedeckt fast den ganzen Gipfel des Japoo *(sic)*«. Diese Art, die »riesige Bündel zitronengelber, an der Basis pflaumensaftpurpurne Blüten trägt«, führte er als Erster ein.

1929 reiste Kingdon-Ward in östlicher Richtung nach Laos und besuchte im Jahr darauf, in Begleitung des vierten Earl of Cranbrook, das Ajung-Tal im Norden Myanmars. 1933 kehrte er, inzwischen von der Royal Horticultural Society finanziert, nach Tibet zurück, ebenso zwei Jahre später. Ausgehend von Tezpur am Brahmaputra in Assam, zog er nordwärts durch die Hügel nach Tibet. In Shergoan nahe der Grenze zu Bhutan ersuchte er den Gouverneur von Tsona (heute Cona), der ersten Stadt in Innertibet, um Erlaubnis, einreisen zu dürfen. Im Vertrauen auf eine wohlwollende Antwort reiste er zu dem heruntergekommenen Weiler Lugathang, wo er die Antwort des Gouverneurs empfing. Die Nachricht war jedoch in Tibetisch verfasst, das weder er noch sein Diener lesen konnten. So zogen sie in die nächstgrößere Stadt, Karta, weiter, wo sie einen Dolmetscher suchen wollten. Bei ihrer Ankunft stellte Kingdon-Ward fest, dass der Brief zwischen dem Gepäck abhanden gekommen war. Da er sich jedoch nicht besonders um Formalitäten kümmerte und sich dachte, dass man ihn, wäre die Einreise verboten gewesen, bestimmt schon längst aufgehalten hätte, reiste er ostwärts weiter nach Chayul (heute Qayu), wo er die großartigen Klöster von Sanga Choling (heute Sangngagqoling) besichtigte, bevor er am 18. Juli in Liliung eintraf. Zehn Jahre zuvor, bei seinem ersten Aufenthalt, hatte er die eindrucksvolle Gipfelkette im Norden bewundert, und genau die wollte er diesmal erkunden.

In Tumbatse empfingen ihn seine alten Freunde, und in Tongyuk Dzong hielt ihn ein Polizeichef aus Lassa, Colonel Yuri, auf. Kingdon-Ward musste intensiv auf den Mann einreden, um ihn zu überzeugen, dass er kein bolschewistischer Spion sei. Schließlich durfte er Richtung Norden weiterziehen. Hier überquerte er den abgelegenen Sobhe-La-Pass und stieg dann nach Yigrong (heute Yi'ng) am Po-Yigrong (heute Yi'ong Nyangbo) ab. Hier hielt man ihn zu seiner großen Verlegenheit irrtümlich für den Colonel, begrüßte ihn mit dem Ausruf: »Willkommen, großer Anführer, willkommen« und bereitete ihm einen königlichen Empfang.

Kingdon-Ward war von dem Wunsch besessen, dem Po-Yigrong zu seiner Quelle in den Bergen zu folgen. Er befand, dass der Anstieg in der schmalen, steilen

Flussschlucht fast genauso beschwerlich war wie sein Abstieg am Tsangpo, aber die wunderschönen Hemlockwälder *(Tsuga spec.)* voller Vögel und *Rhododendron niphargum* hielten ihn bei guter Laune. Oberhalb des Dorfes Ragoonka aber befand sich eine steile Granitklippe, die er an einem winzigen Vorsprung entlang queren musste. Kingdon-Ward war durch seine Höhenangst wie gelähmt – schon ein Blick über die Kante »machte mich schwindlig, und ich wich zurück mit jenem schrecklichen Stich in der Magengrube, den plötzliche Furcht hervorrufen kann ... Mein Herz schlug mir bis zum Hals, der Anblick verursachte mir körperliche Schmerzen«. Seine beiden amüsierten Träger mussten ihn wie ein hilfloses kleines Kind mit Hilfe von Seilen hinüberlocken.

Am 20. August, nach achtzehn Tagen, überquerte Kingdon-Ward alpine Wiesen mit »Millionen von Blüten« von *Primula sikkimensis*, *Meconopsis*- und Laucharten *(Allium)*, um an den Gletscher an der Quelle des Flusses zu gelangen. Es war ein finsterer, bedeckter Tag, Wolken hingen im Tal, aber auf dem Pass oberhalb des Gletschers drehte sich Kingdon-Ward ein letztes Mal um, um zurückzublicken:

> *Plötzlich verdichtete sich die formlose Wolke und ballte sich zusammen; und der Schleier riss auf, und zum Vorschein kam die wunderbarste Aussicht der derzeitigen Quelle des Po-Yignong, die ich mir je in meinen kühnsten Träumen hätte ausmalen können. Hätte ich gewartet und zehn Jahre lang nur von diesem kurzen Blick darauf geträumt, hätte ich nicht umsonst gelebt. Er verkörperte das Ziel eines Lebens; eine jeder Mühe werte Entdeckung in Asien, die wahrlich vollendet war.*

Zufrieden machte sich Kingdon Ward nun auf die beschwerliche Heimreise und kam Mitte Oktober in Tezpur an. Er hatte auf seiner Rundreise 1600 km zurückgelegt und Hunderte von Pflanzenarten gesammelt. Beim Auspacken der Sammlung kam der »verlorene« Brief zum Vorschein, und als man ihn übersetzte, stellte sich heraus, dass ihm die Erlaubnis zur Einreise nach Tibet verweigert worden war!

Kingdon-Ward unternahm noch drei weitere Reisen Ende der 30er Jahre ins obere Myanmar, an die Grenze zwischen Myanmar und Tibet sowie nach Assam. Bei seinem Besuch in Myanmar 1937 entging er wieder einmal nur knapp dem Tod, als er auf einem schlammigen, rutschigen Bergpfad hinfiel, sich nirgendwo fest halten konnte, um seinen Fall zu bremsen, und den Hang hinunterschlitterte. Gerade als er über einer Klippe zu verschwinden drohte, kam er unsanft zum Stillstand, als sich eine schmerzhafte, aber lebensrettende Bambusspitze in seine Achsel grub.

Bei Kriegsausbruch 1939 meldete sich Kingdon-Ward zur Armee, erhielt seinen früheren Rang als Hauptmann und wurde den »Special Operations Executive«

angegliedert. Gegen Kriegsende brachte er Fliegern an der School of Jungle Warfare in Poona, Indien, bei, wie man im Dschungel überlebt. Nach Kriegsende setzten ihn die USA dazu ein, Flugzeuge zu lokalisieren, die auf dem »Hump«, dem bergigen Gebiet zwischen Indien und China, verschollen waren. Die meisten der 200–300 abgestürzten Flugzeuge waren Opfer des fürchterlichen Wetters, nicht des feindlichen Beschusses geworden. Auf einem dieser Einsätze fand er zum ersten Mal eine Lilie, die später nach seiner zweiten Frau *Lilium mackliniae* benannt wurde.

1948 kehrte er in den abgeschiedenen Staat Manipur zurück, der zwischen Assam, Nagaland und Nordwestmyanmar eingezwängt liegt, um im Auftrag des New York Botanic Garden zu sammeln. Er und Florinda hatten sich zehn Jahre zuvor nach vierzehn Jahren Ehe scheiden lassen, und 1947 hatte er zum zweiten Mal geheiratet, eine sehr viel jüngere Frau, Jean Macklin. Auf dieser ihrer ersten von sechs gemeinsamen Reisen sammelten sie auf den Berghängen von Sirhoi Kashong viele Zwiebeln der rosafarbenen *Lilium mackliniae*:

Die etwas nickende Glocke hatte ein zartes muschelrosa Äußeres, wie Morgenröte im Juni, mit dem Schimmer von nasser Seide; innen war sie wie schwach geröteter Alabaster ... Wir sangen, jauchzten vor Freude; gingen dann weiter, den Hügel hinauf, hinauf, hinauf, bis wir von rosafarbenen Lilien umgeben waren ... Als eine Brise durch die Wiese wehte, beugten Hunderte von Lilien ihre Köpfe und schwangen ihre Glocken hin und her, sodass der ganze Hang vor Freude funkelte und tanzte.

1952 schrieb Jean ihr erstes Buch, *My Hill So Strong*. Darin berichtet sie von ihren Reisen ins Lohit-Tal in Burma (heute Myanmar), wo sie ein gewaltiges Erdbeben miterlebten. Als sie aus ihren Zelten stürzten, wurden sie zu Boden geworfen, und wie Frank im (indischen) *Statesman* schrieb:

Wir wussten, dass wir hilflos waren, und das Überraschende ist, dass wir so ruhig miteinander sprachen, obwohl wir zu Tode erschrocken waren. Ich hatte das Gefühl, wir

Kingdon-Ward wurde von seiner Frau auf mehreren seiner späteren Expeditionen begleitet. Dieses Foto seiner zweiten Frau Jane wurde im Lobit-Tal aufgenommen. Man beachte den Zustand ihrer Schuhe!

lägen auf einem dünnen Kuchen aus Felskruste, der uns vom brodelnden Inneren der Erde trennte, und dass diese Kruste gleich aufbrechen würde wie eine Eisscholle im Frühling und uns in einen grauenvollen Tod riss.

Die Kingdon-Wards überlebten das Erdbeben, weil sie nach den Erschütterungen der vorangegangenen Wochen klugerweise in offenem Gelände zelteten. Das Epizentrum des Bebens lag nur 40 km entfernt, es war eines der heftigsten bisher verzeichneten Beben, das überall in Myanmar große Schäden anrichtete. Die Reisterrassen des Tales versanken in einem Meer aus Schlamm, rissen Städte und Dörfer mit sich, und eine dichte Staubwolke verdunkelte tagelang die Sonne.

1956 erklomm Frank als rüstiger Einundsiebzigjähriger den Mt. Victoria (3010 m) im westlichen Zentralmyanmar. Im Anschluss daran reiste er 1956–57 nach Sri Lanka. Mitten in den Planungen für eine weitere Reise erkrankte er, fiel ins Koma und starb am 8. April 1958 in London im Alter von dreiundsiebzig Jahren.

Ohne den Vorteil der Arbeitskräfte, die seine Zeitgenossen anderswo in China einsetzten, war Frank Kingdon-Ward ein einfallsreicher Pflanzensammler im Alleingang. Seine harte Arbeit wurde zu seinen Lebzeiten von der Royal Horticultural Society anerkannt, die ihm 1932 die Victoria Medal of Honour in Horticulture (Viktoria-Ehrenmedaille) und 1933 die Veitch Memorial Medal (Veitch-Gedächtnis-Medaille) verlieh. Seine Freunde in der Horticultural Society in Massachusetts ehrten ihn 1934 mit der George Robert White Memorial Medal, und achtzehn Jahre später wurde er für Verdienste um die Gartenbaukunst national mit dem Orden des British Empire geehrt. Doch vielleicht sind es die Pflanzen selbst, zu denen über 100 neue Rhododendrenarten gehören, die das beredteste Zeugnis über diesen Mann ablegen. Dr. N. L. Bor hat es in seiner Einführung zu *Pilgrimage for Plants* treffend formuliert:

Wer bereit ist, die Strafen einer Ein-Mann-Expedition auf sich zu nehmen – die körperlichen Entbehrungen, die völlige, monatelange Einsamkeit in einem fremden Land unter fremden Menschen, die Übelkeit erregende Eintönigkeit einer Ernährung aus tsampa (zu Mehl vermahlene geröstete Gerstenkörner), die man mit ranzigem Buttertee hinunterspült, und all die Unannehmlichkeiten des Reisens mit leichtem Gepäck – muss ungewöhnlich mutig, entschlossen, seinen Förderern gegenüber loyal und deren Ziel ergeben sein. Diese Eigenschaften, in Verbindung mit Anspruchslosigkeit – denn alle großen Forschungsreisenden waren anspruchslose Männer – sind Eigenschaften, die Männern Größe verleihen, und Kingdon-Ward besaß davon in jeder Hinsicht.

Von Frank Kingdon-Ward eingeführte Pflanzen

Hinter jedem Pflanzennamen ist das Jahr angegeben, in dem die Art nach Europa eingeführt wurde.

Rhododendron wardii (1913)
Rhododendron (griech.) – *rhodon:* Rose; *dendron:* Baum
wardii – nach Frank Kingdon-Ward

Blüten schalenförmig, zitronengelb, in großer Zahl von Mai bis Juni. Blätter dieses immergrünen, dicht wachsenden Strauchs rundlich und dunkelgrün. Spielt eine große Rolle für die Züchtung gelb blühender Sorten.

Verbreitungsgebiet Yunnan und Sichuan in China sowie Südosttibet. Wird dort 1–8 m hoch, wächst an felsigen Hügeln, in Buschwerk, Nadel- und Mischwäldern, ja sogar auf Kalkfelsen und in Sümpfen in 2700–3400 m Höhe.

Primula burmanica (1914)
Primula (lat.) – Verkleinerungsform von *primus:* der Erste, wegen der frühen Blütezeit vieler Arten
burmanica (lat.) – birmesisch (nach Birma, dem heutigen Myanmar)

Eine Kandelaberprimel mit Quirlen magentafarbener, in der Mitte gelber Blüten, die sich von Juli bis August auf bis zu 60 cm hohen Stielen öffnen. Blätter in Rosetten, bis 30 cm lang. Von Kingdon-Ward wurde 1913 auch die blassorange blühende *P. chungensis* eingeführt.

P. burmanica wächst in feuchten Wiesen und Nadelwäldern im Nordosten Myanmars und in Nordwestyunnan in Höhenlagen von 2700–3200 m.

Meconopsis betonicifolia (1924)
Meconopsis (griech.) – *mekon:* Mohn; *opsis:* Aussehen
betonicifolia (lat.) – mit Blättern wie die Betonie

Im Frühsommer 5 cm große, wunderschön himmelblaue, zarte Blüten mit hellgelben Staubgefäßen, auf über 1 m hohen, dünnen, schwankenden Stielen über der Rosette von behaarten, bis 30 cm langen Blättern. Dieser Scheinmohn ist eine sehr beliebte, zuweilen aber kurzlebige Staude. Einige besonders schöne Sorten gehören zu der Hybride *M.* x *sheldonii (M. b.* x *M. grandis)*.

Das Verbreitungsgebiet von *M. betonicifolia* umfasst den Nordwesten Yunnans, den Nordosten Myanmars und Südosttibet, wo die Art in Wäldern und an Wiesenufern von Gebirgsflüssen in 3000–4000 m Höhe vorkommt.

Primula florindae (1924)
florindae – nach Florinda, der ersten Ehefrau von Frank Kingdon-Ward

Zitronengelbe Glockenblüten, angenehm duftend, bemehlt, hängend, in Dolden an 60 cm hohen, ebenfalls bemehlten Trieben von Juni bis August. Blätter rundlich, dunkelgrün, bis 20 cm lang und 15 cm breit. Auch *P. alpicola*, eine Art aus Südosttibet mit hängenden, purpurnen oder weißen Blüten, wurde (1940) von Kingdon-Ward eingeführt.

P. florindae besiedelt im Tsangpo-Becken in Südosttibet ausgedehnte Flächen in Feuchtgebieten und an Flussufern in etwa 4000 m Höhe.

Cotoneaster conspicuus (1925)
Cotoneaster (griech.) – *cotonea:* Quitte; *aster:* Die Nachsilbe bezeichnet eine Wertminderung des im Stammwort Bezeichneten (also »geringwertige Quitte«)
conspicuus (lat.) – ansehnlich

Bis 2 m hoher, immergrüner Strauch, von Mai bis Juni mit weißen Blüten, die zwischen den schmalen, hellgrünen Blättern stehen. Zweige elegant überhängend, im Herbst mit zahlreichen leuchtend roten Früchten. 'Decorum' ist eine niedriger bleibende Sorte. Bei *C. sternianus* (von Kingdon-Ward 1913 eingeführt) sind die Blätter unterseits silbrig, die Blüten rosa und die Früchte hellorangerot.

In seiner Heimat Südosttibet wächst *C. conspicuus* in 2500 m Höhe an Felshängen und über Felsen.

Rhododendron macabeanum (1928)
macabeanum – nach Mr. M'Cabe, stellvertretender Kommissar der Naga-Berge (Nordostindien)

Blätter bis 30 cm groß, immergrün, glänzend dunkelgrün, unterseits filzig grauweiß behaart, Blattnerven treten deutlich hervor. Über den Blättern von März bis April große Trauben rein gelber, glockiger Blüten. Auch der silberweiße Neutrieb aus scharlachroten Knospen ist sehr schön. 'Mrs. George Huthnance' ist eine 1981 in Neuseeland gezüchtete Kreuzung unklarer Abstammung mit rosa Knospen und primelgelben Blüten.

Ein wunderschöner Großstrauch oder kleiner Baum (bis 14 m), der ausschließlich auf den Bergkuppen in Manipur und im Nagaland (Nordostindien) vorkommt, wo er in Birkenwäldern oder Reinbeständen in Höhen von 2400–2700 m Höhe wächst.

Lilium mackliniae (1948)
Lilium (lat.) – altrömischer Name der Gattung
mackliniae – nach Jean Macklin, der zweiten Ehefrau von Frank Kingdon-Ward

Unverkennbare Art mit blassrosafarbenen, purpur überlaufenen, glockigen Blüten, die auf 20–90 cm hohen Trieben stehen, blüht im Juni.

Das kleine ursprüngliche Verbreitungsgebiet liegt am Sirhoi Kashong nahe Urkhul im nordostindischen Bundesstaat Manipur. Die Art kommt dort auf grasigen Berghängen und felsigen Standorten in 2100–2600 m Höhe vor.

Rechts: Mit seinen elegant bogig überhängenden Zweigen und der Fülle leuchtend roter Früchte ist *Cotoneaster conspicuus* aus Tibet einer der schönsten Sträucher, die von Kingdon-Ward eingeführt wurden.

Bibliografie

BÜCHER

Allen, M., The Tradescants, Michael Joseph, London, 1964.

Allen, M., The Hookers of Kew, Michael Joseph, London, 1967.

Allen, M., Plants That Changed Our Gardens, David & Charles, Newton Abbott, 1974.

Amherst, A., A History of Gardening in England, John Murray, London, 3. Auflage, 1910.

Banks, R. E. R., Elliott, B., King-Hele, D., Hawkes, J. G., Lucas, G. L. L. (Hrsg.), Sir Joseph Banks. A Global Perspective, Royal Botanical Garden Kew, London, 1994.

Beaglehole, J. C. (Hrsg.), The Endeavour Journal of Joseph Banks 1768–1771, Band I und II, The Trustees of the Public Library of New South Wales in Zusammenarbeit mit Angus & Robertson, Sydney, 1962.

Bisgrove, R. J., The National Trust Book of the English Garden, Viking, London, 1990.

Bower, F. O., Joseph Dalton Hooker, SPCK, London, 1919.

Briggs, R. W., »Chinese« Wilson, HMSO, London, 1993.

Brockway, L. H., Science and Colonial Expansion: the Role of the British Royal Botanic Gardens, Academic Press, London, 1979.

Cameron, H. C., Sir Joseph Banks, Angus & Robertson, Sydney, 1952.

Carter, H. B., Sir Joseph Banks, British Museum (Natural History), London, 1988.

Coats, A. M., Flowers and Their Histories, Hulton Press, London, 1956.

Coats, A. M., The Quest for Plants, Studio Press, London, 1969.

Coates, A., Garden Shrubs and Their Histories, Vista Books, London, 1963.

Cox, E. M. H., Plant Hunting in China, Collins, London, 1945.

Cox, P. A., The Larger Rhododendron Species, Batsford, London, 1990.

Cox, P. A., The Smaller Rhododendrons, Batsford, London, Neudruck 1990.

Cox, P. A. und Kenneth, N. E., Encyclopedia of Rhododendron Hybrids, Batsford, London, 1990.

Davies, J., Douglas of the Forests, Paul Harris Publishing, Edinburgh, 1980.

Douglas, D., Journal kept by David Douglas during his travels in North America 1824–1827, William Wesley & Son, London, 1914.

Elliott, B., The Country House Garden, Mitchell Beazley, London, 1995.

Elliott, B., Victorian Gardens, Batsford, London, 1986.

Fisher, J., The Origins of Garden Plants, Constable, London, 1982.

Flemming, L. und Gore, A., The English Garden, Michael Joseph, London, 1979.

Fletcher, H. R., The Story of the Royal Horticultural Society, Oxford University Press, Oxford, 1969.

The Scottish Rock Garden Club, George Forrest, V. H. M. Explorer and Botanist, Edinburgh, 1935.

Forrest, G., Field Notes of Trees, Shrubs and Plants other than Rhododendrons Collected in Western China by Mr George Forrest 1917–1919, Royal Horticultural Society, London, 1929.

Fortune, R., Three Years' Wanderings in the Northern Provinces of China, John Murray, London, 1847.

Fortune, R., A Journey to the Tea Countries of China, John Murray, London, 1857.

Fortune, R., Yedo and Peking, John Murray, London, 1862.

Hadfield, M., A History of British Gardening, Spring Books, London, 1969.

Harvey, A. G., Douglas of the Fir, Harvard University Press, USA, 1947.

Harvey, J., Early Gardening Catalogues, Phillimore, London, 1984.

Healey, B. J., The Plant Hunters, Charles Scribner's Sons, New York, 1975.
Hepper, F. N., Plant Hunting for Kew, HMSO, London, 1989.
The Hillier Manual of Trees and Shrubs, David & Charles, Newton Abbot, 6. Auflage, 1996.
Hooker, J. D., Himalayan Journals, Ward, Lock, Bowden & Co, London, 2. Auflage, 1891.
Hooker, J. D., Rhododendrons of the Sikkim-Himalaya, Reeve, Benham, Reeve, London, 1849.
Hoyles, M., The Story of Gardening, Journeyman Press, London, 1991.
Huxley, L., Life & Letters of Sir Joseph Dalton Hooker, Band I, John Murray, London, 1918.
Hyams, E. und Mac Quitty, W., Great Botanical Gardens of the World, Thomas Nelson & Sons, London, 1969.
Jellicoe, G., Jellicoe, S., Goode, P. und Lancaster, M. (Hrsg.), The Oxford Companion to Gardens, Oxford University Press, Oxford, 1986.
Kingdon-Ward, F., Land of the Blue Poppy, Cambridge University Press, Cambridge, 1913.
Kingdon-Ward, F., The Mystery Rivers of Tibet, Seeley Service, London, 1923.
Kingdon-Ward-F., Riddle of the Tsangpo Gorges, Edward Arnold, London, 1926.
Kingdon-Ward, F., Plant Hunter's Paradise, Jonathan Cape, London, 1937.
Kingdon-Ward, F., Assam Adventure, Jonathan Cape, London, 1941.
Kingdon-Ward, F., Pilgrimage for Plants, George G. Harrap & Co., London, 1960.
Leith-Ross, P., The John Tradescants, Peter Owen, London, 1984.
Lemmon, K., The Golden Age of Plant Hunters, J. M. Dent, London, 1968.
Loudon, J. C., An Encyclopedia of Gardening, Longman, Hurst, Rees, Orme & Brown, London, 1822.
Lyte, C., Sir Joseph Banks: Eighteenth Century Explorer, Botanist and Entrepreneur, David & Charles, Newton Abbot, 1980.
Lyte, C., The Plant Hunters, Orbis Publishing, London, 1983.
Lyte, C., Frank Kingdon-Ward: The Last of the Great Plant Hunters, John Murray, London, 1989.
Macqueen Cowan, J. (Hrsg.), The Journeys and Plant Introductions of George Forrest, Oxford University Press, Oxford, für die Royal Horticultural Society, 1952.
Masson, F., An Account of Three Journeys from Cape Town in to the Southern Parts of Africa, undertaken for the Discovery of New Plants towards the improvement of the Royal Botanical Gardens at Kew. Addressed to Sir John Pringle, Bart., FRS, Royal Botanical Gardens Kew, 1775.
Mitchell, A., Alan Mitchell's Trees of Britain, Harper Collins, London, 1996.
Morgan, J. und Richards, A., A Paradise out of a Common Field, Century, London, 1990.
Morwood, W., Traveller in a Vanished Landscape – The Life and Times of David Douglas, Gentry Books, London, 1973.
Musgrave, J. T. T., Innovation and the Development of the British Garden Between 1919 and 1939, Doktorarbeit, Universität von Reading, 1996.
O'Brian, P., Joseph Banks, A Life, Collins Harvill, London, 1987.
Ottewill, D., The Edwardian Garden, Yale University Press, Yale, 1989.
Philips, R. und Rix, M., Bulbs, Pan, London, 1989.
Philips, R. und Rix, M., Perennials, Volume 1 Early Perennials, Pan, London, 1991.
Philips, R. und Rix, M., Perennials, Volume 2 Perennials, Pan, London, 1991.
Philips, R. und Rix, M., Shrubs, Macmillan, London, 1994.
Recht, Christine, Wetterwald, Max F. und Simon, Werner, Bambus, Ulmer-Verlag, 2. Auflage, 1994.
Rushforth, K., Conifers Helm, Kent, 1987.
Scourse, N., The Victorians and Their Flowers, Croom Helm, London, 1983.
Spongberg, S. A., A Reunion of Trees, Harvard University Press, Harvard, 1990.
Stuart, D., The Garden Triumphant, Harper & Row, New York, 1988.
Thacker, C., The History of Gardens, Croom Helm, London, 1979.
Turrill, W. B., The Royal Botanic Gardens, Kew, H. Jenkins, London, 1959.
Turrill, W. B., Joseph Dalton Hooker: Botanist,

Explorer and Administrator, Scientific Book Club, London, 1963.
Veitch, J. H., Hortus Veitchii, James Veitch & Sons Ltd, London, 1906.
Wilson, E. H., Plant Hunting, Harvard, Boston, 1927.

ARTIKEL AUS ZEITSCHRIFTEN

Cornish Garden, Nr. 23, 1980, S. 11–15, »Concerning William Lobb«.
Cornish Garden, Nr. 24, 1981, S. 13–21, »Thomas Lobb 1817–1894«.
Cornish Garden, Nr. 25, 1982, S. 17–18, »Thomas Lobb and his ›Japanese‹ Collection«.
Cornish Garden, Nr. 30, 1987, S. 44–50, »A short history of the lives and work of the brothers, William and Thomas Lobb«.
Cornish Garden, Nr. 38, 1995, S. 44–49, »William Lobb (1809–1864) and his South American collections (1840–44)«.
Cornish Garden, Nr. 39, 1996, S. 55–57, »William Lobb's collections (continued) from Peru, Ecuador, Southern Columbia and Panama (1842–44)«.
The Gardeners' Chronicle, Band 83, S. 450, »Mr F. Kingdon-Ward's tenth expedition in Asia«.
History Around the Fal, Teil 5, S. 55–77, »A study of the Cornish plant hunters William and Thomas Lobb«.
Journal of the Horticultural Society, Band 1, S. 208–224, »Sketch of a visit to China in search of new plants«.
Journal of the Royal Horticultural Society, Band 66, S. 121–128, 153–164, »David Douglas«.
Journal of the Royal Horticultural Society, Band 72, S. 33–35, »A further note on the brothers William and Thomas Lobb«.
Journal of the Royal Horticultural Society, Band 80, S. 265–280, »Plant collectors employed by the RHS 1804–1846«.
Journal of the Royal Horticultural Society, Band 97, S. 401–409, »Robert Fortune and the cultivation of tea and other Chinese plants in the United States«.

BILDNACHWEIS

Umschlagfoto und Vorsatzblätter: Images Colour Library.

Ardea London/Jean-Paul Ferrero 104, 162–163; Fotoarchiv des Arnold Arboretum 148, 155, 165 (o) (Fotograf: Ernest Henry Wilson), 165 (u) (Fotograf: Ernest Henry Wilson); Axiom Photographic Agency/ Jim Holmes 2–3, 182–183, 204–205; Chris Gardner 117, 121, 137; Glenbow Collection 65 (»Portage in Hoarfrost River«, 1933, Sir George Back, Glenbow Collection, Calgary, Kanada); John Glover 24, 53, 128, 159, 176, 194; Jerry Harpur 63; Friedrich van Hörsten/Images of Africa Photobank 38; Anne Hyde 56 (RSPB, Sandy Lodge, Beds); Anthony Kersting 22–23; Andrew Lawson 6, 19, 37, 46, 54, 84, 102, 130, 139, 154, 167, 170, 191, 192, 198, 209; mit Genehmigung der Linnean Society of London 39, 49, 55; Linnean Society of London/Bridgeman Art Library, London/New York 89 (aus The Rhododendrons of the Sikkim-Himalaya von J. D. Hooker, 1849); Toby Musgrave 93; National Library of Australia, Canberra, Australia/Bridgeman Art Library London/ New York 27 (aus Illustrated Sydney News Supplement, Dez. 1865 [Holzschnitt] von Samuel Calvert); The Natural History Museum, London 29; mit freundlicher Genehmigung der The National Portrait Gallery, London 13, 32; Clive Nichols 45, 51, 77, 122, 153, 217; John Noble/Wilderness Photography 70–71, 78; Provincial Archives, Victoria, British Columbia, Canada 61; Royal Botanical Gardens, Kew, London/Bridgeman Art Library, London/New York 83 (aus The Rhododendrons of the Sikkim-Himalaya von J. D. Hooker, 1849); Royal Geographical Society, London c 180 (o), 190, 199, 210 (o), 210 (u), 214; Royal Horticultural Society, Lindley Library 105, 177, 180 (u); Stapleton Collection/Bridgeman Art Library, London/New York 144 (Sydenham: Crystal Palace, the Egyptian room, Tropical Plants, von Philip H. Delamotte, 1854); TRIP/Eric Smith 12; Tropix/ M. Auckland 142.

Register

Kursiv gesetzte Seitenzahlen beziehen sich auf Abbildungen.